CHENGSHI RANQI GUANDAO GUANLI LILUN YU SHIJIAN

城市燃气管道
管理理论与实践

康建国 ◎ 主编

石油工业出版社

内 容 提 要

　　本书从管道巡护、检测、加臭、计量、应急等11个方面，对城市燃气管道及其附属设施的管理进行了详细阐述，就管道日常管理中的运行维护、管理模式及新技术应用进行了深入探讨。

　　本书适合城市燃气管道管理与操作人员学习使用。

图书在版编目（CIP）数据

　　城市燃气管道管理理论与实践 / 康建国主编 . —北京：石油工业出版社，2019. 8
　　ISBN 978-7-5183-3510-7

　　Ⅰ . ①城… 　Ⅱ . ①康… 　Ⅲ . ①城市燃气 – 输气管道 – 技术管理 – 研究 　Ⅳ . ① TU996.7

　　中国版本图书馆 CIP 数据核字（2019）第 150719 号

出版发行：石油工业出版社
　　　　　（北京安定门外安华里 2 区 1 号楼 　100011）
　　　　网　　址：www.petropub.com
　　　　编辑部：（010）64255590
　　　　图书营销中心：（010）64523633
经　　销：全国新华书店
印　　刷：北京中石油彩色印刷有限责任公司

2019 年 8 月第 1 版 　2019 年 8 月第 1 次印刷
710×1000 毫米 　开本：1/16 　印张：20.25
字数：310 千字

定价：90.00 元

前言

我国现阶段正处于能源结构转型和生态城市建设的关键时期,城市燃气行业发展潜力巨大。随着新时期环境保护要求日益严格,城市规模不断扩大,城市燃气行业将飞速发展,燃气管道规模持续快速增加。城市燃气为越来越多城市居民的生活带来了便利。

由于城市燃气管道通常敷设在城市人口稠密地区,管道周边环境相对复杂,市政设施众多,杂散电流干扰严重,使燃气管道安全运行维护具有相当的难度和瓶颈。同时,由于管道材料质量、施工质量、第三方破坏、误操作等造成管道失效及天然气泄漏,甚至可能造成火灾、爆炸等一系列安全事故。这些事故不仅会造成不同程度的人员伤亡和巨大的财产经济损失,也会给社会的公共安全和人民的稳定生活带来极大的负面影响。为保障燃气系统的安全平稳运行,燃气企业迫切需要从传统粗放管理模式向精细化发展方向转变,提升企业的安全管理水平和综合经营效益。

本书从城市燃气站场及附属设施、加臭、计量技术、管道巡护巡检、腐蚀及防腐、检验检测、泄漏检测、维抢修、信息化、入户安全检查及应急管理等方面,对城市燃气管道及其附属设施的管理进行了详细阐述,特别是日常管理中的运行维护要求、管理新模式及新技术应用进行了深入探讨,以期为我国燃气行业发展与技术进步提供有益思路和借鉴。

本书主要适用于城市燃气相关管理人员、技术人员、操作人员,也可作为相关城市燃气场站应知应会培训资料。

本书编审分工见下表。此外,本书编写过程中参考了许多相关领域专家、学者和工程技术人员的著作和研究成果,同时西南油气田分公司为本书提供了许多宝贵资料,在此表示衷心感谢。

章	编写人员	审核人员
第一章	刘宇豪 王 飞 赵 亮	付建华
第二章	唐 奕 代 梅 牟洪陶	肖启强
第三章	杨 炬 陈源涛 肖博文	罗明强
第四章	曾 翔 王毅辉 黎登辉	唐 平
第五章	罗 庆 王 飞 谭小平	王天彪
第六章	吕庆贵 王毅辉 赵 柯	郑晓春
第七章	刘斯婷 谢云杰 王 科	王 峰
第八章	曾 翔 杨帮贵 范小霞	李 剑
第九章	李 军 张 宇 程兴思 张晓红	葛有琰
第十章	刘兢建 张 锐 夏太武 刘 帅	毛洪光
第十一章	朱世仁 罗 旭 崔 勇 李柯江 张元国	李相蓉

由于水平有限，书中难免出现错误和不足之处，恳请读者指正。

目 录

第一章
城市燃气站场及附属设施管理

第一节　城市燃气站场

一、城市燃气站场类型

城市燃气站场按功能划分，主要包括门站、调压站和储配站。

门站是长输管道和城市燃气输配系统的交接场所，由过滤、调压、计量、配气、加臭等设施组成，设计压力通常为 $1.6 \sim 4.0$MPa，设计规模通常为 $50 \times 10^4 \sim 300 \times 10^4 \mathrm{m}^3/\mathrm{d}$。

调压站是将燃气管网的压力调节至下一级管网或用户所需的压力，并使调节后的燃气压力保持稳定的场所，通常具备过滤、调压、分输、计量等功能。设计压力通常不高于 2.5MPa，规模为 $5 \times 10^4 \sim 100 \times 10^4 \mathrm{m}^3/\mathrm{d}$。

储配站是燃气系统储存和分配燃气的设施，通常具备储气、压送、调压等功能。

二、值守方式

（1）城市燃气门站、储配站应为有人值守站。

（2）高—中压、次高—中压调压站宜为无人值守站。

1

三、安装方式

燃气站场输配工艺系统可按橇块组装或整体成橇设计、安装。

单体设备成橇：由制造商按设计要求将设备单体（如流量计、调压器）及其附件（如导压管、仪表等）、直管段组装成橇块。装置区平面布置由设计单位完成。

整体成橇：由制造商按设计要求将过滤、调压、计量等设备及其附件（如导压管、仪表、线缆等）集成于刚性底座上，组成一整套供气设备或装置。

第二节　现场标准化管理

一、一般管理规定

（1）操作和维护人员以及特种作业人员应持证上岗。

（2）各站场应按照城镇燃气输配系统场站标准化管理规范（Q/SY GDJ 0318—2008）要求设置站内的标牌。

（3）在各类站场中，生产区和生活区、办公区之间应有明显的分界；没有明显分界的站场应设置黄色分界线，并标识"生产区""办公区"；临时站场应设置警示带。

（4）站场的消防器材不应挪作他用，应按照要求布置、摆放，并按规定时间由专人维护保养。

（5）巡回检查路线的先后顺序应合理设置并用红色箭头标识。

（6）站场应设置紧急集合点。

（7）场内应设立风向标。

二、进站管理

（1）各站场应在大门外侧设立"进站须知""危险点、源分布图""逃生路线图""禁止烟火"等警示牌。

（2）经批准进站的外来人员，应进行登记，并由安全员统一进行安全教育。

（3）外来人员进站应配备和正确使用劳保用品，劳保用品按燃气企业统一标准执行。

（4）所有进站车辆应佩戴防火帽。

三、设备管理

（一）一般管理规定

（1）设备上的铭牌应保持本色、完好，不得涂色遮盖，阀门应设置"开"或"关"的标志牌，"开/关"标志牌应醒目清楚。

（2）站场设备运行应遵守有关规程的规定，不应超压、超速、超负荷运行，重要设备应有安全保护装置。

（3）站场设备应建立设备档案，真实记录设备名称、规格、型号、安装、使用、更换、维护保养以及现状等情况。

（4）设备备品配件特别是易损件应满足运行要求。

（5）电工应严格遵守 GB 26860—2011《电力安全工作规程　发电厂和变电站电气部分》。

（6）站内防雷设施应处于正常运行状态。每年雨季前应对接地电阻进行检测，其接地电阻应符合 GB 50057—2010《建筑物防雷设计规范》的"第二类"设计要求；防静电装置应符合 GB 50028—2006《城镇燃气设计规范》的要求，每年检测不应少于 2 次。

（7）仪器、仪表、安全装置的运行维护、定期校验和更换应按国家相关规定执行。

（二）场站阀门及执行机构管理

（1）站场阀门及其执行机构表面刷漆统一、清洁，无锈蚀、无污物，阀门螺栓及铭牌不应刷漆。

（2）阀门应操作灵活，阀门在操作中无异常响动，各活动润滑部位应无干涩的感觉。

（3）阀门应无内漏。

（4）阀门状态位应指示正确、清晰。

（5）阀门排污嘴、注脂嘴等各密封点应无漏油（脂），顶部应不喷漆，且保持清洁。

（6）场站用的球阀，只作全开全关操作，不应作节流调节使用。

（三）压力容器管理

（1）站场压力容器的管理应按 TSG 21—2016《固定式压力容器安全技术监察规程》和《在用压力容器检验规程》的有关规定执行。

（2）压力容器应具有使用登记证书。

（3）压力容器表面应清洁、无锈蚀、无污物，应按规定做防腐。

（4）压力容器各密封点应无外漏、无漏液。

（5）压力容器及附属设备应齐全、完好，并应在检验期之内。

（6）压力容器内部各部件应牢固、无变形，外部连接管件应无变形弯曲。

（四）场站机动设备管理

（1）设备应清洁、无油污、无锈蚀。

（2）各系统部位应密封良好，所有紧固件应统一，无松动、脱落。

（3）各转动及传动部位应润滑良好，无锈蚀。

（4）设备功能应完好，达到规定的设备使用要求。

（5）设备所有连接部位应无松动、紧固件应齐全牢固。

（6）设备所有的指示配套仪表应齐全，读数正确，仪表量程、使用条件等符合仪表使用的要求。

（7）设备的排污处理应符合国家有关环保要求。

（五）计量检测设备管理

（1）各站场应制定计量检测设备的周期检定/校准计划表，依法管理的计量检测设备的检验（校准），执行相应的检定规程或校准规范。

（2）对各种计量检测设备的使用，应严格遵循操作规程。

（3）应建立计量检测设备的档案及台账。

（4）计量检测设备检定应符合国家有关检定周期和要求。

（5）应设专人管理，严格按说明书及操作规程进行操作，并应进行合理保养。

（6）对不合格的计量检测设备应停止使用、隔离存放，并做出明显的标志。

（7）对不合格计量检测设备应在已排除不合格的原因，并应经再次检定（校准）后才能重新投入使用。

（8）重要部位发现的不合格计量检测设备，应对已产生的数据进行追溯处理，以免造成损失。

（9）各站场负责填写本单位的计量检测设备技术档案和计量管理表格。保存期为 5 年。

（六）调压器及附属设备

（1）应巡检各连接点及调压器工作情况。当发现有燃气泄漏及调压器压力不稳定问题时，应及时处理。

（2）应及时清除各部位油污、锈斑，不得有腐蚀和损伤。

（3）对新投入使用和保养修理后重新启用的调压器，应经过调试，达到技术要求后方可投入运行。

（4）对停气后重新启用的调压器，应检查进出口压力及有关参数。

（5）应定期检查过滤器前后差压，并应及时排污和清洗。

（6）应定期对切断阀、水封等安全装置进行可靠性检查。

（7）调压器的压力调整应缓慢，避免造成超压而误关断。

（七）阴极保护系统

（1）恒电位仪等电源设备每日巡检 1 次，检查室内通风条件、观察电器仪表连接性，对比输出电流、通电电位数值是否有变化。

（2）无人值守站周期可酌情调整，备用电源设备每月切换 1 次。

（3）架空和埋地阳极线路每月巡查 1 次。

（4）阳极地床接地电阻每半年测试 1 次，绝缘接头 / 法兰及钢套管绝缘性能每半年测试 1 次。

（5）测试桩、阳极线路设施及均压线连接点等每年维护保养 1 次；架空阳极线路防雷设施接地电阻每年测试 1 次。

（八）工艺编号

（1）凡建立设备台账的阀门及设备均应挂设备编号牌。

（2）设备编号牌应尽量置于设备本体中部，确保操作人员在操作设备时可以方便看到设备编号牌。

（3）设备编号应和设备台账中工艺编号相对应。

（4）采用不锈钢制作设备编号牌，底面应为不锈钢原色，四角应为圆弧形，数字和边框应为红色。

（5）设置工艺编号牌应符合相关规定。

（九）设备附属设施管理

设备附属设施包括设备基础和支撑件、排污池、放散系统等。

1. 设备基础和支撑件

（1）设备基础应保持清洁，无下沉、无裂纹。

（2）设备支撑件应牢固可靠并起到支撑作用。

（3）设备接地线应在基础瓷砖之外，走向规范，设备接地线的安装应便于接地电阻的测量。

（4）设备与接地网采用扁钢和镀锌螺栓连接时，搭接长度应不小于扁钢宽度的2倍，各类接地线和连接件应接触可靠、无锈蚀。

2. 排污池

（1）站场排污池应做明显的标记，悬挂警告牌。

（2）排污池内应加水到排污出口下部，并及时清理排污池中的污物。

3. 放散系统

（1）放散应做明显的标记，悬挂警告牌。

（2）放散立管无倾斜，拉绳有紧固、无断裂。

（3）放散口周边无影响放散的建筑、树木。

四、场站记录

场站记录信息包括调度令、操作票、运行日报表（按各站实际运行情况制定）、巡检记录、岗位练兵记录、电话记录、交接班（或值班）记录、安全活动记录、领导安全承包检查表、培训记录、设备维护保养记录。

第三节 站场运行与维护管理

一、运行管理

（一）工艺基础管理

输配气站应制订运行与操作控制卡，应包括以下内容：

（1）站场设计、工艺与设备基础资料与性能状态等信息；

（2）工艺运行参数控制表；

（3）设备参数控制表；

（4）主要设备操作规程；

（5）站场巡检制度；

（6）站场检修与维修数据、工艺安全信息；

（7）站场工艺设备与辅助设施周期维护计划；

（8）运行管控。

（二）站场运行控制

站场运行控制模式主要包括调控中心控制、站场控制和就地控制三种方式。

调控中心控制的场站，控制权限的切换必须经调控中心同意；非集中调控场站，正常工作模式为站场控制，控制权限的切换必须经燃气公司调度室同意；无人值守站由燃气公司调度室进行监视/监控。

（三）运行参数管理

具备生产数据信息化采集或自动化控制的站场应对关键参数进行报站场置，并至少每月复核一次。

输配气站运行工况发生重大变化时，应根据设计文件或运行方案对参数设置进行调整，并更新站场工艺运行参数控制表。

（四）指令执行

工艺流程、运行方式及控制参数的调整必须依据上级调度指令执行。调度指令原则上自上而下逐级下达。

在紧急状态下值班人员可先行采取应急处置措施，事态受控后及时向上级汇报。

（五）记录汇报

操作人员在设备运行过程中发现不正常的情况时，应立即查清原因，及时调整处理；不能处理的应及时上报并填写异常情况处理卡。

当异常情况能由班组自行整改时，由班组填写记录后上报公司；当异常情况不能由班组整改时，班组上报公司，由公司确定整改措施、整改责任人，计划整改时间。

二、巡检管理

（一）巡检模式

正常巡检模式：由值班人员进行巡检，主要对工艺设备、仪表和重要辅助设施进行周期巡检。

集中巡检管理模式：站场在岗人员，集中对全站的生产运行、工艺状态、设备设施状况及辅助设备设施进行全面检查，并进行必须要的维护。

（二）巡检周期

正常巡检周期根据站场自控水平、施工作业状态、风险程度等具体情况确定，一般不少于 2h。集中巡检周期为一天。

（三）巡检方法

巡检方法为一看、二听、三验、四查、五整改、六汇报。

一看：看运行参数与设备状态有无异常。

二听：听设备、管道运行有无异响。

三验：对操作过的设备、疑似泄漏部位进行验漏检查，查介质有无泄漏。

四查：查连接部件有无松动。

五整改：整改发现问题。

六汇报：汇报、记录。

对于本站不能处理的问题，汇报上级主管单位并做好记录。

三、设备设施维护管理

（一）总体要求

设备设施保养必须达到"清洁、润滑、紧固、调整、防腐"十字保养的要求，做到"一准、二灵、三清、四无、五不漏"。

清洁：设备外观及配电箱（柜）无灰垢、油泥。

润滑：设备各润滑部位的油质、油量满足要求。

紧固：各连接部位应紧固。

调整：对设备间隙、油压、安全装置调整至合理状态。

防腐：各种设施、设备、金属结构件及机体应清除掉腐蚀介质的侵蚀及锈迹并做防腐处理。

一准：计量调压装置测量仪表准确无误。

二灵：各类阀门、电器开关、报警装置使用灵活。

三清：资料、记录、仪表、工具清洁。

四无：无油污、无杂草、无明火、无易燃物。

五不漏：不漏油、不漏气、不漏水、不漏电、不漏火。

对于进出站球阀、大口径盲板等关键设备的维护，系统功能调试、发电机和 UPS 电源维护等专业性较强的工作，以及大型过滤器滤芯更换、分离器和汇管内部清洁等高风险操作可采取日常维护与专业维护相结合的方式，除站场员工按周期进行日常维护外，可由专业维修单位或外委专业队伍每年进行一次全面维护保养，特种作业应由具备相关资质的单位或人员进行。

（二）阀门类维护保养要求

不同类型阀门的维护保养要求也不尽相同。

闸阀：每月一次全程开关活动，保证阀门开关灵活。

球阀：每周润滑阀门，及时对传动机构加注润滑油，保证阀门开关灵活。

调压阀：每季度对调压阀进行一次倒换（主／备用倒换），每年一次测试调压阀工作可靠情况，必要时对指挥器调节精度进行适当调整。

截止阀：每月一次全程开关活动阀门。在开关过程中，应观察填料压盖状况，一旦发现有松动现象，立即停止该操作，及时处理好松动问题后才能继续操作。

安全阀：每年对安全阀进行一次校验，应保存好安全阀校验报告。

通用部分：每周对阀门转动部位（阀杆）涂润滑油。

（三）过滤器维护保养要求

（1）新站场、新管道投运初期排污不超过1周。当连续排污均无明显污物排出时，可延长排污周期，但最长不超过1个月；清管收球作业后必须开展排污操作。排污操作应缓慢进行，当听到纯气流声时应及时停止。

（2）每季度对过滤器进行一次倒换（主/备用倒换）。

（3）以滤芯最大允许压降值的80%作为预警值，在到达预警值或出现压降上升速率加快情况时加密排污，在到达最大允许压降值前对滤芯进行更换。

（4）每半年对过滤器地脚螺栓进行一次检查、调整，保持地脚螺栓紧固。

（5）至少每两年进行一次打开检查和清掏作业。

（四）自动化控制系统维护保养要求

（1）每天对自控机柜内设备运行情况进行检查，查看正常启用设备是否正常上电。

（2）每月进行一次计算机时钟误差校正。

（3）每年对控制系统设备进行一次全面维护工作，维护宜结合仪表检验工作开展。主要包括设备外观检查、PLC系统检测、回路模拟测试、受控设备控制检测以及彻底清灰。

（4）每年至少做一次接地电阻测试，确保系统接地良好，采用独立接地的接地电阻不大于4Ω，采用联合接地（防雷接地、电气保护类接地和仪表接地宜采用共用接地系统）的接地电阻不大于1Ω。

（五）安防系统维护保养要求

安防系统维护保养包括安全截断设施和视频监控系统的维护保养。

（1）安全截断设施：每年一次进行安全截断系统（阀）导压管路清洗、吹扫、检查。

（2）视频监控系统：及时清除视频监控系统摄像头障碍，保持监控视频画面清晰，云台工作正常。

（六）安全及防护设施维护保养要求

安全及防护设施维护保养包括便携式可燃气体检测仪和个人防护器材的维护保养。

1. 便携式可燃气体检测仪

便携式可燃气体检测仪应半年校验一次，使用时及时充电。在超过满量程浓度的环境使用后应重新校验。

报警值设定值：一级报警小于或等于25％LEL，二级报警小于或等于50％LEL。

2. 个人防护器材

安全帽：进入生产作业场所及施工作业现场必须正确佩戴安全帽。安全帽应贮存在干燥、阴凉、通风场所，远离酸碱等腐蚀性物质并摆放整齐，保持清洁和完好。受到强烈冲击、破损或变形、达到安全帽标签规定使用年限（30个月）应及时报废。

绝缘鞋：绝缘鞋（靴）不可有破损；应查验鞋上是否有绝缘永久标记，如红色闪电符号等；应存放在干燥、通风、避光的环境下，存放时离开地面和墙壁20cm以上，离开发热源1m以上，严禁与油、酸、碱和其他腐蚀性物品存放在一起。

应急药品：对应急药箱药品及时进行清理补充，药品在有效期内。

（七）电气设备维护保养要求

电气设备维护保养包括UPS、发电机、防雷接地系统的维护保养。

（1）UPS：UPS每季度检查一次，检查逆变器的输出电压、电流、频率、输出波形是否符合说明书要求；检查各元件有无过热和损伤现象；检查环境温度是否符合说明书要求；检查装置的声音、气味有无异常；检查各种信号、表计指示是否准确、有无异常；检查报警、保护回路是否工作正常；确保辅助系统工作正常；蓄电池工作正常。

（2）发电机：按操作规程每月对发电机进行运行维护保养。

（3）防雷接地系统：每年雷雨季节来临之前，应对防雷设备设施进行检测。检查外观形貌、连接程度，如发现断裂、损坏、松动应及时修复；检查接地装置锈蚀或机械损伤情况，导体损坏、锈蚀深度大于30%或发现折断应立即更换；检查接地电阻测试值是否符合规定要求（冲击接地电阻不大于10Ω）。确保防雷设施工作可靠。

（八）加臭设备维护保养要求

（1）每月对液位计进行核实，防止出现假液位。

（2）当加臭机储罐液位低于10cm时，应及时补充加臭剂。

（3）每季度对单次加臭量进行一次标定。

（4）每半年对加臭装置地脚螺栓进行检查、紧固。

（5）每半年组织承包商对呼吸罐内活性炭进行一次检查更换。

（6）每年组织承包商对加臭泵防爆盒进行一次检查。

（九）配套设施维护保养要求

（1）工器具：长期未使用的工器具要进行润滑、除锈保养，保持工具始终处于良好状态。贵重和精密工具要轻拿轻放，量具要定期校验精度，保持良好的技术状态。

（2）土建及其他：对站场的排水沟（渠）应及时清理疏通，保持排水通畅。

第四节　无人值守的燃气调压箱（柜）管理 ‹

燃气调压箱（柜）是燃气输配系统中的重要组成部分，如图1-1所示，其具有结构紧凑、占地面积小、节省投资、安装使用方便等优势，箱内的基本配置有进、出口阀门、过滤器、调压器及相应的测量仪表，以及超压放散阀、超压切断阀等附属安全设备。燃气调压箱（柜）多用于城市燃气支线管网，通常为无人值守。

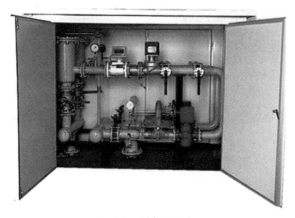

图 1-1　燃气调压柜

一、调压箱（柜）的巡检管理

调压箱（柜）至少每季度开展一次巡检。

（一）橇装柜设备检查

（1）检查流程是否正确，在各类阀门醒目处是否设置设备编号和阀门所处状态一致的标识牌。

（2）检查压力表、执行机构引压开关是否开启。

（3）检查设备是否锈蚀，接头处是否有泄漏，存在锈蚀和泄漏时应及时处理。

（二）调压箱（柜）基础设施检查

（1）检查工艺流程图、操作规程等是否上墙并完好。

（2）检查箱（柜）通风是否良好，底座是否有沉降。

（3）检查工用具、材料是否配置齐全，灭火器是否配置并有效。

（4）检查标识、标语及附属设施是否完好、齐全和整洁。

二、调压箱（柜）的维护保养管理

（一）维护保养周期

至少每年对橇装柜进行 1 次维护保养，落实专人负责，并做好维护保养记录。

（二）维护保养主要内容

（1）检查调压设施外观是否良好，有无锈蚀，门锁是否完好，标示标牌是否齐全。

（2）检查调压器、过滤器及流量计运行状态，重点检查调压器切断功能是否有效、调压后压力是否稳定，并检查过滤器前后压差，及时排污和清洗。

（3）检查安全附件（安全阀、报警系统）和计量器具（压力表、变送器、流量计）是否处于检测有效期。

（4）检查调压设施各部件及连接处的泄漏情况。

（5）设备检定周期：安全阀每年一次；压力表每半年一次；防雷接地系统每半年一次。由用户自行委托有资质的单位检定。

第五节 安全环保管理

一、危害因素辨识

（一）危害因素辨识流程

（1）站场员工参与燃气公司每年初组织的危害因素辨识，并结合站场实际生产生活情况提出建议，辨识清单完成后由两轮班员工签字确认（站上保留纸质文档）。

（2）危害因素新增或消除由站场员工记录，并交由站场安全主管领导或技术干部签字审批。

（二）危害因素清单

站场员工保存燃气公司下发的《危害因素（环境因素）辨识、风险评价及控制清单》和《重大危害因素（环境）台账》。

（三）培训学习

站场员工对《危害因素（环境因素）辨识、风险评价及控制清单》和

《重大危害因素（环境）台账》进行学习。岗位员工应熟练掌握属地范围内危害因素风险削减措施和事故状态下的应急处理措施。

（四）风险控制

站场员工在日常生活生产中，应严格按《危险因素清单》落实风险削减措施，每月交接班时对《危害因素清单》进行交接。针对重大危害因素可能出现的后果，班组每年至少开展一次应急演练。

二、事故事件与应急管理

（一）事故事件管理

事故事件管理流程图见图 1–2。

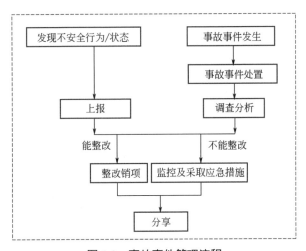

图 1-2　事故事件管理流程

（1）员工通过检查、观察发现的任何不安全行为和不安全状态，应与相应人员进行沟通交流，纠正、整改。

（2）所有不安全行为和不安全状态应记录并上报。

（3）不能整改的由上级管理单位制定监控措施和整改计划。

（4）对监控措施及应急措施进行学习，并按要求巡检、填写巡检记录，异常情况下根据应急措施进行处置。

（5）对观察到的不安全行为/状态、发生的事故事件应进行安全经验分享。

（二）应急管理

1.应急处置程序

当发生突发事件，站内值班人首先确认自身安全的情况下，立即佩戴安防器具，初步判断事件类型，第一时间向调度室汇报。如果发生火灾、爆炸、人员伤亡等情况，同步向地方"110""120""119"报警。突发事件如果可控，则立即采取控制措施，快速处置，完毕后向调度室汇报；如果不可控，立即开展人员疏散和撤离，在安全范围开展现场警戒，汇报调度室，等待下步指令。事故报告需按照五要素进行汇报：汇报单位、发生时间、事情基本描述、初期处置情况、需要救援情况。应急处置程序见图1-3。

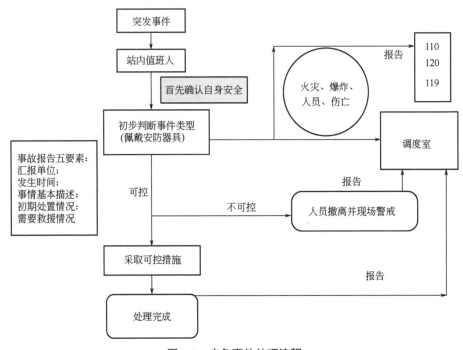

图1-3 应急事件处理流程

2.应急处置卡

基本应急处置卡清单见表1-1。

表 1-1 应急处置卡清单

序号	应急处置卡名称	主要事故风险	负责部门 （负责人名字）
1	配气站上游管道严重泄漏应急处置卡	天然气燃烧、爆炸、人员伤亡	—
2	DN100 去××下游管道严重泄漏应急处置卡	爆炸、火灾、人员伤害、环境污染	—
3	配气站管道设备严重泄漏应急处置卡	天然气燃烧、爆炸、人员伤亡	—
4	配气站加臭剂严重泄漏应急处置卡	人员损伤、环境污染	—
5	配气站电气火灾应急处置卡	火灾、人员伤害、环境污染	—

3. 应急处置注意事项

（1）进入天然气泄漏现场人员，必须佩戴可燃气体检测仪并在确认自身安全可控的条件下方可进入现场。

（2）现场起火时，利用站内消防设施或拨打"119"求助，灭火后再进入现场。

（3）现场若有人员中毒或受伤时，在确保自身安全的情况下，按照中毒急救及心肺复苏方式进行现场急救；如有受伤人员，则现场应对受伤人员进行初步救治后等待"120"进行急救。

（4）现场初步处置完成后，应持续对事故现场进行监控，防止无关人员进行事故现场发生次生事故或对事故现场造成破坏。

（5）站场班组应组织对事故事件进行基本的调查分析，同时配合上级对事故事件进行情况调查。

4. 应急演练

（1）应急演练计划：

① 站场应根据生产生活实际情况，结合现有应急处置卡内容，每年年初制定年度应急演练计划，每月最少开展 1 次应急演练。

② 应急演练分为桌面演练和实战演练。实战演练每季度至少1次，每年不少于6次。

③ 个别应急演练应根据上级临时通知进行。

（2）应急演练实施：根据年初站场应急演练计划安排，按时实施应急演练，应急演练由值班站长组织本站输气工、管护工共同参加。

（3）应急演练评价：演练操作完毕，应由演练负责人及站场员工现场进行演练总结和演练评价工作。

（4）应急演练改进：参与演练的所有人员必须熟知演练的内容、报告程序、逃生路线、演练步骤等，安全联系人或值班站长应对自身组织情况进行总结，对不清楚演练具体内容的员工及时进行培训，对不适用于生产生活实际的演练步骤及时进行改进。

三、施工作业管理

（一）入站教育及人员、设备资质审查

（1）值班站长对承包商施工作业人员进行入场安全教育，告知现场存在的危害因素及其控制措施，以及施工中的注意事项，做好培训记录，要求受教育人员签字确认。

（2）属地监督负责机具的外观检查，核实机具上的合格标签及作业许可证上批准的特种作业人员。确认申请人、作业项目负责人以及作业许可证上指定的安全监护等相关人员已到场。

（二）气体检测、系统隔离

（1）工作界面交接前，应根据作业许可证中注明的气体检测和监测要求，由气体检测人员进行气体检测。初始气体检测结果30min内有效。连续气体监测中断30min以上时应由气体检测员重新检测。

（2）隔离执行人组织人员按照隔离方案进行能量隔离，并进行隔离有效性检测。

（三）界面交接

站场员工落实排放、置换、系统隔离、隔离有效性验证、气体检测、上

锁挂牌等措施后，与作业申请人进行工作界面现场交接。

（四）现场安全技术交底

开工前，作业申请人在站场员工配合下，组织全体作业人员、监护人员在作业地点进行现场安全技术交底，确保作业人员理解并遵守作业程序和安全规定及要求。

（五）开工条件确认

站场员工确认已完成现场技术交底，机具的完整性和安全性符合作业要求，特种作业人员、申请人、监护人、作业项目负责人与许可证指定人员相符；系统隔离有效，完成上锁挂牌；作业设备内部、外部环境气体检测合格，个人防护用品配备齐全；作业方案、工作前安全分析表及作业许可证中提出的其他安全措施落实到位。属地监督在作业许可证上签字确认后允许开工。

（六）作业过程中的气体检测

（1）作业人员佩戴气体检测仪进行连续气体监测，并由具备气体检测资质的人员佩戴气体检测仪进行监测。A 类作业连续监测，B 类作业至少每隔 2h 复测或连续监测。监测结果每 2h 记录一次，并填写在作业许可证中。

（2）气体检测、监测应根据作业特点，分别记录系统内及作业点外部环境气体检测数据。

（七）作业许可证关闭

（1）属地监督现场检查合格后，报作业许可签发人同意后关闭作业许可证。具备解除隔离条件时，按照"谁同意，谁批准"的原则，由作业许可签发人与作业项目负责人沟通确认后，安排隔离执行人组织锁定人员进行隔离解除并签字确认。

（2）作业许可证关闭后，第二联应与施工方案、预案和工作前安全分析（JSA）一并装订存放在属地，至少保存一年。

四、节能环保管理

（一）节能节水总体要求

（1）站场所有员工应了解本站节能降耗指标。

（2）开展站场日常节能节水宣传和教育培训工作，开展生产区域外来施工人员的用电用水管理和节能节水教育监督。

（3）站场管理范围内无特殊情况不设置长明灯、长流水、长明火。

（4）无常备站场消耗材料、账卡物不对口或使用（存放）过期材料用品的情况。

（5）站场员工不得造成材料（工用具）浪费、丢失、人为损坏。

（6）每月统计站场水、电、气用量并对比分析。

（二）环保日常工作

（1）每月定期进行排污后上报"三废"即"水、天然气、硫化铁粉"的排放情况，排污操作严格按照操作规程进行。

（2）对排污池情况进行日常检查，确认水位及污水情况。

（3）定期对站内及周边环境的监控。

五、危险化学品管理

（一）危险化学品的辨识

（1）每年开展一次危化品辨识，清查站场危险化学品的种类和使用情况。

（2）站场员工应熟练掌握属地范围内危化品种类和危害信息，以及危化品事故状态下的紧急救助和应急处理措施。

（3）站场有新增危险化学品时，应针对危险化学品突发事件进行应急演练。

（4）每年组织全体员工参与现有危险化学品突发事件演练一次。

（二）危险化学品的使用

（1）对危险化学品入场进行现场验收，核查型号、数量、包装等是否满足要求；危险化学品的使用应填写《危险化学品领用记录》。

（2）危化品种类、数量等超出站场危化品清单规定范围时，应汇报作业区调度室。

（3）危险化学品原则上即购即用，如有存放，须按《化学品安全技术说明书》规范使用、储存危险化学品，每日对危化品储存点进行巡查，对库存进行清点。

（4）使用完成后的余药、废液及沾染危险化学品的容器应统一进行回收，不得随意丢弃。

第二章
加臭管理

第一节 概述

一、目的及意义

　　燃气加臭技术是伴随燃气推广应用范围扩大，以及安全要求提高而不断发展的。燃气本身不具有臭味或臭味不足，燃气泄漏不易被察觉，其泄漏会随着管道设备数量增加、老化和人员活动加剧而逐步上升。在燃气中添加臭味剂，增加燃气的特殊臭味，在燃气发生泄漏时，可以增加被发现的概率，及时采取堵漏、换管、设备维修等方式加以处理，及时消除燃气泄漏隐患及其次生危害，确保城镇燃气输配及使用安全。

　　燃气加臭剂属于危险化学品，其运输、储存和使用均应严格按照危险化学品相关管理规定进行管理。加臭剂在燃气中的含量是燃气供应保障安全质量的一项重要技术指标，为确保燃气加臭系统的正常运行，达到加臭效果，有必要统一燃气经营公司的加臭技术标准和管理要求。

二、现状

　　发达国家曾先后研制出多种燃气加臭剂，其中硫醇系列产品早期应用最广，时间也最长，如乙硫醇、丁硫醇、二甲基亚硫酸盐等。随着科技的发展，又出现了四氢噻吩、无硫加臭剂等品质优良的加臭剂。

　　目前，世界范围内主要分含硫和不含硫两类加臭剂。含硫的主要是四氢噻吩，北美和欧洲个别国家仍在使用含硫量更高的硫醇，硫醇比四氢噻吩更易被氧化而衰减，对管道也有更明显的腐蚀。欧洲和亚洲有很多国家，以及国内一些地区目前已开始使用环保且对金属管道无腐蚀的无硫加臭剂。目前国内特别是四川地区大多仍采用四氢噻吩作为天然气加臭剂。显然，可供选择的品种越来越多，但是，如何选择一种既经济又环保的加臭剂是一个很值得探讨的问题。

部分燃气公司已经开展了无硫加臭剂试应用，并对无硫加臭剂的 PE 管吸附渗透性、环境影响程度以及经济性等因素进行对比测试和评价。

第二节　常用加臭剂的基本性质

一、技术参数

目前常用加臭剂主要有四氢噻吩（THT）、乙硫醇等，使用最广的是 THT。THT 的分子式为 C_4H_8S，是一种具有恶臭气味、无色或微黄色透明液体。常用加臭剂见表 2-1。

表 2-1　常用加臭剂

命名	简称	分子式
四氢噻吩	THT	C_4H_8S
丁基硫醇	TBM	C_4H_9SH
正丙硫醇	NPM	C_3H_7SH
异丙硫醇	IPM	C_3H_7SH
乙硫醇	EM	C_2H_5SH
二乙硫醚	DES	$C_4H_{10}S$
甲硫醚	MES	C_3H_8S
二甲硫醚	DMS	C_2H_6S

二、危险性概述

（一）四氢噻吩

本品具有麻醉作用，对皮肤有弱刺激性。对水体可造成严重污染。四氢噻吩属于易燃易爆物品，爆炸极限为 1.1% ～ 12.1%。无毒、味道与煤制气相似，化学性质稳定，易于储存，气味存留长久，小浓度下可嗅到极刺激性臭味，气体状态下无腐蚀性，汽化后不易冷凝，燃烧后无异味，废气较少。

（二）乙硫醇、丁基硫醇、属硫醇类

基本能够满足气味剂警示要求，但存在腐蚀性和毒性，易冷凝，化学性质不稳定，相对优势为造价低、气味较四氢噻吩强。属于易燃易爆物品，爆炸极限为 1.6% ～ 23.0%。硫醇加臭剂含硫高，燃烧后对环境危害大以及对管道有一定腐蚀性。

（三）二甲硫醚、二乙硫醚同属链状硫化物

与前面几种加臭剂相比气味较弱，单独使用效果不佳，可与硫醇类混合使用，臭质效果较强，一般稍有毒性。

三、加臭剂的特点

（1）四氢噻吩（THT）是无色透明有挥发性的液体，不溶于水，可溶于乙醇、乙醚、苯、丙酮。具有强烈的不愉快气味，它产生的臭味稳定、不易散发，空气中存在少量就能闻到，燃烧后有硫化物产生，对环境有一定影响。

（2）无硫加臭剂是有强烈刺激性气味和挥发性的无色透明液体，其相对分子质量为 95.543，常压下的沸点为 80℃，熔点为 –80℃，自燃点为 395℃，不溶于水，可溶于乙醇、乙醚。具有强烈的不愉快气味，与天然气混合能力强，不易在管道中被吸附损失，与常规加臭剂相比，更加突出"警示性气味"，不会对管道和设备产生腐蚀，燃烧后不会对人体和环境产生危害。

经过长时间的经验积累及研究，目前我国广泛使用的燃气加臭剂主要有四氢噻吩和乙硫醇等，但从化学稳定性、毒性、利用率、纯度、设备磨损、管网腐蚀等各方面综合考虑，四氢噻吩要优于乙硫醇等，是目前国内外用较为普遍的燃气加臭剂。

第三节 加臭剂、加臭机选型及原理

一、加臭剂选型及原理

（一）加臭剂选型

1. 加臭剂受管材吸附的影响比较

研究显示，无硫加臭剂在钢质管壁材料上基本没有吸附，只在表面生锈的碳素钢管道中存在较明显的吸附。无硫加臭剂可明显渗进 PE 管材，较低密度和结晶度的 PE80 管材对加臭剂的亲和力比 PE100 管材高 2 ～ 3 倍。含硫加臭剂四氢噻吩比无硫加臭剂更易渗进 PE 管材。由于渗透极限和脱附作用，随着加臭剂浓度的增大和时间的推移，加臭剂的吸附率会逐渐下降，吸附与脱附趋于平衡的饱和状态，天然气中加臭剂含量不再继续减小。

2. 加臭剂受土壤吸附的影响比较

土壤温度和湿度对加臭剂的吸附起着重要的作用。温度越低，加臭剂穿透的时间越长、吸附量越大；土壤含水量越高，土壤对无硫加臭剂的吸附率越低，当土壤的含水量达到 10% 时，无硫加臭剂能在 20s 内穿透。

3. 加臭剂受管内介质影响比较

四氢噻吩对冷凝液、管道灰尘的吸附亲和力均比无硫加臭剂强，其中，冷凝液对四氢噻吩的吸附质量比无硫加臭剂约高出 4 倍。在这方面，无硫加臭剂更优于四氢噻吩。

4. 加臭剂经济性

加臭剂是一种价格比较昂贵的物质，在加臭剂选型过程中，考虑其各种特性的同时，应充分考虑其经济性，以求达到加臭剂最优的使用效果。

5. 四氢噻吩

四氢噻吩与其他含硫加臭剂相比，具有抗氧化性能强、化学性质稳定、气味存留时间久、烧后无残留物、环境污染较小、添加量少、腐蚀性小等优点。

（二）加臭剂加注技术指标及要求

1. 城镇燃气加臭主要技术指标

（1）城镇燃气应具有可以察觉的臭味，燃气中加臭剂的最小量应符合下列规定：无毒燃气泄漏到空气中，达到爆炸下限的20%时，应能察觉。

（2）有毒燃气泄漏到空气中，达到对人体允许的有害浓度时，应能察觉。

（3）对于以一氧化碳为有毒成分的燃气，空气中一氧化碳体积分数达到0.02%时，应能察觉。

2. 城镇燃气加臭主要技术要求

（1）加臭剂和燃气混合在一起后应具有特殊的臭味；加臭剂不应对人体、管道或与其接触的材料有害。

（2）加臭剂的燃烧产物不应对人体呼吸有害，并不应腐蚀或伤害与此燃烧产物经常接触的材料。

（3）加臭剂溶解于水的程度不应大于2.5%（质量分数）；加臭剂应有在空气中应能察觉的加臭剂含量指标。加臭流程见图2-1。

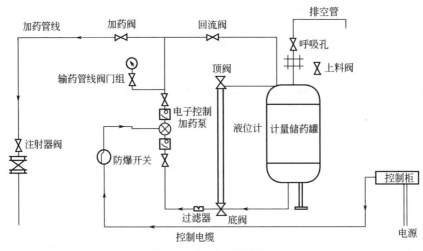

图2-1 燃气加臭流程图

（三）加臭量的计算

1. 臭味的强度等级

臭味的强度等级按 GB 50028—2006《城镇燃气设计规范》和 CJJ/T 148—2010《城镇燃气加臭技术规程》采用的燃气行业等级，按嗅觉强度分级，如表 2–2 所示。

表 2-2　加臭剂臭味分级表

嗅觉强度	臭味级别
0 级	没有臭味
1 级	弱臭味
2 级	臭味一般，可由一个身体健康状况正常且嗅觉能力一般的人识别，相当于报警或安全浓度
3 级	臭味强
4 级	臭味非常强
5 级	最强烈的臭味，是感觉的最高极限。超过这一级，嗅觉上臭味不再有增强的感觉

注："应能察觉"是指嗅觉能力一般的正常人，在空气—燃气混合物臭味强度达到 2 级时，应能察觉空气中存在燃气。

2. 加臭剂用量的计算方法

V_n 是加臭剂在空气中臭味强度达到 2 级的报警浓度，用于燃气中最低加臭量的计算（表 2–3）。

表 2-3　加臭剂在空气中臭味强度达到 2 级的浓度

加臭剂	V_n, mg / m^3
四氢噻吩 THT	0.08
硫醇 TBM	0.03
无硫加臭 S–Free	0.07

1m^3 无毒燃气泄漏到空气中臭味强度达到 2 级时，加臭剂加入量的计算

公式为：

$$V = \frac{V_n}{20\%V_{min}}$$ （2-1）

式中　V——无毒燃气泄漏到空气中臭味强度达到 2 级时加臭剂的加入量，mg/m³；

V_n——空气臭味强度达到 2 级时加臭剂在空气中的浓度，mg/m³；

V_{min}——燃气的爆炸下限，天然气的 V_{min} 为 5%。

上述 V 是理论计算值，实际生产中加入量应考虑管道长度、材质、腐蚀情况和天然气成分等因素，一般取理论计算值的 2～3 倍。

3. 加臭剂加注量常规算法

根据 GB 50028—2006《城镇燃气设计规范》和 CJJ/T 148—2010《城镇燃气加臭技术规程》的有关要求，1m³ 天然气应加入加臭剂四氢噻吩为不低于20mg，无硫加臭剂不低于15mg。在特殊情况下，如初次使用、检测检漏、自然灾害期间、移动式加臭设备使用时等，可适当加大加臭剂量，提高天然气臭味浓度。加臭剂的用量应有上限（不大于50mg/m³）控制，严禁无限度超量使用。加臭剂用量为供气末端检测值。

二、加臭泵原理、选型及加注量算法

（一）加臭泵的工作原理

（1）泵式加臭的原理是通过控制液压（机械）隔膜式栓塞计量泵，对燃气实行按比例加臭。经往复运动的活塞推吸液压油，以液压的方式来回交替地推吸隔膜，在吸入冲程中通过进口单向阀吸入加臭剂，在排出冲程中通过出口单向阀将加臭剂排出。通过调整活塞冲程长度调整单冲程输出量，通过控制单位时间内活塞往复次数调节不同流量燃气对应的加臭剂量。

（2）加臭剂通过加臭泵加压再经过雾化装置，将加臭剂以雾状或气化状态直接注入燃气管道，随着燃气流动和扰动与燃气均匀混合，达到给燃气加臭的目的。

（3）加臭设备一般采用定量泵方式加注加臭剂。其优点为结构简单，便于维护；加臭效果好，定量精度高且稳定可靠；便于实现全自动密闭加臭；

适合长期连续运行，成本低廉。

（二）加臭泵的选型

（1）加臭泵多种多样，在加臭领域应用的都是无泄漏的隔膜计量泵。从隔膜驱动形式上可分为机械隔膜泵、液压隔膜泵、气动隔膜泵；从柱塞驱动形式上可分为电磁驱动式、电机驱动式、气动式。无论何种驱动方式，输出端的原理都是相同的，如图 2-2 所示。

（2）加臭泵的输出特性：每一台计量泵都有一个输出压力范围，它的输出能力随负载压力（管网压力）的升高而降低，压力越高，输出量越小，每一个系列的计量泵都有特定的输出曲线。

图 2-2　加臭机

（三）加臭计量泵典型控制算法

隔膜式计量泵加药频率 N 由下式计算：

$$N=\frac{60Q_hV}{M} \tag{2-2}$$

式中　N——隔膜式计量泵的加药次数，次 /min；

　　　Q_h——天然气的流量，m^3/h；

　　　V——规定的标准加药浓度（$V_{THT}=20mg/m^3$，$V_{S-Free}=15mg/m^3$）；

M——出厂时隔膜式计量泵设定的单次额定输出药量，mg（单次输出量可调范围为 50 ～ 500mg）。

第四节 加臭管理的基本要求

一、加臭剂运输

（一）运输主体

燃气经营公司原则上不进行加臭剂的运输，由具有资质的加臭剂供货商负责运送和加臭剂添加操作。

（二）相关要求

因特殊原因确需运输加臭剂的应满足以下要求。

（1）加臭剂属于易挥发的危险化学品，其必须装载于密闭的容器中进行运输，运输车辆应配备相应品种和数量的消防器材及泄漏应急处理设备。

（2）夏季早晚运输，运输时的槽（罐）车应有接地链，槽内可设孔隔板以减少震荡产生静电。

（3）严禁与氧化剂等混装混运。装运该物品的车辆排气管必须配备阻火装置。运输途中应防暴晒、雨淋，防高温。

（4）中途停留时应远离火种、热源、高温区。

（三）其他注意事项

（1）公路运输时要按规定路线行驶，勿在居民区和人口稠密区停留。铁路运输时要禁止溜放。严禁用木船、水泥船散装运输。

（2）禁止使用易产生火花的机械设备和工具运输搬运或装卸。搬运过程严禁磕碰、颠簸，避免高处坠落，严禁使用压缩空气装卸操作。

（3）加臭剂的运输须符合《危险化学品安全管理条例》的规定。

（4）药剂添加时应控制流速，且安装有接地装置，防止静电积聚。

（5）搬运时要轻装轻卸，防止包装及容器损坏。

二、加臭剂储存

（一）储存主体

燃气经营公司一般不需要储存相应加臭药剂，药剂不足时由供货商负责定期进行运送。

（二）相关要求

因特殊原因确需存储加臭剂的应满足以下要求。

（1）加臭剂储存于阴凉、通风的库房，仓间温度控制在 –30~50℃。

（2）注意远离火种、热源，严禁阳光直晒，保持容器密封。

（3）加臭剂严禁同易燃易爆物品或氧化剂共同存放。

（4）储存地点采用防爆型照明、通风设施。

（5）禁止在储存区使用易产生火花的机械设备和工具，储存区应备有泄漏应急处理设备和合适的收容材料。

（6）加臭剂存储时间不宜超过 2 年。

（7）存储点需有专人负责看管，未经许可，不得随意进入。加臭剂出入库，必须进行核查登记，并对库存加臭剂进行定期检查。

（8）库房应有防雷接地设施，并设置明显的安全警示标志。

第五节　加臭操作及日常管理

加臭剂加注目的是为城市、乡镇的居民用户能在天然气泄漏的第一时间发现，所以加臭设备应设置在燃气公司输配气门站，门站应按照正常生产制度配备一定数量的当班人员，并熟悉加臭设施操作规程及应急处置程序。

一、加臭系统加料操作

（一）加臭系统加料操作步骤

加臭系统配备有防腐储药罐和气体压料器（或导压泵），从药剂桶内向储药罐内导药时，应采用小于30kPa压力的氮气进行。导药流程图见图2-3。

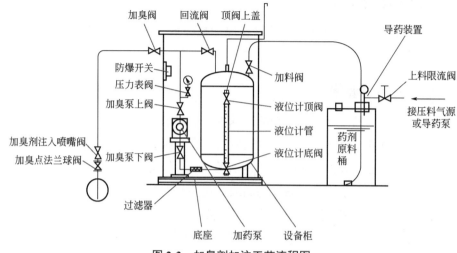

图 2-3　加臭剂加注工艺流程图

（1）打开设备储罐上的排空阀门，打开液位计下阀和上料阀。

（2）将料桶移近设备储罐1.2m左右，打开物料桶上的大桶盖。

（3）将上料装置带有过滤器的一端放入药剂桶中，将密封盖用六角扳手锁紧（按说明书上的压料工艺流程图连接好压料装置）。

（4）插入储药罐的上料阀内固定。

（5）调整压料气源压力到0.04MPa以下后连接压料气源管，流阀入口端与气源连接。

（6）向药剂桶内缓慢加入氮气或者空气，要求压力不超过0.03MPa（30kPa），观察加药情况至所需药量，以不超过液面计管顶部刻度为储料上限。

（二）加臭系统加料注意事项

（1）压料时应按说明书规定进行，先检验压料装置的严密性和完好情况，严禁超压，尽量避免阴雨、高温天气，操作人员应在加臭剂上风方向操作。压料结束时，倾斜料桶，将物料残底压净。如果桶中剩余料较多，设备储药罐内已到额定储量时，应及时停止压料，并盖好物料桶盖，确认无泄漏后放规定的位置。

（2）压料器使用完毕后，应尽量清干净管内的残余物料并放置在安全防爆区内的通风较高处，使其残余物料及气味自然挥发。如果有条件应放在远离人群的仓库保存。

（3）当采用电动方式填充加臭剂时，电动上料泵应符合防爆要求。启动上料泵前，应保证泵内的加臭剂液体体积不小于泵腔容积的2/3，严禁上料泵空转，否则将会造成泵体温度升高及泵轴套密封面磨损。

二、自控加臭、计量流程

（一）加注流程

加臭剂加注分为开启、关闭两个步骤。自动控制加注量工艺示意图见图 2-4。不同流程的加臭剂加注操作有所不同。

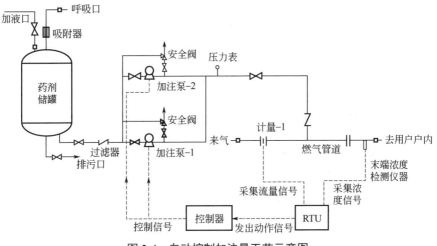

图 2-4　自动控制加注量工艺示意图

1. 启泵操作

（1）打开加臭泵的进口阀和出口阀，关闭回流阀。

（2）打开药剂加注阀，关闭截止阀。

（3）闭合加臭泵的防爆开关，启动加臭泵。并在机房控制屏上启动泵，实现远程自动控制加注，并记录启泵时间。

（4）待泵出口压力高于管道压力 0.1～0.2MPa 后，打开加注阀。检查加注泵工作是否正常平稳。

2. 停泵操作

（1）在机房控制屏上停用加臭泵，现场关闭设备防爆开关，检查加臭泵是否已停止运行，并记录停泵时间。

（2）关闭管路上加注阀。

（二）注意事项

（1）加臭系统启动时应确认加臭泵进、出口阀门为开通状态，禁止关闭阀门运转。运行时应检查加臭泵输出压力是否高于燃气管道压力。

（2）外委维护单位每季度对加臭装置进行维护保养，并重点检查泵、单向阀有无异响；接头是否有泄漏，站场巡检人员应至少每月进行巡检，并对所巡检的内容形成记录。

（3）操作人员应穿戴好劳动保护用品（含防护手套等）。

（4）检查储药罐内是否有足够药剂，各阀门的开闭是否正确，各连接部位是否有松动，检查机房 UPS 电压，输入采样信号是否正确，并记录。

（5）打开控制器调整至所需的运行模式。

三、加臭剂浓度检测

（1）按规定燃气经营单位须每半年至少开展一次加臭剂含量检测，在管网末端随机选择有代表或关键性的检测口，委派经过专门培训合格的人员到现场，采用可靠的检测方法，检测燃气加臭剂含量是否达到要求（四氢噻吩不应小于 $8mg/m^3$，无硫加臭剂不应小于 $7mg/m^3$），收集准确可靠的检测数据。

（2）检测过程必须严格按照相关技术指引进行操作，所收集报告的数据必须准确可靠，确保检测数据的权威性。对于用于检测燃气加臭剂含量的仪器，指定由相关责任人负责对其进行维护保养，掌握仪器的使用情况，确保其完好有效。根据在管网末端的加臭剂含量检测结果，验证加臭剂是否符合对应加臭剂的最小剂量范围，如有不符，则要分析原因并采取纠正措施，及时调整输配气站的加臭剂加注量。

四、加臭系统日常巡检和操作管理要求

（1）当班人员应按照场站巡回检查路线，按时对加臭系统的机泵、阀门、仪器仪表、运行数据、系统泄漏情况、储罐药量等进行检查，如发现异常应及时妥善处理，排除设备故障和隐患，确保系统正常运行，并认真做好检查和故障处理记录。

（2）对燃气加臭系统的操作、维护保养，指定由专人负责，定期实施，保证其完好有效。加臭装置检修时，现场应备有消防器材、除臭剂、消除臭剂的稀释液和吸附剂等，工作完毕后，建议及时淋浴更衣。

（3）当储罐药剂液位低于下限时，应及时补加药剂，目前燃气经营公司均将药剂添加操作委托给加臭剂供货商进行，属地员工进行监督。燃气经营单位委托给供货商进行药剂添加后，应在药剂达到液位下限前半个月告知供货商，并督促供货商在药剂达到液位下限前完成加臭药剂添加。

（4）根据每个月的供气量和加臭剂投放量，核算单位燃气的加臭量，随时掌握加臭系统运行状况、单位燃气加臭量的异常变化、加臭剂库存量等情况。

（5）相关作业检查记录资料要妥善存档备查，随时接受各级监管部门的监督检验。

（6）定期开展设备及配件的检查，并做好维护记录。根据实际加臭量，每月至少开展一次加臭泵标定工作。每半年将过滤器拆洗一次，必要时更换滤芯。每半年应检查清洗单向阀、回流阀以及检查加臭泵头的阀件膜片是否损坏。每半年检查电路的绝缘情况，测试其绝缘电阻。每三年对设备进行一次大修，更换易损及密封件。

（7）空气中加臭剂浓度较高时，操作人员应穿戴加臭剂要求的劳保用品，如自吸过滤式防毒面具（半面罩）、安全防护眼镜、防毒物渗透工作服和橡胶耐油手套等。加臭剂发生大量泄漏时，应急处置人员应佩戴自给式正压空气呼吸器。

（8）工作场所严禁吸烟，远离火种、热源，并配备相应品种和数量的消防器材及泄漏应急处理设备。

五、加臭系统运行和维护管理要求

（1）加臭装置的采购，由燃气经营公司按照物资采购管理相关制度统一实施。

（2）加臭装置必须按照GB 50028—2006《城镇燃气设计规范》和CJJT/148—2010《城镇燃气加臭技术规程》以及上级有关要求进行设计、安装，并经公司组织验收和调试合格后，方可投入正式运行。

（3）加臭装置的管理应明确燃气经营公司的归口管理部门，并明确至少一名技术人员负责加臭系统的管理，各站场指定专人管理加臭设备，加臭设备纳入重点设备进行监控。加臭设备需建立详细的生产运行技术档案，有详细的生产运行记录，确保加臭设备的良好运行状态。

（4）加臭剂的物理化学性质、加臭系统的结构和原理、加臭剂用量的计算方法、加臭泵工作频率的计算、加臭系统启动和关闭操作、药剂罐药剂添加操作和应急处置等知识应纳入输配气工和站场管理人员"应知应会"的内容。

（5）燃气经营公司应按规定做好加臭装置月、季、年检和维修作业，并做好相关记录。在设备因故停止使用或发生任何泄漏时应及时向上级生产调度中心汇报，并做好记录。

（6）燃气经营公司应按加臭装置的使用说明书和实际情况编写加臭装置的安全运行管理制度，安全操作、检修与维护规程，并制定突发事故应急预案，定期进行预案演练及评估。

（7）加臭装置应由专人进行操作和管理，加臭装置的操作人员和维护检修人员应经过专业培训合格后方可上岗。加臭装置的操作、维护和检修人员，在工作期间，必须按规定佩戴特定的劳动保护用品。

第六节　加臭应急及管理

一、急救措施

（1）皮肤接触：脱去污染的衣物，如果皮肤接触，用肥皂水和清水彻底淋洗；如果皮肤刺激持续，请立即就医。

（2）眼睛接触：提起眼睑，用流动清水或生理盐水冲洗。一旦液体加臭剂进入眼睛或粘在皮肤上，要立即用肥皂和清水冲洗，情况严重的应及时就医。

（3）吸入：迅速脱离现场至空气新鲜处。保持呼吸道通畅。如果呼吸困难，输氧。如果呼吸停止，立即进行人工呼吸，就医。

（4）食入：饮足量温水，催吐，及时就医。

（5）着火：若不能灭掉火源，立即拨打火警电话"119"。

二、消防措施

（1）危险特性：遇高热、明火及强氧化剂易引起燃烧。

（2）有害燃烧产物：一氧化碳、二氧化碳、硫化氢、氧化硫。

（3）灭火方法：喷水冷却容器，可能的话将容器从火场移至空旷处。可以采用泡沫、二氧化碳、干粉、砂土等灭火。

三、加臭系统应急物资储备

配置有加臭系统的输配气场站应配备适当的消防器材、专用除味剂、消除剂稀释液和吸附剂等应急处置设备和工具，加臭应急桶见图2-5。加臭系统应急物资配备推荐标准见表2-4。

图 2-5 加臭应急桶

表 2-4 加臭系统应急物资配备推荐标准

序号	物资名称	数量	单位
1	75.7L 泄漏应急处置桶	1	个
2	吸附垫	20	只
3	吸附条（直径 7.6cm，长度 2.4m）	1	个
4	吸附条（直径 7.6cm，长度 1.22m）	6	个
5	擦拭纸	1	包
6	吸附剂	1	罐
7	防化垃圾袋、扎绳	2	个
8	防化手套	1	副
9	防化眼镜	1	只
10	常用危险化学品应急速查手册	1	本

四、泄漏应急处置

（1）当发生加臭剂意外泄漏时，应急处理人员须尽可能切断泄漏点上下游阀门，同时将泄漏污染区内人员迅速撤离至安全区，对污染区进行隔离，严格限制人员出入，隔离区内严禁火源。

（2）当泄漏量较大时，应构筑围堤或挖坑收容，并应采取措施防止泄漏的加臭剂流入下水道、排水沟等，用泡沫覆盖，降低蒸气产生的灾害，用防爆泵转移至槽车或专用收集器内，回收或运至废物处理场所处。

（3）小量泄漏使用活性炭或其他惰性材料、黏土或沙子等吸附剂或消除剂及时消除加臭剂造成的污染（由于四氢噻吩消除剂的氧化性较强，为避免反应过于剧烈导致起火，严禁用消除剂直接接触四氢噻吩，要求使用四氢噻吩消除剂的稀释液进行处理）。

（4）吸附后的废弃物应放入封闭的容器中，并按照有关规定进行处理，也可以使用不燃性分散剂制成的乳液刷洗，洗液稀释后放入废水系统。

（5）对于被加臭剂沾染的管道、储罐和设备部件，应使用异丙醇或乙醇进行清洗，使用后的吸附剂或清洗剂必须放入封闭的容器中按规定处理，严禁直接排入下水道。

第三章

燃气计量技术与管理

天然气计量方式主要包括体积计量、质量计量和能量计量三种。天然气作为一种多组分混合气体，由于各组分热值不同，相同体积（或质量）不同组分的天然气燃烧产生的能量也不同。因此，采用能量计量更为合理，国际天然气贸易和欧美等发达国家多采用这种方式。

我国目前仍以体积计量方式为主，其标准参比条件为：温度20℃（293.15K）、绝对压力101.325kPa。

第一节　流量测量方法及原理

流量测量方法主要分为差压式、容积式、速度式。本节着重对目前在终端燃气领域常用的标准孔板流量计、腰轮流量计、膜式燃气表、涡轮流量计、旋进漩涡流量计、科里奥利流量计以及极具广泛使用前景的超声波流量计进行介绍。

一、标准孔板流量计

（一）结构与原理

标准孔板流量计见图 3-1 和图 3-2。

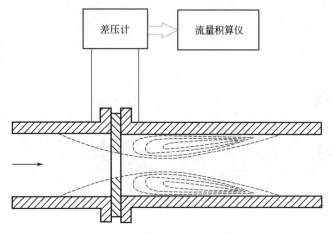

图 3-1　标准孔板流量计结构图

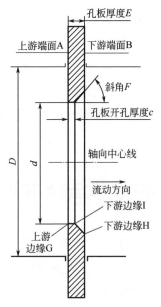

图 3-2　标准孔板轴向截面图

当天然气流经管道内的节流装置，在节流件（孔板）附近造成局部收缩，流速增加，在其上、下游两侧产生静压力差，此压力差与流体的流量平方成正比例关系，通过测量差压确定流体的流量。

（二）计算方法与技术要求

在 GB/T 21446—2008《用标准孔板流量计测量天然气流量》中，规定了标准孔板的结构形式、技术要求；节流装置的取压方式、使用方法、安装和操作条件、检验要求；流量的计算方法。

该标准适用于法兰取压和角接取压；不适用于孔板开孔直径小于12.5mm，测量管内径小于50mm和大于1000mm，直径比小于0.1和大于0.75，管径雷诺数小于5000的场合。

1. 体积流量计算

体积流量计算实用公式为：

$$q_{vn} = A_{vn} C E d^2 F_G \varepsilon F_Z F_T \sqrt{p_1 \Delta p} \qquad (3-1)$$

式中　q_{vn}——天然气在标准参比条件下的体积流量，m^3/s；

A_{vn}——体积流量计量系数，秒体积流量系数 $A_{vns}=3.1795 \times 10^{-6} m^3/s$，小时体积流量系数 $A_{vnh}=0.011446 m^3/h$，日体积流量系数 $A_{vnd}=0.27471 m^3/d$；

C——流出系数；

E——渐近速度系数；

d——孔板开孔直径，mm；

F_G——相对密度系数；

ε——可膨胀性系数；

F_Z——超压缩系数；

F_T——流动温度系数；

p_1——孔板上游侧取压孔气体绝对静压，MPa；

Δp——气流流经孔板时产生的差压，Pa。

2. 气流条件

（1）气流通过节流装置的流动应是保持亚音速的、稳定的或仅随时间缓慢变化。不适用于脉动流的流量测量。

（2）气流应是均匀单相的牛顿流体。若气体含有质量分数不超过2%的固体或液体微粒，且成均匀分散状态，也可以认为是均匀单相的牛顿流体。

（3）气流流经孔板以前，其流束应与管道轴线平行，气流流动应为充分发展紊流且无旋涡，管道横截面所有点上的旋涡角小于2°，即认为无旋涡。

（4）为进行流量测量，应保持孔板下游侧静压力与上游侧静压力之比等于或大于 0.75。

（5）可接受的速度剖面条件为：横截面上同一径向位置上的轴向局部流速与轴向最大流速的比值与很长直管段（超过 100D）后管道横截面上之流速比在 5% 之内一致。

3. 标准孔板流量计的主要构成

（1）孔板节流装置，使管道中流动的流体产生产生静压力差的一套装置。由标准孔板、取压装置和上、下游直管段所组成。

（2）二次仪表，包括各种机械（电子）或机电一体式差压计、压力计、温度计、组分分析仪、积算仪等。常用的二次仪表组合形式有：电动差压、压力、温度变送器，单片机积算仪（或 RTU、流量计算机、工控机）；电动差压、压力、温度变送器、在线气体色谱分析仪，单片机积算仪（或 RTU、流量计算机、工控机）；双波纹管式差压计（带压力计）、玻璃棒式水银温度计、求积仪、计算器。

4. 安装要求

节流装置应安装在两段具有相等直径的圆形横截面的直管段之间，除取压孔、测温孔外，无标准规定之外的障碍和连接支管。直管段毗邻孔板的上游 10D（D 为测量管内径）或流动调整器后和下游 4D 的直管部分需机加工，并符合 GB/T 21446—2008 的要求，如图 3-3、表 3-1 和表 3-2 所示。

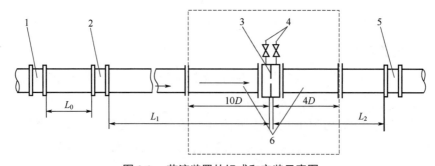

图 3-3　节流装置的组成和安装示意图

1—上游侧第二阻流件；2—上游侧第一阻流件；3—孔板及夹持器；4—差压信号管路；

5—下游侧第一阻流件；6—孔板前后测量管；

L_0—第一阻流件与第二阻流件之间的直管段；

L_1—孔板上游的直管段；L_2—孔板下游的直管段

表 3-1 孔板与阻流件之间所允许的直管段长度（无流动调整器）

直径比 β	上游直管段												下游直管段
	在任一平面上单个90°弯头 两个90°弯头S形状 ($l >$ 30D)[a]	在同一平面上的两个90°弯头S形状 (30D $\geq l >$ 10D)[a]	在垂直平面上两个90°弯头 (30D $\geq l >$ 5D)[a]	在垂直平面上的两个90°弯头 (5D $> l$)[a]	单个90°三通有或无延伸部分90°管	在同一平面上的单个45°弯头 两个45°S形状 ($l \geq$ 2D)[a]	同轴的渐缩管在1.5D到3D的长度由2D变为D	同轴的渐扩管在2D的长度由0.5D变为D	全孔球阀或闸阀全开	对称喷缩异径管	温度计套管[b]或插孔直径 $\leq 0.03D$[c]	其他任何阻流件（所有种类）[d]	
0.20	6	10	19	34	3	7	5	6	12	30	5	70	4
0.40	16	10	44	50	9	30	5	12	12	30	5	145	6
0.50	22	18	44	75	19	30	8	20	12	30	5	145	6
0.60	42	30	44	65[e]	29	30	9	26	14	30	5	145	7
0.67	44	44	44	60	36	44	12	28	18	30	5	145	7
0.75	44	44	44	75	44	44	13	36	24	30	5	145	8

注：1. 表列数值为位于孔板的各种流件上游和下游的各种阻流件与孔板上下游端之间所需的最短直管段长度，应在最近（或仅有）弯头的弯曲部分或三通的下游端端部分或三通的下游或者渐缩管或扩锥形部分的下游端测量直管段。

2. 弯头曲率半径 $R = 1.5D$。

3. 对于 $\beta < 0.20$ 的值按 $\beta = 0.20$ 的值。

4. 对于其他任何阻流件，特别值是汇管和复杂管路，推荐安装流动调整器。

a l 为两弯头之间的距离，是从上游的安装弯面下游端到下游端其他弯曲面上游端测得的。

b 温度计套管或插孔直径为 0.03D 到 0.13D 的温度计套管或插孔。如果安装插孔直径计套管或插孔直径 0.03D 到 0.13D 的温度计套管或插孔，但是不推荐这种安装。

c 如果安装插孔直径在 0.03D 到 0.13D 的温度或速度剖面变形，对这些安装因为存在涡流和速度剖面变形，数值增加到 20，对于高雷诺数和光滑的管子。

d 这些安装因为存在涡流和速度剖面变形，对流出系数变化有很大影响，对于高雷诺数和光滑的管子，本标准推荐的直管段长度以对计量最不利的情况。

e 如 l 小于 2D 且 Re_D 大于 2×10^8 时为 95D。

表 3-2　孔板与 19 管束流动调整器之间所允许的直管段长度

β值	单个 90° 弯头 b R/D=1.5		在不同平面上的两个 90° 弯头 b (l≤2D)a, R/D=1.5		单个 90° 三通		其他任何形式的管件及管路分布	
	30＞L_z≥18	L_z≥30	30＞L_z≥18	L_z≥30	30＞L_z≥18	L_z≥30	30＞L_z≥18	L_z≥30
≤0.20	5～14.5	5～25	5～14.5	5～25	5～14.5	1～25	5～11	5～13
0.40	5～14.5	5～25	5～14.5	5～25	5～14.5	1～25	5～11	5～13
0.50	11.5～14.5	11.5～25	9.5～14.5	9～25	11～13	9～23	c, d	11.5～14.5
0.60	12～13	12～25	13.5～14.5	9～25	c, e	11～16	c	12～16
0.67	13	13～16.5	13～14.5	10～16	c	11～13	c	13
0.75	14	14～16.5	c	12～12.5	c	12～14	c	c
推荐束位置	13 β≤0.67	14～16.5 β≤0.75	13.5～14.5 β≤0.67	12～12.5 β≤0.75	13 β≤0.54	12～13 β≤0.75	9.5 β≤0.46	13 β≤0.67

注：1. 表中给出的直管段长度是 19 管束流动调整器下游端与孔板上游端之间的允许长度。L_z 是给定阻流件下游端面之间的允许长度。距离 L_z 的测量是从孔板上游端面至最近（或唯一）的 T 形管曲面下游端或渐缩管或渐扩管锥面下游端。表中推荐的管束位置距离值只适用于给定的 β 值范围。
2. 对于 β 小于 0.20 的值按 β 等于 0.20 的值。
a l 是两个弯头之间的距离，是从上游端弯头曲面到下游端弯头曲面的上游端测得的。
b 弯头的曲率半径等于 1.5D。
c 不可能找到一个对特定阻力件下游的 19 管束流动调整器的合格位置，此些适用所有的 L_z 值。
d β 等于 0.46 为 9.5。
e β 等于 0.54 为 13。

以 $\beta=0.67$，第一阻流件为阀门，上游第一阻流件下游端面与孔板上游端面之间的距离 $L_z \geqslant 30D$ 为例，阀门按照表 3-2 最后一列"其他任何形式的管件及管路分布"进行选择，19 管束流动调整器与孔板上游端面的距离按照表格最后一列取 $13D \pm 0.25D$（取公差），孔板与下游第一阻流件按照表 3-1 最后一列"下游直管段"7D 进行选择。

取压口一般设置在法兰、环室或夹持环上，取压口的取向应考虑防止液滴或污物进入导压管。当测量管为水平安装或倾斜安装时，取压口的安装方向如图 3-4 所示。

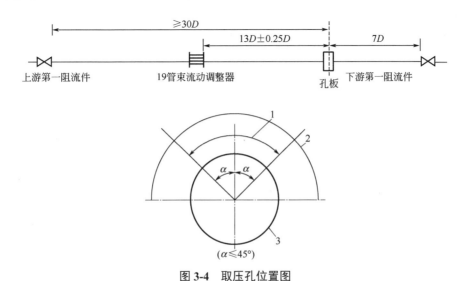

图 3-4　取压孔位置图

1—含凝析液气；2—干燥气；3—测量管

导压管及管路附件应按介质及使用条件确定。导压管应按最短距离敷设，并且应垂直或倾斜安装，当可能出现凝液时，其倾斜度不得小于 1:12。当引压管传送距离大于 30m 时，应分段倾斜，并在最低点设置沉降器和排污阀。对不出现凝液时可酌情降低倾斜度。导压管长度和管径应按表 3-3 的规定选用。当可能出现凝液时，导压管内径一般不得小于 13mm。

表 3-3　导压管长度和内径表　　　　　　　　　　　mm

导压管长度	<16000	16000 ~ 45000	45000 ~ 90000
导压管内径	7 ~ 9	10	13

导压管弯曲处应圆滑，弯曲半径应不小于导压管外径的 5 倍。导压管对接时，不应有焊瘤突入和内径错位。导压管连接前和焊接后均应吹扫，并进行强度和密封性试验。正负导压管应平行并列敷设，并远离发热源，在寒冷的地区要采取防冻措施。如被测介质具有一定强度的腐蚀性，应在取压孔与测量仪表之间安装隔离器，隔离器应垂直安装在导压管上。需要注意的是，差压测量的正负隔离器安装标高应一致并且隔离器液面必须一样高。

根据被测介质的洁净程度可选择图 3-5 或图 3-6 所建议的方式对二次仪表进行安装。需要注意的是，在靠近节流装置的导压管上应装设截断阀。如果在信号管路上装有冷凝器，那么在靠近冷凝器的位置上也应装设截断阀。截断阀的耐压与耐腐蚀性应与测量管相同。截断阀的流通面积应与导压管的流通面积相同。截断阀的结构应能防止在其本体中积聚气体或液体，以免阻碍静、差压信号的传递，因此建议采用直通式。

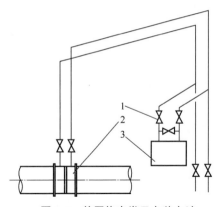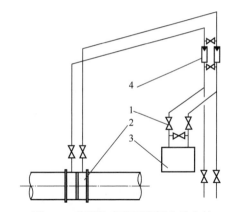

图 3-5　差压仪表常见安装方法 　　　　　图 3-6　差压仪表带隔离器安装方法

1—截断阀；2—节流装置；3—差压计　　　1—截断阀；2—节流装置；3—差压计；4—隔离器

用于高湿度、有腐蚀、易冻结、易析出固体物的被测流体，应采用隔离器和隔离液，使被测流体不与差压计或差压变送器接触，以免破坏差压计或差压变送器的正常工作性能。常用隔离液有甲基硅油、甘油酒石酸酯等。

隔离器隔离液的体积变化应大于差压计或差压变送器在全量程范围内工作空间的最大体积变化。

正负压隔离器应装在垂直安装的导压管上，并有相同的高度。隔离器中的隔离液的最高液面和最低液面的位置应确定。

（三）使用及维护

孔板流量计投产后，应根据实际情况进行周期性的清洗检查、检定和校准。

1. 节流装置的清洗和检查

检查孔板、导板、孔板密封圈等部件的脏污物的堆积情况。

清洗孔板、导板、孔板密封圈、压板、密封板及密封垫片等部件，使用钢丝刷清除导板齿条内的污物和积垢。

目测孔板，其 A 面、B 面、圆筒形部分、入口边缘、下游边缘等部位应无无机械损伤（划痕和撞伤）、坑蚀或其他缺陷。

在四个方向用适当长度的样板直尺（如刀口尺），沿孔板直径方向轻靠孔板上、下游面，同时用塞尺测量最大缝隙高度 h，$h < 0.002(D-d)$。

用反射光法检查孔板入口边缘：转动孔板使孔板上游端面与入射光线成 $45°$，使光源射向入口边缘，目测反光情况。当 $d \geq 25\text{mm}$ 时，目测入口边缘应无反射光；当 $d < 25\text{mm}$ 时，使用 4 倍放大镜观察入口边缘应无反射光。

孔板孔径测量：用适当量具（如游标卡尺）以大致相等角距测得 4 个内径值，求其算术平均值；算术平均值应与孔板刻印值相差不超过 0.1mm。

节流装置的清洗和检查周期见表 3-4。

表 3-4 节流装置清洗和检查周期

序号	内容及说明	建议周期	备注
1	日常清洗检查：孔板检查、导压管吹扫、导压管验漏、差压零位	7d	根据气质状况进行调整
2	清管通球后，沿途各站节流装置清洗检查	清管通球后 3d 内	—
3	上、下游测量管清洗检查	2 年	—

2. 测量仪表的检定和校准

用于贸易计量的测量仪表均应按照相关规程进行周期检定或校准。在日常使用中可根据实际情况，按一定周期进行零位检查和校准、示值对比，以验证仪表在两次检定之间的准确性。表 3-5 列出了常见测量仪表的检定和校准周期。

表 3-5　常见测量仪表检定和校准周期

序号	仪表名称	内容及说明	建议周期	检定规程或规范
1	压力、差压变送器	零位检查或调整	半个月或 1 个月	JJG 882—2015《压力变送器检定规程》
2		示值校准和比对	3 个月	
3		周期检定	1 年	
4	温度变送器	周期检定	1 年	JJF 1183—2007《温度变送器校准规范》
5	工业铂、铜热电阻	周期检定	1 年	JJG 229—2010《工业铂、铜热电阻检定规程》

（四）常见问题及应对方法

高级孔板阀和电动仪表常见问题及应对方法见表 3-6 和表 3-7。

表 3-6　高级孔板阀常见问题及应对方法

序号	问题描述	应对方法
1	滑阀密封面划伤产生内漏	轻微内漏，从注脂嘴加注密封脂，再开、关滑阀 4～8 次可排除；严重内漏，停气放空、分解检查
2	开关滑阀或升降孔板跳齿	保持上、下阀腔压力平衡，缓慢正、反向旋转齿轮轴至齿轮啮合正常；齿轮啮合卡死，停气放空、分解检查
3	滑阀不能关闭	若滑阀跳齿不能关闭，按本表序号 2 方法排除；若导板在下阀腔，滑阀可以关闭；导板在上阀腔，滑阀则不能关闭。检查压板密封垫有无向下凹陷
4	提升孔板部件有卡滞现象	清洗导板上的污物；若仍不能排除，可用锉刀稍微修理孔板导板顶端倒角
5	孔板部件下坠，不能在中腔停留	稍许拧紧齿轮轴端六方螺帽
6	注脂嘴渗漏	取下注脂嘴帽，加注密封脂，拧紧注脂嘴帽；注脂嘴内漏，更换
7	压板处渗漏	检查压板处密封面，清除杂质，必要时更换密封垫
8	平衡阀不能平衡上、下阀腔压力	停气分解，清洗疏通平衡气路

续表

序号	问题描述	应对方法
9	上阀腔余压不能排尽	滑阀关闭不严，按本表序号 1 的方法排除； 平衡阀损坏，停气更换平衡阀
10	齿轮轴抱死	停气、分解检查
11	其他部位的渗漏	堵头、法兰等处，应停气、分解检查； 阀体渗漏，应停气、分解检查或更换
12	无差压信号	检查是否安装了孔板； 检查取压管路； 三阀组平衡阀是否内漏
13	计量数据误差大	孔板孔径选择不当：按流量计算、选用适当的孔径； 孔板机械损伤：更换孔板； 密封圈损坏：更换密封圈； 节流装置及上、下游直管锈蚀严重：更换

表 3-7 电动仪表常见问题及应对方法

一、压力变送器		
序号	问题描述	应对方法
1	示值异常，但稳定	导压管可能堵塞，吹扫导压管； 导压管可能泄漏，验漏、堵漏； 三阀组内、外漏，确认平衡阀关闭，排除阀组外漏，拧紧取压开关
2	示值不稳定	检查测量回路，查找线路连接点是否松懈并连接或紧固； 检查变送器内部是否受潮，并除湿； 变送器内部故障，修理或更换； 检查接地是否良好
3	无显示	检查变松器供电是否正常； 检查变送器输出是否正常； 逐级检查回路各部件输入和输出是否正常
二、差压变送器		
4	示值异常，但稳定	导压管可能堵塞，吹扫导压管； 导压管可能泄漏，验漏、堵漏

续表

二、差压变送器		
序号	问题描述	应对方法
5	示值不稳定	检查测量回路，查找线路连接点是否松懈并连接或紧固； 检查变送器内部是否受潮，并除湿； 变送器内部故障，修理或更换； 检查接地是否良好
6	无显示	检查变松器供电是否正常； 检查变送器输出是否正常； 逐级检查回路各部件输入和输出是否正常
三、温度变送器		
7	示值超测量上限	检查铂电阻及温度变送器是否存在断路情况
8	示值超测量下限	检查铂电阻及温度变送器是否存在短路情况
9	示值不稳定	逐级检测测温回路，是否存在接触不良的情况

二、容积式流量计

（一）罗茨流量计

1. 结构与原理

罗茨流量计工作原理见图 3-7。

(a) 位置1　　　　(b) 位置2　　　　(c) 位置3　　　　(d) 位置4

图 3-7　罗茨流量计工作原理图

两个相反方向旋转的 8 字形转子，放在一个坚固的计量室内，经过精密加工的调校齿轮使转子保持正确的相对位置。转子间、转子与壳体、压盖间保持最佳的工作间隙，该间隙提供连续的无接触的密封。

图 3-7 中，用上下相反转向的 8 字形转子所在的 4 个不同位置（位置 1～位置 4），说明计量原理。位置 1：当下转子以逆时针方向转向水平位置时，气体进入壳体和转子的空间；位置 2：下转子转至水平位置，计量室底部室内存有一个固定体积的气体；位置 3：当上下转子继续旋转时，计量室底部内气体被排出；位置 4：与上述过程同时，上转子以顺时针旋转至水平位置，计量室上部存有与计量室底部相同体积的气体。每对转子旋转一周，排出等体积的气体 4 次。

2. 计算方法与技术要求

1）体积量计算

体积量计算公式为：

$$V_0 = V \cdot \frac{(p_0 + p_g)T_0}{p_0 T} \cdot \frac{Z_n}{Z_g} = V \cdot \frac{p}{p_0} \cdot \frac{T_0}{T} \cdot F_z^2 \qquad （3\text{-}2）$$

式中　V_0——标准状态下的体积量，m^3；

　　　V——工作状态下的体积量，m^3；

　　　p——流量计压力检测点处的绝对压力，kPa；

　　　p_g——流量计压力检测点处的表压力，kPa；

　　　p_0——标准大气压，101.325kPa；

　　　T_0——标准状态下的温度，293.15K；

　　　T——被测介质的温度，K；

　　　F_z——气体压缩因子；

　　　Z_n——标准状态下的气体压缩系数；

　　　Z_g——工作状态下的气体压缩系数。

2）罗茨流量计的主要构成

罗茨流量计的主要构成见图 3-8。

当被测气体进入流量计入口端，推动转子旋转，每转动一周就有定体积流量从出口排出，这就是旋转定排量工作原理。转子转动经传感器输出与流量相对应的脉冲频率信号，与压力、温度传感器检测到的压力、温度信号同时输出给体积修正仪进行处理转换成标况体积流量和标况体积总量。

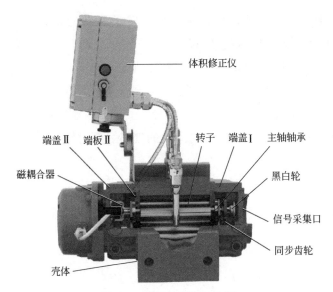

图 3-8　罗茨流量计结构图

3）计量性能

（1）操作条件下流量计最大允许误差应符合表 3-8 的规定。

（2）分界流量 q_n 参考表 3-9 的规定。

（3）经实流校准后的流量计加权平均误差 E_{FWM} 值应在 -0.4% ～ 0.4%。

（4）流量计各流量点的重复性误差应不超过流量计最大允许误差绝对值的 1/3。

表 3-8　罗茨流量计最大允许误差

准确度等级	0.2	0.5	1	1.5	2	2.5
最大允许误差，%($q_t \leq q \leq q_{max}$)	± 0.2	± 0.5	± 1.0	± 1.5	± 2.0	± 2.5

注：低于分界流量 q_t 的低区流量范围最大允许误差不应超过 2 倍的高区最大允许误差。

q_{max}——流量计操作条件下的最大流量。

表 3-9　罗茨流量计分界流量

量程比	q_t
量程比≤1：20	$0.2q_{max}$
1：20＜量程比≤1：30	$0.15q_{max}$
1：30＜量程比≤1：50	$0.1q_{max}$
量程比＞1：50	$0.05q_{max}$

4）安装要求

罗茨流量计典型的安装示意图见图 3-9。

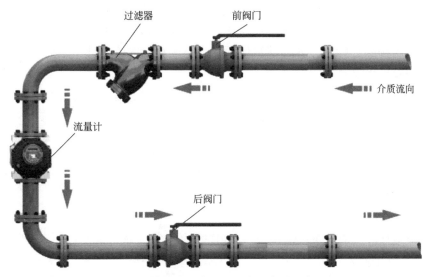

图 3-9 罗茨流量计垂直及水平安装示意图

（1）根据安装点具体的环境及操作条件，对流量计采取必要的隔热、防冻及其他保护措施（如遮雨、防晒等）。

（2）安装点应尽可能远离振动，避开可能存在电磁干扰或较强腐蚀性的环境。

（3）安装前，应对管道进行清洗和吹扫，防止管道中的固体进入流量计。

（4）应保证流量计法兰与直管段和过滤器同轴安装，安装后不应对流量计产生附加应力。

（5）流量计应具备防水、抗腐蚀和外力冲击能力。与气体直接接触的流量计的轴承和机械驱动装置应采取保护措施以防止气体中的杂质进入。

（6）流量计在出厂前应按相关标准进行强度和严密性试验并合格。

3. 使用及维护

1）投运

投运时，出口阀应处于关闭状态，先慢慢地打开入口阀，观察流量计、附属设备及其联结管道有无泄漏，在管路设计压力下应无泄漏。

缓慢打开流量计出口阀，并使出口保持一定的背压，观察表头计数器和仪表运行是否正常，同时监听流量计的运转有无杂音，如运转无异常，则应调节流量计的调压阀，使流量计在所需的范围内运行。

注意流量计的前后压差，如果流量计的前后压差已经超过起步压力时，流量计还没启动运转，则应停止投运，立即关闭流量计的进、出口阀门，待查明原因排除故障后，方可继续使用。带温度补偿的流量计，其运行温度应在温度测量范围内。

几台流量计并联使用时，应调节流量计的出口调节阀，保持每台流量计的流量均衡，并在正常的流量范围内运行。

2）监测与记录

流量计在运行过程中，应对流量计进行定期巡检和记录，主要监测运行是否正常。

3）流量计的停运

流量计停运前记录流量计进、出口的压力和温度值。关闭进、出口阀门。

4）维护保养

（1）严格保持在仪表规定的流量范围内。流量过大会加剧测量元件的磨损并产生较大的压力损失；流量过小会影响计量准确度。

（2）根据介质的洁净程度，进行定期检查和清洗过滤器，更换滤网。

（3）使用前应加注润滑油。运行中应经常观察润滑油的颜色和视镜中的油位，发现润滑油的颜色发黑时应更换润滑油。

（4）在正常使用的情况下，流量计必须定期送检。利用送检机会对流量计可动部件，进行彻底清洗、检查、润滑。

（5）流量计应在规定的流量和压力范围之内使用。通常，流量计允许的过载能力是25%，但持续时间不得超过30min。长期过载运行，将会加速内部磨损，并有可能降低计量准确度。

（6）投运后，流量计在正常情况下振动与噪声很小。如果振动与噪声加剧，应当停机检查原因。

（7）勿使流体倒流。当流量计现场显示器的指针或计数器的字轮反转时，就说明管道内的流体已经倒流。应予检查避免事故。

4. 常见问题及应对方法

罗茨流量计常见问题及应对方法见表3-10。

表 3-10 罗茨流量计常见问题及应对方法

序号	故障现象	原因分析	排除方法	备注
1	没有流量记录/转子不转动/转子转动正常而计数器不计数	管道中有障碍物	检查管道或阀门,保证畅通的流体通道	—
		指示轮或减速齿轮不转动	检查仪表转子自由旋转情况	
		管道内无气流	检查流程	
		过滤器堵塞	清洗过滤网	
		杂质进入流量计,使转子卡死	检查过滤网有无损坏和清洗流量计内部	
		被测流体压力过小	增大压力系统	
		变速齿轮啮合不良	卸下计数器,检查各级变速器和计数器	
		各连接部分脱铆或销子脱落	检查磁性联轴器,或机械密封联轴器传动情况(注意:不要使磁性联轴器承受过大的转矩,否则,会因产生错极而去磁)	
2	起步流量故障(高于规定值)	流量计负载超过范围	选用量程大小合适的流量计	—
		流量计旁路有泄漏	检查旁路和阀门	
		仪表内部有机械摩擦	检查润滑油位和油的清洁度	
3	异响/噪声	管道不平齐或有应力	排除管道应力	—
		转子摩擦外围构件	向厂家提出更换;手工转动转子,听是否有摩擦声	
		计量室内有杂物	清洗仪表	
		流量过大,超过规定的范围	调整流量到规定的范围	
		止推轴承磨损,腰轮组与中隔板或壳体摩擦或该部位紧固件松动	打开下盖调整止推轴承的轴向位置,拧紧螺栓	
4	二次仪表显示不正常	传感器部分故障	检查传感器部分工作状况	—
		显示屏故障	检查显示屏接触是否可靠电路部分供电是否正常	
5	指针反转,字轮转动数字由大到小	流程倒错,流体流动方向与壳体箭头所示方向相反	停止运行,按箭头所示方向,使流体流动	—

续表

序号	故障现象	原因分析	排除方法	备注
6	泄漏	压盖过松，填料磨损机械密封联轴器漏	拧紧压盖，更换密封填料，加填密封油	—
		紧固件松动	固紧紧固件	
		螺栓松动	拧紧螺栓	
7	流量积算显示仪显示误差大	有干扰信号	排除干扰，可靠接地	—
		显示仪有故障	用自校"检查仪"检查	
		显示仪与脉冲发讯器阻抗不匹配	加大显示仪的输出阻抗使之匹配	
8	计量误差过大	流量计示值偏移	进行流量计检定校准	—
		旁通管路泄漏	关紧旁通阀	
9	误差变负（指示值小于实际值）	流量超出规定范围	使流量在规定范围内运行或更换合适的流量计	—
		转子等转动部分不灵活	检查转子、轴承、驱动齿轮等，更换磨损零件	
10	误差变正（指示值大于实际值）	流量有大的脉动	减小管路中流量的脉动	—

（二）膜式燃气表

1. 结构与原理

膜式燃气表由皿形隔膜形成的能自由伸缩的计量室和与之联动的滑阀组成的流量测量件及外壳等组成。

膜式燃气表工作原理如图 3-10 所示，有皿形隔膜形成的能自由伸缩的计量室 1、2、3、4 及与之联动的滑阀组成的流量测量件，在薄膜伸缩及滑阀的作用下，连续将气体从入口送至出口，测出这种动作的循环次数，即可获得所通过的气体体积。

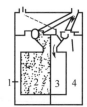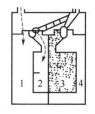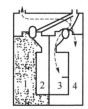

图 3-10　膜式燃气表结构图

2. 计量性能

1）最大允许误差

最大允许误差符合表 3-11 的相关要求。

表 3-11　膜式燃气表最大允许误差

流量 q，m^3/h	最大允许误差	
	初始	耐久
$q_{min} \leqslant q < q_t$	±3%	−6% ～ 3%
$q_t \leqslant q \leqslant q_{max}$	±1.5%	±3%

2）计量稳定性

在 q_t 至 q_{max} 范围内，每个规定试验流量点的示值误差最大值与最小值之差不应大于 0.6%。

3）过载流量

承受 q_r 的过载流量后，示值误差仍应在表 3-11 规定的初始最大允许误差限之内。

4）耐湿性

燃气表宜符合耐湿性的要求。耐湿性试验后，示值误差应在表 3-11 规定的初始最大允许误差限之内，计数器与标记应保持清晰易读。

5）附加装置的影响

如果制造商允许在燃气表上连接其他附加装置（可移式的脉冲发生器等）影响燃气表的计量性能，在 q_t 下，该装置对燃气表计量误差的影响量宜小于0.3%。

6）回转体积

燃气表的回转体积与铭牌上标记的额定回转体积的差值应在铭牌上标记的额定回转体积的 ±5% 之内。

3. 安装要求

1）结构和材料

燃气表安装前，应确认其结构形式可使任何可能影响燃气表计量性能的机械干扰会在表体上、检定封印上或保护标志上留下可见的永久性的损坏痕迹。

2）坚固性

燃气表安装在地面上或固定在简易支架上，可能会受到周边爆破、打桩或用力关门等引起的轻微振动和冲击影响。符合 GB/T 6968—2011《膜式燃气表》中 6.2 要求的燃气表可适用于带有轻微振动和冲击的场所。

3）管接头

双管接头燃气表的两个管接头的中心线与相对于燃气表水平面的垂线的夹角应在 1° 之内。在管接头的自由端测得的两个管接头的中心线间距与中心线额定间距之差，应在 ±0.5mm 之内或在中心线额定间距的 ±0.25% 之内（取其中较大值）。两个中心线的不平行度的锥度应在 1° 以内。相对于燃气表的水平面，管接头自由端的高度差应在 2mm 之内或在中心线额定间距的 1% 之内（取其中较大值）。

单管和双管接头的螺纹和法兰：螺纹连接的燃气表的螺纹应符合制造商的规定。

三、速度式流量计

（一）涡轮流量计

1. 结构与原理

涡轮流量计的结构与原理见图 3-11。

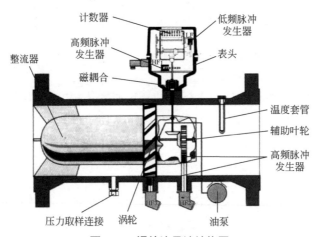

图 3-11　涡轮流量计结构图

当流体流经流量计时，流动的动力驱动叶轮旋转，其旋转速度与体积流量呈线性关系。利用电磁感应原理，通过旋转的叶轮顶端导磁体周期性地改变磁阻，从而在线圈的两端感应出与体积流量成正比的脉冲信号。通过测量脉冲信号得到流量的大小。

2. 计算方法与技术要求

1）体积量计算

体积量计算公式为：

$$V_0 = V \cdot \frac{(p_0 + p_g)T_0}{p_0 T} \cdot \frac{Z_n}{Z_g} = V \cdot \frac{p}{p_0} \cdot \frac{T_0}{T} \cdot F_Z^2 \qquad (3-3)$$

式中　V_0——标准状态下的体积量，m^3；

$\quad\quad$ V——工作状态下的体积量，m^3；

$\quad\quad$ p——流量计压力检测点处的绝对压力，kPa；

$\quad\quad$ p_g——流量计压力检测点处的表压力，kPa；

$\quad\quad$ p_0——标准大气压，101.325kPa；

$\quad\quad$ T_0——标准状态下的温度，293.15K；

$\quad\quad$ T——被测介质的温度，K；

$\quad\quad$ F_Z——气体压缩因子；

$\quad\quad$ Z_n——标准状态下的气体压缩系数；

$\quad\quad$ Z_g——工作状态下的气体压缩系数。

2）计量性能

（1）操作条件下流量计的误差应不大于表 3-12 规定的最大允许误差。

（2）分界流量 q_t 参考 3-13 的相关规定。

（3）流量计重复性误差不得超过准确度规定的最大允许误差绝对值的 1/3。

表 3-12　涡轮流量计最大允许误差

准确度等级		0.2	0.5	1.0	1.5
最大允许误差	$q_t \leqslant q \leqslant q_{max}$	± 0.2%	± 0.5%	± 1.0%	± 1.5%
	$q_{min} \leqslant q < q_t$		± 1.0%	± 2.0%	± 3.0%

表 3-13　涡轮流量计分界流量

量程比	5：1	10：1	20：1	30：1	≥ 50：1
q_t	—	$0.20q_{max}$	$0.20q_{max}$	$0.15q_{max}$	$0.10q_{max}$

3）安装要求

涡轮流量计典型安装示意图见图3-12。

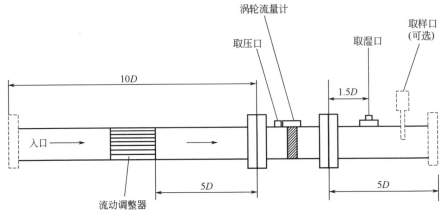

图 3-12　涡轮流量计垂直及水平安装示意图

（1）根据安装点具体的环境及操作条件，对流量计采取必要的隔热、防冻及其他保护措施（如遮雨、防晒等）。

（2）安装点应尽可能远离振动源，避开可能存在电磁干扰或较强腐蚀性的环境。

（3）安装前，应对管道进行清洗和吹扫，防止管道中的固体进入流量计。上游应安装适宜的过滤器，其结构和尺寸应能保证可以通过最大流量且产生的压力损失尽可能小。

3. 使用及维护

（1）新安装或修理后的管路必须进行吹扫。吹扫计量管路时，必须拆下流量计，用相应短节代替流量计进行吹扫。

（2）流量计启动时，应缓慢升压，逐步增加流速。停表时，应缓慢降压。

（3）为了最大限度地延长其寿命和维持准确度，涡轮流量计应该在所规定的范围内运行，应避免连续地超载。

（4）气体涡轮流量计不宜用于经常中断和脉动流的场合。对于脉动流，气体涡轮流量计的测量结果通常偏高。

（5）为避免滤网或过滤器的堵塞，应结合运行情况进行定期清洗、维护。

（6）对涡轮流量计转子的维护应严格按照生产厂家规定的润滑油加注周

期、数量和品种进行加注。

4.常见问题及应对方法

涡轮流量计常见问题及应对方法见表 3-14。

表 3-14　涡轮流量计故障检查及排除方法

序号	检查步骤及排除方法
一、拆下流量计前应检查项	
1	检查流量计的仪表系数是否正确
2	检查仪表是否按照安装说明进行安装
3	检查接线端子是否有电压，按照接线图检查布线是否正确，要特别注意负载和极性
4	检查接地电缆是否连接良好
5	检查流量是否在仪表的工作范围之内
6	检查过程数据（天然气物性参数、仪表系数）输入是否正确
7	检查是否存在脉动流，使用环境是否存在振动、电磁干扰等影响计量的因素。若有，则在安装设计中要考虑采取消除措施
二、以上各项若无问题，则拆下流量计检查下列项目	
1	检测上下游直管段是否满足要求，有无沉积物存在
2	检查有无部件（如密封垫）伸入管道
3	检查上下游直管段与流量计内径是否一致
4	目测检查涡轮流量计叶片是否断缺、叶片外形是否变形。若损坏，则需更换并重新检定
5	用自旋时间法检查涡轮流量计的机械阻力现在和过去比较的相对变化，可采用加注润滑油或更换转子的方式来排除故障
6	重新送检，考察涡轮流量计的性能是否偏移

（二）气体超声流量计

随着技术的进步，超声波流量计呈现出向低工作压力、小口径的发展趋势。国内部分地区已经开始进入民用市场。由于拥有低起步流量、宽量程比及低压损的先天优势，对于拥有约上亿台燃气表保有量的中国市场来说，其必定有可观远景。

1. 结构与原理（时间差法）

超声流量计主要由壳体、换能器（探头）、流量积算仪等组成。

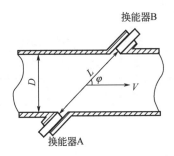

图 3-13　超声流量计（时间差法）结构图

气体超声流量计是通过测量超声波在管道气流中传播时间得出气体流量的速度式流量计。超声脉冲穿过管道如同渡船渡过河流一样，让声脉冲在管道内向上游和下游斜线方向传播，如图 3-13 所示。如果没有流动，声波将以相同速度向两个方向传播。当管道内的气体流速不为零时，沿气流方向顺流传播的脉冲将加快速度，而逆流传播的脉冲将减慢速度。因此，对于有气流的情况，顺流传播的时间 t_{down} 将缩短，逆流传播的时间 t_{up} 会增长，分别测量它们的传播时间（这两个传播时间都由电子电路进行测量），其传播时间差与气体的平均流速有关，时间差越大，则流速也越大，只要精确地测出传播时间差，就可以准确计算出流速。

2. 计算方法与技术要求

1）体积量计算

体积量计算公式为：

$$Q = KAV \tag{3-4}$$

式中　Q——天然气工况流量，m^3/s；

　　　K——流量计系数；

　　　A——管道横截面积，m^2；

　　　V——气流速度，m/s。

2）超声流量计分类

超声流量计可分为对射式、平行声道式和反射声道式。

（1）对射式：声道经过垂直于轴件的截面中心，采取多个对角布置的声道，其流量按各个声道速度流量值的平均值计算，流量计示意图见图 3-14。

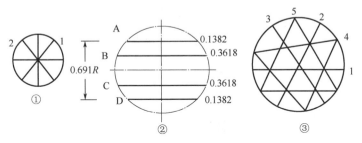

图 3-14　流量按各个声道速度流量值的平均值

（2）平行声道式：采用多个（一般不多于 6 个）相互平行的声道，根据不同的流速分布确定权重系数，采用不同的数值积分方法（如高斯积分方法）计算多声道的平均流速及其流量。

（3）反射声道式流量计：采用矩阵布置，反射声道网络，这些声道网络能另外给出流速和流动变形的信息，分单反射和多反射两种。

3. 家用超声波流量计

家用超声波流量计计量性能见表 3-15。

表 3-15　最大允许误差（MPE）

流量 q	最大允许误差 MPE	
	首次检定	使用中检查
$q_t \leq q \leq q_{max}$	± 1.5%	± 3.0%
$q_{min} \leq q < q_t$	± 3.0%	± 6.0%

4. 安装要求

超声流量计安装与其他类型速度式流量计安装要求相似，安装点应尽可能远离振动源，避开可能存在的高频背景噪声环境。

四、质量流量计

科里奥利质量流量计（CMF）结构如图 3-15 所示，它主要由 A 驱动线圈和 B 检测探头。

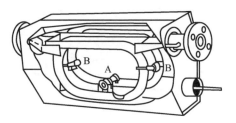

图 3-15　科里奥利质量流量计结构图

工作原理：当位于一旋转管内的质点相对于旋转管作离心或向心的运动时，将产生一个作用于旋转管体的惯性力。而质点的旋转运动是通过有流体流动的振动管的振动产生的，由此产生的惯性力与流经振动管的流体质量流量成比例。当质量为 m 的质点以速度 v 在围绕固定点 P 轴并以角速度 ω 旋转的管道内移动时，这个质点将获得两个加速度分量，如图 3-16 所示。

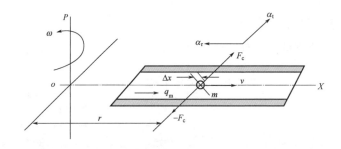

图 3-16　科里奥利质量流量计原理图

（1）法向加速度 α_r 即向心力加速度，其量值等于 $\omega_2 r$，方向朝向 P 轴。

（2）切向加速度 α_t 即科里奥利加速度，其量值等于 $2\omega v$，方向与 α_r 垂直。由于复合运动，在质点的 α_t 方向上作用着科里奥利力 $F_c=2\omega v$，管道对质点作用着一个反向力 $-F_c=-2\omega v$。

当密度为 ρ 的流体在旋转管道中以恒定速度 v 流动时，任何一段长度 Δx

的管道都将受到一个 ΔF_c 的切向科里奥利力。

$$\Delta F_c = 2\omega v\rho A \Delta x \qquad (3-5)$$

式中 A——管道的流通内截面积。

由于质量流量计流量 $q_m = \rho vA$，所以：

$$q_m = \frac{\Delta F_c}{2\omega\Delta x}$$

直接或间接测量在旋转管道中流动流体产生的科里奥利力就可以测得质量流量，这就是科里奥利质量流量计的基本工作原理。

第二节　流量计选型指南

一、计量点类型的分类和配置要求

国家及行业标准中对计量点类型的分类和配置要求见表 3-16 和表 3-17。

表 3-16　计量点类型的分类和配置要求

设计能力 q_n, m³/h（标准参比条件）	$q_n \leqslant 1000$	$1000 < q_n \leqslant 10000$	$10000 < q_n \leqslant 100000$	$100000 < q_n$
流量计的曲线误差校正		√	√	√
在线核查（校对）系统			√	√
温度转换	√	√	√	√
压力转换	√	√	√	√
压缩因子转换		√	√	√
在线发热量和气质测量				√
离线或赋值发热量值测定	√	√	√	
每一时间周期的流量记录			√	√
密度测量			√	√
准确度等级	C（3%）	B（2%）	B（2%）或 A（1%）	A（1%）

注：1. 对于设计能力为 10000 ～ 100000m³/h 的计量系统，可根据计量系统的重要程度和性质来确定其准确度等级为 A 级还是 B 级。设计能力达到 50000m³/h 的计量系统，宜按照 A 级配置。

2. "√" 为建议配置内容。

表 3-17 相关参数的测量准确度要求

测量参数	计量系统最大允许误差		
	A 级	B 级	C 级
温度	0.5℃	0.5℃	1.0℃
压力	0.2%	0.5%	1.0%
密度	0.35%	0.7%	1.0%
压缩因子	0.3%	0.3%	0.5%
在线发热量	0.5%	1.0%	1.0%
离线或赋值发热量	0.6%	1.25%	2.0%
工作条件下体积流量	0.7%	1.2%	1.5%
计量结果	1.0%	2.0%	3.0%

二、各类常用流量计特点及比较

目前国内用于城镇天然气贸易计量的流量计主要有差压式、速度式、容积式和质量式等，其中典型的代表为孔板流量计、涡轮流量计、超声流量计、旋进旋涡流量计、旋转容积式流量计、质量流量计。选型应根据用户用气状况和需求，比较流量计特点及性能（表 3-18），按照最优性能价格比的原则选择流量计。另外，还应考查供应厂商的准入资格、技术服务水平和商业信誉。

表 3-18 常用流量计性能比较表

性能特性	孔板流量计	涡轮流量计	旋转容积式流量计	超声流量计	旋进旋涡流量计	质量流量计	大口径膜式燃气表
允许误差范围内典型的范围度	3（5）：1（差压单量程）；10：1（差压双量程）	10：1～50：1	5：1～150：1	30：1～100：1	10：1～15：1	10：1～30：1	5：1～150：1
准确度	中等	高	高	高	中等	中等	中等

续表

性能特性	孔板流量计	涡轮流量计	旋转容积式流量计	超声流量计	旋进旋涡流量计	质量流量计	大口径膜式燃气表
适合公称通径，mm	50～1000	25（10）～500	25～200	≥80	20～50	25～300	25～80
气质要求	中等	较高	高	较低	中等	较高	中等
压力损失	较大	中等	较大	低	较大	中等	低
受环境温度影响	较小	较小	较大	较小	较小	较小	较小
脉动流	有一定的影响	影响较大，流量快速的周期变化会使测量结果过高，影响取决于流量变化的频率和幅度、气体的密度、叶轮的惯性	不受影响	只要脉动流的周期大于流量计的采样周期，就不会受影响	影响较大	不受影响	不受影响
过载流动	可过载至孔板上的允许压差	可短时间过载	可短时间过载	可过载	可短时间过载	可过载	不可过载
供气安全性	流量计故障不造成影响	流量计故障（如叶片损坏）可能会造成影响	流量计故障可能中断供气	流量计故障不造成影响	流量计故障可能会造成影响	流量计故障不造成影响	流量计故障可能中断供气，甚至危及室内安全
压力和流量突变	压力突变可能会造成节流件或二次仪表的损坏	流量计故障（如叶片损坏）可能会造成影响	突变会造成转子损坏	压力突变可能会造成超声换能器损坏	流量计故障（如叶片损坏）可能会造成影响	流量计故障（如流量传感器损坏）可能会造成影响	流量突然变大，会造成机械部件故障

续表

性能特性	孔板流量计	涡轮流量计	旋转容积式流量计	超声流量计	旋进旋涡流量计	质量流量计	大口径膜式燃气表
上、下游直管段要求	依据 GB/T 21446—2008 配置	依据 GB/T 21391—2008 配置	依据 SY/T 6660—2006 配置	依据 GB/T 18604—2014 配置	依据 SY/T 6658—2006 配置	上下游不需直管段	无要求
典型上游直管段	30D（加流动调整器）	10D	4D	30D（加装流动调整器）	10D		
典型下游直管段	7D	5D	2D	10D	5D		

（1）膜式燃气表：量程比宽，始动流量小，质量轻，价格低，制作、安装、维修方便，压损小，与相同流量范围的其他流量计相比体积较大，适用于压力低、流量变化幅度大的城镇燃气计量。

（2）罗茨流量计：与膜式燃气表相比，体积小、流量大，对于杂质含量较多的气质，对气质、轴承耐磨性要求较高，适用于量程比较大的中小流量城镇燃气计量。

（3）涡轮流量计：测量范围（量程比）宽，新表重复性好，准确度高，结构轻便，压损小，与罗茨流量计相比，始动流量偏大，对气质、轴承耐磨性要求较高。

（4）孔板流量计：结构简单，无可动部件，应用历史悠久，实验数据最全，使用寿命长，虽然可通过更换节流元件来提高量程比，但相对于其他常用流量计而言，量程比较小，压损较大。此外对上下游直管段要求较高，占地面积大，一般适用于中高压大流量工业用户计量。

（5）科里奥利质量流量计：可直接测量质量流量（常用于 CNG 售气机流量测量部分），也可通过密度转换为体积流量。由于对迎流流速分布不敏感，上下游直管段配管要求较低，但该类流量计对最小测量流量要求较高。此外，零位零点不稳定，易形成零点漂移，价格较高。

（6）超声流量计：特别适用于高压、大流量计量，可实现双向计量，无可动部件、无压损，目前正逐步国产小型化、低压化，但购置、维检费用较高。

三、城镇燃气计量装置选型

（一）餐饮用户选型

餐饮用户拥有多台灶具，用气压力不高（小于 5kPa），用气量一般在每小时几立方米至几十立方米，当开单台灶具时，用气量每小时仅有零点几立方米，应优先选用膜式燃气表，所选膜式燃气表，应尽量选择流量范围在 $0.1Q_{max} \sim Q_{max}$ 之间的燃气表。

（二）流量小且变化幅度不大的公共建筑用户和小型燃气锅炉用户选型

流量小且变化幅度不大的公共建筑用户和小型燃气锅炉用户的最大小时耗气量在几十立方米至一百多立方米，若低压供气为 $65m^3/h$ 以下，宜选用大口径膜式燃气表，再大宜选用 DN80 以下罗茨流量计，量程比不大不大情况下，也可选用涡轮流量计，不宜选用始动流量较大的旋进旋涡流量计。

（三）流量较大的商业用户和工业用户选型

流量较大的商业用户和工业用户应优先选用以涡轮流量计为代表的速度式流量计。流量在 $40 \sim 100m^3/h$ 时，宜选用罗茨流量计、涡轮流量计；流量在 $100 \sim 650m^3/h$，量程比不大情况下，宜选用涡轮流量计、罗茨流量计，流量大于 $650m^3/h$，宜选用涡轮流量计，量程比较大情况下，也可选用罗茨流量计。有人值守计量点优先考虑使用孔板流量计，无人值守中压计量点，条件满足情况下，也可以考虑使用带积算仪的差压式流量计，如一体化孔板流量计。

图 3-17 是以目前天然气贸易计量中较为常用的 7 种流量计为例，通过对流量计性能特性、天然气特性、安装因素、环境因素和经济因素 5 个方面进行综合分析和比较，对在用各种条件下最适宜选择的流量计类型进行指导和推荐。

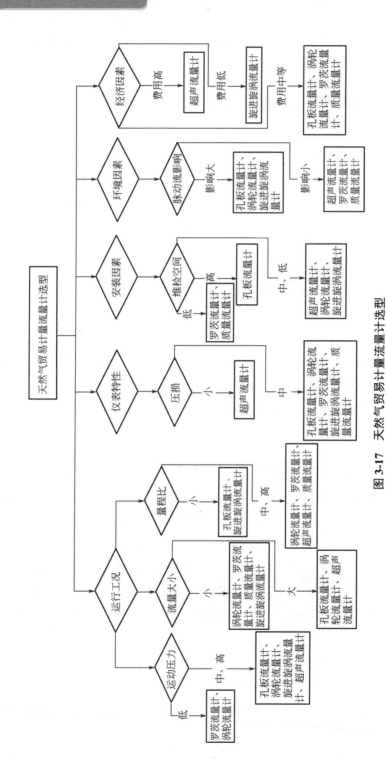

图 3-17 天然气贸易计量流量计选型

第三节 辅助仪表的现场检查与校准

一、压力（差压）变送器的检查与校准

（一）压力（差压）变送器的检查

1. 压力（差压）变送器使用中的检查

压力（差压）变送器（以下简称变送器）使用过程中定期进行检查，以保证变送器的正常工作。

（1）泄漏检查。检查变送器、接头和阀门等密封处有无泄漏，如有泄漏应进行处理。

（2）清洁度检查。如果天然气中带有液体，应定期从引压管的排污口和变送器的排污口进行排污。

（3）零位检查。变送器使用一段时间后零位可能漂移，应定期对变送器的零位进行检查。

2. 压力（差压）变送器的零位检查操作程序

电动压力（差压）变送器是目前国内用于天然气计量的主要配套仪表，本节仅介绍用于天然气计量的压力（差压）变送器信号回路的零位检查操作。

1）停表验漏

第一步：停计量。若变送器还参与控制，事先应将控制转入手动状态。

第二步：关闭节流装置上、下游取压阀，观察静压、差压变化情况，检验导压系统泄漏情况。若取压阀、导压系统正常无泄漏，进入下一步。若取压阀或导压管泄漏，则打开差压变送器平衡阀，采取措施处理至恢复正常。

第三步：打开差压变送器平衡阀（若有平衡阀）。

第四步：确认节流装置上、下游取压阀关闭。

第五步：打开导压管排污阀，放空吹扫导压管，检查导压管情况。

第六步：确认节流装置取压阀无内漏、导压管通畅无堵塞方可进入下一步操作，否则应采取措施处理至恢复正常。

2）检查压力信号回路零位

从流量计算机上（不是现场表头）读取该点稳定的压力值。若出现不稳定或超差，应及时查找原因处理或上报。

3）检查差压回路零位

从流量计算机上（不是现场表头）读取该点稳定的差压值。若出现不稳定或超差，应及时查找原因处理或上报。

4）验漏启表

第一步：关闭导压管排污阀。

第二步：缓慢开启节流装置上、下游取压阀。

第三步：用验漏液对导压系统进行验漏及处理。

第四步：关闭差压变送器平衡阀。

第五步：重新启动计量和控制。

（二）压力（差压）变送器校准操作程序

变送器应定期进行校准。压力（差压）变送器（以下简称变送器）的校准可参照 JJG 882—2004《压力变送器》国家检定规程进行校准。目前，用于天然气计量的变送器普遍采用电动压力（差压）变送器，本节仅介绍这类变送器的校准，其他压力（差压）变送器的校准请参阅有关资料。

1. 校准项目

周期校准时一般包括：基本误差、回程误差、绝缘电阻。使用中检验只检查变送器的外观和校准基本误差。

2. 校准方法

1）外观检查

变送器的铭牌应完整、清晰地注明产品的名称、型号规格、测量范围、准确度等级、额定工作压力等主要技术指标；高、低压容室应有明显标记，还应标明制造商名称或商标、出厂编号、制造年月；变送器零部件应完好无损、紧固件不得有松动和损伤现象；可动部分应灵活可靠；有显示单元的变送器，显示应清晰。

2）基本误差校准

第一步：参照变送器检定规程和变送器使用说明书的要求连接变送器和

标准设备；当传递介质为液体时，应使变送器取压口的几何中心与活塞式压力计的活塞下端面（或标准器取压口的几何中心）在同一水平面上；连接正确后，将变送器通电预热 15min 左右。

第二步：基本均匀分布校准点。一般应包括上限值、下限值（或其附近 10% 输入量程）在内不少于 5 个点。

第三步：校准前，用改变输入压力的办法对输出下限值和上限值进行调整（调整方法参见变送器使用说明书），使其与理论的下限值和上限值一致。

第四步：校准时，从下限值开始平稳地输入压力信号到各校准点，读取并记录输出值直到上限；然后反方向平稳地改变输入压力信号到各校准点，读取并记录输出值直到下限，为一个循环。在校准过程中不允许调整零点和量程，不允许轻敲和振动变送器；在接近校准点时，输入压力信号的速度应足够慢，避免过冲现象。

第五步：计算基本误差。基本误差按下式计算：

$$\Delta A = A_d - A_s \qquad (3-6)$$

式中 ΔA——变送器各校准点的基本误差值，mA、V 或 kPa；

A_d——变送器上行程或下行程各校准点的实际输出值，mA、V 或 kPa；

A_s——变送器各校准点的理论输出值，mA、V 或 kPa。

注：具有显示单元的变送器，其显示部分的示值误差一并校准。

3）计算回程误差

回程误差校准与变送器基本误差校准同时进行。回程误差按以下公式计算：

$$\Delta A = \mid A_{d1} - A_{d2} \mid \qquad (3-7)$$

式中 ΔA——回程误差值，mA、V 或 kPa；

A_{d1}、A_{d2}——各校准点上行程或下行程变送器的实际输出值，mA、V 或 kPa。

4）绝缘电阻校准

在环境温度为 15 ～ 35℃，相对湿度为 45% ～ 75% 时，变送器的各组端子（包括外壳）之间的绝缘电阻应不小于 20MΩ。

二线制变送器只进行输出端子对外壳的试验。

检查时，断开变送器电源，将电源端子和输出端子分别短接。用绝缘电阻表分别测量电源端子与接地端子，电源端子与输出端子，输出端子与接地端子之间的绝缘电阻，测量时，应稳定 5s 后读数。

注：电容式变送器，试验时，应使用输出电压为 100V 的绝缘电阻表。

5）校准结果处理

校准记录应在校准时同时填写；经校准合格的变送器出具校准证书，校准不合格的变送器出具校准结果通知书，并标明不合格项。

6）校准周期

变送器的校准周期可根据使用环境条件、频繁程度和重要性来确定，一般不超过一年。

二、弹簧管式压力表的检查与校准

压力是检测天然气流量所需的重要参数之一，现场使用的压力表主要用于天然气生产工况压力及天然气计量压力参数的测量。压力表允许误差见表 3-19。

表 3-19　压力表允许误差计算值一览表　　　　　　　MPa

准确度等级 测量上限	1	1.6	2.5	4
0.1	± 0.001	± 0.0016	± 0.0025	± 0.004
0.16	± 0.0016	± 0.00256	± 0.004	± 0.0064
0.25	± 0.0025	± 0.004	± 0.0062	± 0.01
0.4	± 0.004	± 0.0064	± 0.01	± 0.016
0.6	± 0.006	± 0.0096	± 0.015	± 0.024
1	± 0.01	± 0.016	± 0.025	± 0.04
1.6	± 0.016	± 0.0256	± 0.04	± 0.064
2.5	± 0.025	± 0.04	± 0.062	± 0.1
4	± 0.04	± 0.064	± 0.1	± 0.16
6	± 0.06	± 0.096	± 0.15	± 0.24
10	± 0.1	± 0.16	± 0.25	± 0.4
16	± 0.16	± 0.256	± 0.4	± 0.64

续表

准确度等级 测量上限	1	1.6	2.5	4
25	± 0.25	± 0.4	± 0.62	± 1
40	± 0.4	± 0.64	± 1	± 1.6
60	± 0.6	± 0.96	± 1.5	± 2.4
100	± 1	± 1.6	± 2.5	± 4
160	± 1.6	± 2.56	± 4	± 6.4
250	± 2.5	± 4	± 6.2	± 10
400	± 4	± 6.4	± 10	± 16
600	± 6	± 9.6	± 15	± 24
1000	± 10	± 16	± 25	± 40

压力表的工作原理是弹簧管在压力作用下，产生弹性变形引起管端位移，其位移通过机械传动机构进行放大，传递给指示装置，再由指针在刻有法定计量单位的分度盘上指出被测压力量值。

（一）压力表使用中的检查

（1）压力表涂层应均匀光洁、无明显剥落现象。

（2）压力表的零部件装配应牢固、无松动现象。

（3）分度盘上应有如下标志：制造单位或商标、产品名称、计量单位和数字、计量器具制造许可证标志和编号、准确度等级、出厂编号。

（4）表玻璃应无色透明，不应有妨碍读数的缺陷和损伤。

（5）分度盘应平整光洁，各种标志应清晰可辨。

（二）压力表校准方法

1. 示值检查与校准

压力表的示值检查与校准应按标有数字的分度线进行。校准时逐渐平稳地升压（或降压），当示值达到测量上限时，切断压力源（或真空源），耐压3min，然后按原校准点平稳在降压（或升压）倒序回校。

2.示值误差

对每一校准点，在升压（或降压）和降压（或升压）校准时，轻敲表壳前、后的示值与标准器示值之差。

3.回程误差

对同一校准点，在升压（或降压）和降压（或升压）校准时，轻敲表壳后示值之差。

4.轻敲位移

对每一校准点，在升压（或降压）和降压（或升压）校准时，轻敲表壳后引起的示值变动量。

5.指针偏转平稳性

在示值误差校准过程中，用目力观测指针的偏转情况。

6.检查与校准结果的处理

校准后的压力表，发给"校准报告"。

现场使用的压力表的检查与校准周期根据工作需要确定，一般不超过半年。

（三）压力表的选用及安装注意事项

1.压力表的选用

压力表的选用按工况条件要求应选择最经济的准确度等级，在压力稳定的情况下，压力表的量限应根据被测压力的最大值是选用压力表满刻度值的2/3来确定；在脉动（波动）压力情况下，压力表的量限应根据工作压力是选用压力表满刻度值的1/2来确定。在压力表的选用过程中，应根据被测介质的特性，选择相对应的压力表。测量高含硫天然气时，应选用具有耐酸、耐碱及抗硫化氢腐蚀能力的抗硫压力表；在振动环境条件下测量脉动介质应选用带阻尼器的抗震压力表。专用特殊压力仪表，严禁做其他使用。

2.压力表的安装

压力表应垂直安装，安装位置的高低应适合人员的观测。压力表安装处与检测点之间的距离应尽量短，以免指示迟缓，同时，要保证密封性，不应有泄漏现象。

三、铂热电阻的检查与校准

热电阻是中低温区常用的一种温度检测仪器，其主要特点是测量准确度高，性能稳定。其中以铂热电阻的测量准确度最高，天然气流量计算机计量系统现场一般均选用铂热电阻测量天然气流体温度。以下为铂热电阻现场检查与校准方法。

（一）现场检查与校准的基本要求

1. 环境条件
现场检查与校准的环境条件以能满足现场校准用仪器使用的条件为准。

2. 标准器
作为校准用的标准器，其误差限应是被校表误差限的 1/3 ～ 1/10。

3. 人员
检查与校准的人员应经有效的考核，并取得相应的资质证书。

（二）适合范围

（1）本方法只适合于现场使用中的，不包括新制造与修理后的铂热电阻。

（2）适合本校准方法的铂热电阻的电阻－温度关系如下。

对于 –200 ～ 0℃的温度范围：

$$R(t)=R(0℃)[1+At+Bt^2+C(t-100℃)t^3] \tag{3-8}$$

对于 0 ～ 850℃的温度范围：

$$R(t)=R(0℃)(1+At+Bt^2) \tag{3-9}$$

式中　$R(t)$——在温度为 t 时铂热电阻的电阻值，Ω；

　　　t——温度，℃；

　　　$R(0℃)$——在温度为 0℃时铂热电阻的电阻值，Ω；

　　　A——常数，其值为 $3.9083\times10^{-3}℃^{-1}$；

　　　B——常数，其值为 $-5.775\times10^{-7}℃^{-2}$；

C——常数，其值为 $-4.183 \times 10^{-12}℃^{-4}$。

（三）检查与校准用标准器及设备

检查与校准用标准器及设备如下：

（1）二等标准铂电阻温度计。

（2）成套工作的测温电桥，电桥的最小步进值应不大于 $1 \times 10^{-4}\Omega$，或其他同等准确度的电测设备。校准 A 级铂电阻时，电测设备应引用修正值。

（3）接触热电势小于 $0.4\mu V$ 的四点转换开关。

（4）便携式恒温装置或符合相关要求的便携式温度校验仪。

（5）万用表。

（四）检查与校准条件

（1）尽量选择自身具备恒温条件的电测设备。如自身不具备恒温条件的电测设备，其工作环境温度应在该设备的使用温度范围内。

（2）对保护管可以拆卸的热电阻，在偏差校准前，应将热电阻的感温元件从内衬管和保护管中取出，并放置在玻璃试管或测试棒中。试管内径应与感温元件直径或宽度相适应。为了消除试管内空气对流，在感温元件插入试管后需用脱脂棉塞紧管口。校准时，将感温元件连同玻璃试管或测试棒插入介质中校准。

（3）校准时，通过热电阻的电流不大于 $1mA$。

（4）测量热电阻在 $100℃$ 的电阻时，恒温槽的温度 T_b 偏离 $100℃$ 值应不大于 $2℃$；温度变化每 $10min$ 应不超过 $0.04℃$。

（五）校准前的检查

（1）感温元件有无破裂和显著的弯曲现象。

（2）保护管应完整无损，不应有凹痕等缺陷。

（3）万用表检查铂热电阻有无断路或短路。

（六）$R(0℃)$、$R(100℃)$ 及 $R(t)$ 的校准

1. 校准点

（1）热电阻在 $0℃$、$100℃$ 校准，必要时在 t 点校准。

（2）当热电阻 α 超差，而在 0℃、100℃点的允许偏差均合格时，应增加在 50℃点校准。

2. 接线方法

（1）测量二线制热电阻或感温元件的电阻值时，应在热电阻的每个接线柱或感温元件的每根引线末端接出二根导线，然后按四线制进行接线测量。

（2）三线制热电阻，由于使用时不包括内引线电阻，因此在测定电阻时，须采用两次测量方法，以消除内引线电阻的影响（每次测量均按四线制进行）。对铠装三线制热电阻检定时其接线原理按图 3-18 和图 3-19，按图 3-18 接线测量出 R_1，按图 3-19 接线测量出 R_2。

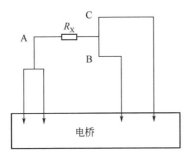

图 3-18　接线方法一

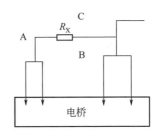

图 3-19　接线方法二

（七）插入深度

热电阻的插入深度视恒温设备而定，一般不少于 300mm。

（八）校准方法

1. 0℃电阻值 R（0℃）的测量

将二等标准铂电阻温度计和被检热电阻插入便携式恒温装置或温度校验仪测试插孔（注意测试元件的外径与插孔间隙越小越好，必要时选择合适的测试棒）30min 后按下列顺序测出标准铂电阻温度计和被校热电阻的电阻值。

标准铂电阻温度计→被检 1→被检 2→……→被检 n，换向标准铂电阻温度计←被检 1←被检 2←……←被检 n。

如此完成一个读数循环。A 级铂热电阻每次测量不得少于三个循环，B 级铂热电阻每次测量不得少于二个循环，取其平均值进行计算。

2. 100℃电阻值 R（100℃）或 $R(t)$ 的测量

将便携式恒温装置或温度校验仪调整到 100℃ 或 t，待温度稳定后，再进行校准。

（九）校准结果的计算

在采用测温电桥进行校准时，校准结果的计算如下。

（1）测温槽内 0℃时的温度 t_i 按下式计算：

$$t_i = \Delta R^*/(\mathrm{d}R/\mathrm{d}t)^*_{t=0} \tag{3-10}$$

$$R^*(0℃) = R^*_{tp}/1.0000398$$

式中　$\Delta R^* = R^*_i - R^*(0℃)$；

　　　R^*_i、$R^*(0℃)$——分别表示标准铂电阻温度计在温度 t_i 和 0℃的电阻值，Ω；

　　　R^*_{tp}——标准铂电阻温度计在水三相点的电阻值，Ω；

　　　$(\mathrm{d}R/\mathrm{d}t)^*_{t=0}$——标准铂电阻温度计在 0℃时电阻随温度的变化率，$\Omega/℃$。

$$(\mathrm{d}R/\mathrm{d}t)^*_{t=0} = 0.00399 R^*_{tp}$$

（2）被校热电阻的偏差 E_0、E_{100} 按下式计算：

$$E_0 = [R(0℃) - R'(0℃)]/(\mathrm{d}R/\mathrm{d}t)_{t=0} \tag{3-11}$$

$$E_{100} = [R(100℃) - R'(100℃)]/(\mathrm{d}R/\mathrm{d}t)_{t=0} \tag{3-12}$$

（3）被校热电阻的 R（0℃）按下式计算：

$$R(0℃) = R_i - (\mathrm{d}R/\mathrm{d}t)_{t=0} t_t \tag{3-13}$$

式中　R_i——被校热电阻在温度 t_i 时的电阻值，Ω；

　　　$(\mathrm{d}R/\mathrm{d}t)_{t=0}$——被校热电阻在 0℃时电阻随温度的变化率，$\Omega/℃$。

对于铂电阻：

$$(\mathrm{d}R/\mathrm{d}t)_{t=0} = 0.00391 R'(0℃) \tag{3-14}$$

式中　$R'(0℃)$——被检热电阻在 0℃的标称电阻值，Ω。

（4）被校热电阻的 R（100℃）按下式计算：

$$R(100℃) = R_b - (\mathrm{d}R/\mathrm{d}t)^*_{t=100} \Delta t \tag{3-15}$$

式中　R_b——被校热电阻在恒温槽 100℃时温度 t_b 的电阻值，Ω；

　　　$(\mathrm{d}R/\mathrm{d}t)_{t=100}$——被校热电阻在 100℃时电阻随温度的变化率，$\Omega/℃$。

对于铂热电阻：

$$(\mathrm{d}R/\mathrm{d}t)_{t=100} = 0.00379 R'(0℃) \tag{3-16}$$

$$\Delta t = [R_b^* - R^*(100℃)]/(dR/dt)_{t=100}^*$$

R_b^*——标准铂电阻温度计在高度 t_b 的电阻值，Ω；

$R^*(100℃)$——由 R_{tb}^* 值计算得到的标准铂电阻温度计在 $100℃$ 的电阻值，Ω；

$$R^*(100℃) = W^*(100)R_{tp}^*$$

$W^*(100)$——标准铂电阻温度计证书内给出的电阻比；

$(dR/dt)_{t=100}^*$——标准铂电阻温度计在 $100℃$ 时电阻随温度的变化率，$\Omega/℃$。

$$(dR/dt)_{t=100}^* = 0.00387R_{tb}^*$$

（5）被检热电阻的 α 按下式计算：

$$\alpha = [R(100℃) - R(0℃)]/100R(0℃) \qquad (3-17)$$

（6）被检热电阻的 $\Delta\alpha$ 按下式计算：

$$\Delta\alpha = \alpha - 0.003851$$

（7）三线制热电阻在 t 的电阻值 R_i 按下式计算：

$$R_i = 2R_1 - R_2$$

式中 R_1，R_2——按本方法 8.2.2 规定测试，R_1 表示包括一根内引线电阻，R_2 表示包括两根内引线电阻。

（8）被检热电阻的 $R(t)$ 参照 $R(100℃)$ 方法利用分度表进行计算。

（9）铂热电阻在上、下限温度试验后，$0℃$电阻值的变化量 ζ（用温度表示）按下式计算：

$$\zeta = [R(0℃)_2 - R(0℃)_1]/0.003\,91R'(0℃) \qquad (3-18)$$

（10）铂热电阻实际电阻值对分度表标称电阻值以温度表示的允许偏差 E_i 见表 3-20。

表 3-20 以温度表示的允许偏差

铂热电阻级别	分度号	$0℃$时的标称电阻值，Ω	E_i，$℃$
A 级	Pt10	10	$\pm(0.15 + 0.002 \mid t \mid)$
	Pt100	100	
B 级	Pt10	10	$\pm(0.30 + 0.005 \mid t \mid)$
	Pt100	100	

（11）电阻温度系数 α 与标称值的偏差应符合表 3-21 中的 $\Delta\alpha$ 的规定。

表 3-21　电阻温度系数 α 与标称值的偏差要求

铂热电阻级别	α	$\Delta\alpha$
A 级	0.003 851	± 0.000 006
B 级		± 0.000 020

（十）校准结果处理和校准周期

（1）B 级铂热电阻的电阻值取到小数点后第三位，温度系数取到小数点后第六位；A 级铂热电阻的电阻值取到小数点后第四位，温度系数取到小数点后第七位。

（2）经校准的铂热电阻发给校准证书或校准报告。

（3）铂热电阻的检查与校准周期可根据使用实际情况自行决定，一般不超过一年。

四、热电阻输入信号隔离处理器的检查与校准

天然气计算机流量计量系统中，一般采用铂热电阻测量天然气流体流动温度。并通过热电阻输入信号隔离处理器（以下简称隔离器）将现场铂热电阻的阻值变化作为输入信号转换成线性关系的 1 ～ 5V DC 或 4 ～ 20mA DC 隔离信号输出至计算机 A/D 输入端。以下为隔离器现场检查与校准方法。

（一）现场检查与校准的基本要求

1. 环境条件

现场检查与校准的环境条件以能满足现场校准用仪器使用的条件为准。

2. 标准器

作为检查与校准用的标准器，其误差限应是被校表误差限的 1/3 ～ 1/10。

3. 人员

检查与校准的人员应经有效的考核，并取得相应的合格证书。

（二）安全警示

（1）未达到现场相关防爆要求的检查与校准用标准器及附属设备不得在爆炸危险区内使用（可将被校仪表拆卸到安全区域进行）。

（2）检查与校准人员必须遵守所在场站安全操作条例。

（三）适合范围

本方法只适合于现场使用中的，不包括新制造与修理后的热电阻输入信号隔离处理器。

（四）检查与校准的项目

现场一般性检查与校准只是对示值误差的确认。如需对处理器的计量特性及技术进行全面评定应按检定规程要求在实验室进行。

（五）检查与校准用标准器及附属设备

检查与校准用标准器及附属设备见表 3–22。

表 3-22　检查与校准用标准器及附属设备表

序号	仪器设备名称	技术要求	数量	用途
1	直流数字电压表或电流表	允差不超过被校表允差的 1/3	1 台	测量输出电量值
2	直流电阻箱	允差不超过被校表允差的 1/3，最小步进值小于 0.01Ω	1 台	提供输入电阻值
3	直流稳压源	输出 24V±1%；纹波含量小于 0.1%	1 台	提供 24V 电源
4	专用连接导线	在同一根铜导线上剪得 3 根等长度，且小于 1m	1 套	连接电阻箱与被校处理器用

（六）检查与校准方法

1. 检查

热电阻输入信号隔离处理器在进行校准前应作一般性检查。

（1）处理器紧固件应无松动现象。

（2）零位及量程调整可动部分应灵活可靠。

2. 校准

（1）热电阻输入信号隔离处理器示值的校准接线按以下接线图 3-20 进行。

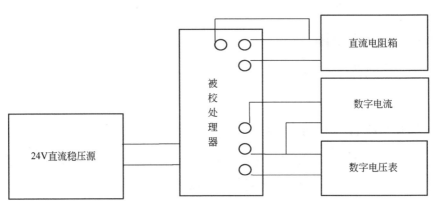

图 3-20 热电阻输入信号隔离处理器示值校准接线图

（2）校准前标准器应预热不小于 30min。被校表应按制造厂规定的时间进行预热。制造厂未作规定，允许预热 15 min。

（3）对于具有调零和调量程装置的处理器，允许在预热后进行调整，但在校准过程中不得再次调整。

（4）校准点应包括上、下限值在内至少 5 个点。校准点应基本均匀地分布在整个测量范围内，为了方便电阻信号的输入可选择以温度为整数点进行。

（5）示值误差校准方法，按输入信号增加（上行程）和减少（下行程）的方向，变换直流电阻箱的电阻值分别给处理器输入各校准点所对应的电阻量，同时从直流数字电压表或电流表上读取处理器相应的输出值 A_s，对于上限值只校上行程，对于下限值只校下行程。有疑义时可作同样的方法重复校准两次，求取 3 次的平均值，并取误差最大值作为基本误差。

（6）隔离器上、下行程基本误差按下式计算：

$$\delta_A = \frac{A_s - A}{S} \times 100\% \qquad （3-19）$$

式中 δ_A——处理器上、下行程基本误差，%；

A_s——上、下行程中测量的各校准点相应的实际输出值，mA 或 V；

A——各校准点相应的理论输出值，mA 或 V；

S——隔离器输出量程，mA 或 V。

（7）处理器回程误差的校准与基本误差检查与校准同时进行，并按下式计算：

$$\Delta_A = \left| \bar{\delta}_{A1} - \bar{\delta}_{A2} \right| \qquad （3-20）$$

式中 Δ_A——处理器回程误差，%；

$\bar{\delta}_{A1}$、$\bar{\delta}_{A2}$——处理器上、下行程平均误差，%。

（七）基本误差

隔离器基本误差规定见表 3-23。

表 3-23 隔离器基本误差

准确度等级	0.2	0.5	1.0	1.5	2.5
允许误差（输出量程的%）	± 0.2	± 0.5	± 1.0	± 1.5	± 1.5

（八）回程误差

隔离器的回程误差规定见表 3-24。

表 3-24 隔离器的回程误差

准确度等级	0.2	0.5	1.0	1.5	2.5
允许回程误差（输出量程的%）	0.1	0.25	0.4	0.6	1.0

（九）校准结果处理和校准周期

（1）经校准后的隔离器出具校准证书或校准报告。

（2）隔离器现场检查与校准周期应根据现场使用条件确定，一般不超过一年。

第四节　计量管理

一、工作计量器具分类分级管理

为贯彻国家计量法律法规，加强企业对工作计量器具的科学管理，根据工作计量器具在生产、经营中的作用，国家对该种计量器具的管理要求及计量器具本身的可靠性，对工作计量器具实行分类分级（表3-25）管理，以实现"保证重点、兼顾一致、区别管理、全面监督"。

表 3-25　工作计算器具的分级管理

管理范围	管理要求	备注
用于贸易结算、安全防护、环境监测方面且列入国家强制检定目录的工作计量器具	按规定登记造册、备案，并实行周期强制检定	实行分类分级管理的计量器具应在计量器具明显位置有其类别标志
用于工艺控制、质量检验中计量数据有准确度要求的计量器具	制定周检或校准计划，检定周期不超过检定规程规定的最长周期	
用于企业内部核算的能源、物资管理用的计量器具		
使用频率低、性能稳定的计量器具		
固定安装在连续运转装置或生产线上，计量数据准确度要求较高但平时不允许拆卸的计量器具	按企业设备检修的自然周期安排检定	
做专用的通用计量器具	可适当减少检定项目或只做部分项目检定，检定证书应注明允许使用的量值范围和使用地点，并在计量器具明显位置处附有限用标志	
对计量数据无严格准确度要求的指示用计量器具	进行有效期管理或延长检定周期 2～4 倍	
固定安装在与设备配套不可拆卸的计量器具	首次检定，验收入库后投用，到期报废	
明令允许一次性检定或实行有效期管理的计量器具		
对计量数据无严格准确度要求，性能不宜变化的低值易耗的计量器具		

二、天然气计量技术资料管理

（一）计量资料数据的读数要求

（1）对数字仪表直接读数，录取的有效位数与仪表显示的有效位数相同。

（2）对刻度仪表按最小分度值的 1/5 ～ 1/10 读数，保留一位可疑数字。

（二）计量资料的记录要求

对读取的仪表读数应立即记录。

（三）计量资料记录的修改要求

（1）在读数、记录时，发现记录有误，应立即修改，一般不得事后修改，不得涂改、重抄、销毁。若要事后修改，应有充分的依据，并注明原因及修改依据。

（2）资料记录的修改方法：在错误数据上画两横杆"="，然后将正确数据填写在原数据上方。记录资料按规定方法进行修改视为正确。

（3）记录资料不得有下列行为：对同一处按规定方法修改一次以上、不按规定方法进行修改（如涂改、重抄）、数据错、代替他人签字、墨水污染、脏污、伪造资料等。

（四）计量资料的保存

（1）原始记录应包括：仪表检定（校准）记录，流量参数修正记录，仪表记录卡片、记录纸或以电磁信号保存的记录，节流装置清洗记录（差压式流量计），仪表零位检查、计量巡检记录，气质分析报告，气量调整记录，计量器具更换记录，抄表记录等。

（2）原始记录资料的保存不少于两年。

三、抄表管理

抄表是指抄表员对燃气计量器具示值进行抄录，包括普通膜式气表、智能膜式气表、涡轮流量计及孔板流量计等各类型计量器具。

（1）每月初对供气用户基础信息，包括客户系统和抄表系统中的总户数、在用户数、报停户数、换表户数、过户户数、销户数进行核对与更新。

（2）对异常抄表量进行及时清理和核实。

（3）抄表员必须在规定时间内准确完成抄表工作，在规定的时间内将用户信息和数据交付民管站、客户部门相关人员录入、统计、上量，抄表员与信息录入人员做好资料交接手续。

（4）抄表人员现场抄表时，应观察气表外观、铅封有无人为损坏，气表运行、读数是否正常，对工业、商业、集用户必须签认用气量确认单，不得无故提前或延后抄表时间，客户管理部门应按比例对抄表户数进行抽查，户外表抄表率100%、户内表抄表率90%以上。

（5）户内表抄表应提前3d在小区张贴抄表通知，告知用户抄表时间，并按照通知时间准时上门抄表。若用户不在家，无法入户抄表的可采取电话抄表、用户抄写气表读数张贴在门外等方式进行抄表。若连续三次不能成功入户抄表，应主动与用户联系协商入户抄表时间；仍不能进户抄表的必须向用户发送短信和书面告知，然后作停气处理直至能进户抄表。

四、输差分析

输差居高不下是长期严重影响管道燃气经营企业经济效益、威胁安全运营的一道难题。燃气输差是反映燃气企业整体素质及其内部经营管理水平的标志之一。国家将此指标作为企业升级的一项重要条件，可见其重要性。燃气供应总量和销售总量的差额叫燃气输差，燃气输差与燃气供应总量的百分比叫相对输差。国家建设部在1990年6月颁布的《城市燃气企业升级考核标准》中规定管道燃气相对输差应控制在8%以下。燃气输差产生于燃气供应销售的全过程，涉及企业工艺技术、工程施工、用户管理、计量工作等诸多环节，形成原因庞杂而多变。因此，降低输差绝不是制定几项简单措施抓一下就了事的问题，而应把它当作一项系统工程去研究，并制定相应对策逐一解决。

（一）产生输差的原因

1. 计量表具

（1）燃气用户计量表的安装设计选型不合理。选用流量型号偏大，在用户使用小流量时表具停走不计量；选用流量型号偏小，在用户使用大流量甚至超过表具额定流量时表具计量偏慢而不准确。

（2）计量表具不合格。投用前没有进行首检，计量表的出厂合格率一般控制在95%～98%，在没有检定时就用于安装，使不合格表具投用，导致计量误差。

（3）在安装时，管内石粒等杂物进入表内，造成表具卡涩不走字现象。在运输、安装过程中表具受到振动和撞伤，导致齿轮错位。

（4）带温度压力补偿功能的工业智能表前后直管段不符合要求，导致计量不准。

（5）随着使用年限增加，皮膜表计量值逐渐偏小，特别是达到使用年限（国家检定规程规定天然气模式表报废期为10年）后继续使用的表具。根据产权划分的原则，到期气表的更换费用应由用户承担，但实际执行难度大。燃气公司只能按计划用有限的资金补贴到部分超期服役的燃气表更换当中去。目前我司仍然还有几千只超期燃气表在运行。这些表计量精度低，误差大，普遍以慢表居多，导致供销差增大。

2. 供气温度

燃气公司和上游石油天然气开采，即气源供应单位之间贸易结算所用计量装置为带温度压力自动补偿功能的工业智能表，由于气体的可压缩性和可膨胀性，其计量结果均折算为标准状态下（我国规定为20℃，101.325kPa）的容积数量，即称为标准立方米。然而，下游民用天然气用户几乎都是采用没有温度补偿功能的皮膜表，所以低温天气下燃气通过皮膜表时，计量数值变小，产生计量误差。按照气体状态方程计算，温度降低10℃将使通过皮膜表的燃气计量损失3.5%，因此在冬季供气温度对皮膜表计量误差的影响特别突出。

3. 供气压力

由于皮膜表没有压力补偿功能，气体压缩后，计量数值减小。按照气体状态方程计算，压力升高1kPa，计量损失1%左右。一般以天然气为主的灶前压力要求为2kPa，计量损失应在2%左右。若遇上楼栋调压箱后的用气量比原设计用量增加，只能通过提高调压箱后的压力，才能满足用户同时用气情况下灶前压力的要求，这样就会造成在低用气量时，通过皮膜表的燃气压力超高，导致误差增大。

4. 管网泄漏

随着用气规模的扩大，城市燃气管网不断延伸，管道出现泄漏的概率加大，如果不能及时发现，不但威胁运行安全，同时造成燃气损失，导致供销差增大。特别是老城区管网由于受到外界影响，例如：（1）管道使用年代长久，所在地段土质腐蚀性严重，对管道防腐层损伤点形成的电化学锈蚀穿孔导致燃气长期缓慢泄漏；（2）高填方道路地段地基下沉、重车碾压等造成管道连接口处应力变形或裂口，而导致燃气泄漏；（3）老城改造市政施工单位违章作业机械挖掘时挖断地下燃气管道，导致突然性大量漏气损失；（4）与燃气管网相邻的其他市政管道施工单位野蛮施工时，给燃气管道造成的绝缘层损伤或管体破坏，造成的突发性或缓慢性燃气泄漏损失；（5）城市地下燃气管网分支管道阀门井年久失修带来的阀门等密封填料松弛而导致的燃气外漏。

5. 作业放空与置换耗用气

随着新管道铺设和旧管道的改造或抢修，投用时需要与老管道进行碰口施工作业，降压放空和使用燃气进行新管空气置换时耗用掉一些燃气。另外，输配操作过程中的分离罐排污作业、调压器试验时的放空及气质分析取样都会耗用少量燃气，这些都没有计入销售气量，从而增大了供销差。

6. 上游计量存在的输差

由于燃气购入总计量，一般是以上游气源开采供应单位的始端计量装置为准，如果对方计量系统存在问题，产生了计量输差，也会严重影响供销差。例如，对于一直依据油气田输气站的单台孔板流量计结合电脑自动化数字系统进行计量时，由于孔板流量计属差压流量计，流量测量通过孔板前后的压力差来实现，此方法测量误差的影响因素较多，主要来自三个方面：流量计算数学模型描述流动真实性的不确定因素；被测介质实际物理性质（如密度等变化）的不确定因素；测量中主要设备的不确定因素（如标准孔板的制造精度和孔板锐角随使用周期磨损程度的不同对差压信号大小的影响），并且人为因素对计算机系统内计量参数预设置也存在影响等。上下游用气状况相差甚远，因此上游气源单位计量装置选型的不合理，客观上就给下游企业导致了难以弥补的输气误差。

7. 自用气

燃气公司内部有些自用气，包括生活和办公（烧开水、冬季取暖等）用气，在设计时没有安装燃气计量表或者有燃气计量表而根本不抄报用气数量，统计销售气量时没有按销售量进行统计而算成气损，影响了供销差的控制。

8. 非法用气现象

部分法律意识淡薄的用户严重违反《城镇燃气管理条例》和《社会治安处罚条例》，不向燃气公司申请开户或使用非正当手段，迈过燃气计量表具私自偷接燃气管道。有的为蝇头小利铤而走险，甚至私自拆开表具，或利用表具外形结构的缺陷在计数器走字机构上做手脚，造成只用气不计量的结果，这也是违规偷气的一种形式。如果不能及时查处，将会损失大量燃气。在偷气行为发生的同时，也存在一定的安全隐患。

9. 抄表

随着社会的发展进步，人们活动的时空无限拓宽，家庭住房情况的复杂多样性，如今进户难抄表率越来越低，是影响供销差的重要因素。特别是委托物业管理方抄表的单位集体户，不能按时抄表结算销气量；还有抄表人员漏抄、少抄、错抄的情况，存在人情疏漏，将导致抄表数据不真实，也影响销气量的统计结算，这些都对供销差影响较大。

10. 贸易结算时间差

燃气公司与上游气源供应单位的财务部门贸易结算时，燃气计量数值月结截止时间和财务部门结算轧账时间不一致，有时推迟时间结账，有时为了年终考核经营指标而提前甚至预结算供气量等，将给统计核算输差带来真实性的影响。

燃气公司与 IC 卡式燃气表用户之间也存在预付用气费与销售气量之间的贸易结算时间差，给燃气输差的统计核算真实性带来了影响。

（二）输差控制措施

针对燃气企业的实际情况，通过加强表具的校正与管理以降低系统误差产生的供销差率之外，还应强化以下措施，进一步降低输差。

（1）提高抄表率，加强用户安全检查及用气监察，杜绝用户拖欠燃气费和偷盗气。

（2）加强设备、管网管理，减少跑气及漏气损失。

（3）加强考核与兑现，促进工作主动性的发挥（在实施这一措施时，关键是要制定以合理的指标，指标的则易完成，按考核条件，奖励就失去意义，不奖励则挫伤积极性；太高时，原工会因难以完成而失去积极性，没有员工的积极参与，降低供销差率的目标是不可能实现的）。

（4）加强员工操作技能的培训，使员工能熟练应急预案的要求，各司其职，以缩短应急反应的时间，减少气量损失。

第四章
燃气管道巡护巡检管理

燃气管道巡护巡检管理是管道管理单位为加强燃气管道管理，不断提升燃气管道巡护巡检水平，强化燃气管道外部风险管控和主动发现引起燃气泄漏的本质安全隐患的一种管理方式，是保障燃气管道安全、高效、平稳运行的有效途径。

管道巡护是指管道巡护人员按照工作计划或巡护方案，选择合适的出行方式，沿管道路由方向，对管道及其附属设施的完好状态和外部环境风险状况进行巡查看护的管理方式，是第一时间发现、控制、处理管道外部风险的有效手段。

管道巡检是指管道巡检人员按照工作计划或巡检方案，借助各种专业检测设备沿管道正上方或管道路由方向，对在役管道进行连续泄漏检测，第一时间发现、控制和处置引起管道泄漏的本质安全隐患的一种主动管理方式。

第一节　巡护巡检的基本要求

一、巡护巡检人员基本要求

巡护巡检人员的基本要求如下。

（1）具有基本的管道外部风险识别和防范能力。

（2）能够定期接受培训，认真学习相关理论知识，并能应用到实践工作中。

（3）能够认真执行上级下达的任务，并严格遵守各项规章制度。

（4）能够根据收集到的第三方施工作业信息，识别可能存在的第三方破坏风险，能及时准确报送相关信息并按要求落实风险消减措施。

二、关键考核指标

为提升管道巡护巡检质量，各燃气管道管理单位可依据各自公司的具体情况制定相应的管道巡护巡检工作质量标准，设置合理的考核指标，例如：

（1）线路巡查到位情况；

（2）阀室、阀井看护到位情况；

（3）基础台账、基础资料的准确情况；

（4）外部风险识别及现场处置能力情况；

（5）管道保护宣传覆盖情况；

（6）第三方施工信息收集及上报的准确性和及时性情况等。

三、巡护巡检档案管理

（1）燃气管道管理单位应按要求收集相关资料，建立管道维护档案，记录管道及其附属设施的维护、检查和整改情况。

（2）管道维护档案应包括水工保护、地面标志、管道埋深、河流穿越、公（铁）路穿越、违章占压等管道附属设施以及与其他线性工程的相交相遇情况；包括线路管理工作日志、防汛日报表以及相关工程施工现场的安全告知书和协议书等日常管理和过程风险管控的记录资料；还包括管道周边 2km 范围内的大型施工作业、5km 范围内水源地或风景区情况等。

（3）各级燃气管道管理部门应强化对管道档案资料的检查和复核，确保档案内容的真实、完整。

四、基本装备配置

管道管理单位应为管道巡护巡检人员配置以下基本装备。

（1）巡护工具包，便于携带各种巡线工具、记录本、图纸。

（2）个人劳保用品，包含衣服、手套、安全帽等。

（3）手持巡线终端 GPS 机。

（4）泄漏检测工具，包括手持式泄漏检测仪、验漏液等。

（5）常用工器具，包括翻盖勾、扳手等。

（6）第三方施工现场管理用品，包括警示带、油漆等。

五、安全控制及巡护巡检范围

（一）安全控制范围

（1）庭院架空管道管壁外缘 0.3m 范围内的区域。

（2）阀室（井）、调压装置、计量装置等管道附属设施外壁（栅栏围护）1m 范围内的区域。

（3）低压、中压管道的管壁外缘两侧各 1.5m 范围内的区域。

（4）次高压管道线路中心线两侧各 2m 范围内的区域。

（5）高压管道线路中心线两侧各 5m 范围内的区域。

（二）巡护巡检范围

（1）中低压管道的管壁外缘两侧各 1.5~5m 范围内的区域。

（2）次高压管道线路中心线两侧各 2 ~ 20m 范围内的区域。

（3）高压管道线路中心线两侧各 5~50m 范围内的区域。

第二节　机构设置

一、专业管理部门

各级燃气公司应按要求设置管道管理专业部门，或在责任部门设置管道管理专业岗位对管道巡护巡检工作实施专业化管理。

二、管道巡护巡检人员

（一）管道管理技术干部

管道管理技术干部是各燃气公司从事燃气管道管理的专业技术人员，

按照燃气管道完整性管理要求，编制年度管道管理方案并强化实施、考核和总结，包括编制巡护巡检方案、制定巡护巡检工作质量标准、制定管理目标和考核指标等内容，并对管道巡护巡检人员实施培训、监督、考核和评价。

（二）油气管道保护工

油气管道保护工是从事管道巡检、管道安全保护及宣传、管道隐患治理等方面工作的人员，油气管道保护工对所辖片区每周实现管道巡查全覆盖至少1次，同时要对所辖片区内巡线员的巡线质量进行监督、检查与考核，形成文字记录。

（三）巡线员

巡线员是指专职从事管道巡查、宣传、保护方面工作的人员，巡线员按照管道巡护管理方案要求，对所辖区域管道执行巡查看护管理，一般地区管段实行1日1巡。

（四）信息员

信息员是指在特定时期内临时性聘请的现场值守监护人员，负责对指定区域或管段进行全天候值守看护、防止第三方破坏发生。

第三节　巡护方式

按照巡护人员出行方式的不同，可以将管道巡护分为步巡和车巡两种方式，两种方式各有优缺点，应结合现场的实际风险状况选择合理的巡护方式，也可同时采取两种方式间隔进行。

一、步巡

对车辆无法到达的管道区域，或者对于需要重点巡护巡检的高风险管段，巡护巡检人员在管道路由方向上，以徒步行走的方式开展的管道巡护巡检工作。现场步巡图见图4-1。

图 4-1　步巡

二、车巡

对于城市建成区管道，其外部环境风险小且城区道路便利，管道巡护巡检人员可选择无视线遮挡的自行车或电瓶车的方式实施车巡，是以提高巡护频率和巡护效率来满足城市燃气管道的外部环境风险管控要求。实施单位应对车巡人员开展道路交通安全培训，强调外出巡线时的行车安全，并为其购买人身安全意外保险。现场车巡图见 4-2。

图 4-2　车巡

三、两种巡护方式的优缺点比较

步巡和车巡检优缺点对比见表 4-1。

表 4-1　两种巡护方式的优缺点比较

巡护巡检方式	优点	缺点	弥补措施
步巡	巡护质量高，便于发现不易觉察的外部环境风险	效率低，人力成本高	可依据道路及外部风险状况，逐步扩大车巡范围
车巡	效率高	巡护质量受限，且有行车安全风险	强化车辆配置及车辆行驶培训，购置交通意外险等

第四节　第三方施工管理

第三方动态施工作业风险是燃气管道面临的最主要的外部环境风险，也是风险最高、管控难度最大、破坏性最强的风险之一，及时发现、制止和受控管理是管道第三方施工管理的重要内容，应严格按照管道巡护"三色预警"机制规定的程序要求，落实对应的风险控制措施。

一、现场处置程序

（1）巡护人员在发现管道周边的第三方施工后，应第一时间告知第三方施工单位在施工区域内存在燃气管道，并填写第三方施工安全告知书；进一步了解施工情况，若施工将与管道形成交叉，则立即报告管道管理单位与第三方施工单位协商管道保护方案；若施工与管道不形成交叉，则需探清管道走向，并采用划线、插旗等醒目的方式标明地下管道走向。

（2）已确定为红色预警级别的第三方施工，在工程开工前，管道管理单位应与第三方施工单位协商制定管道保护方案，并签订安全协议后方可开始施工；施工进场前，管道巡护人员应告知第三方施工单位的管理及现场操作人员管道的具体位置及埋深情况；管道管理单位应加密标志、设置警戒线，并按要求开展巡护和施工过程的监护工作，做好相关记录，如图 4-3 所示。

（3）第三方工程竣工后，管道管理单位与第三方施工单位对关联管段的管道保护工程进行验收，对管道及其附属设施是否受损进行确认，记录隐蔽工程信息；验收合格并确认现场安全隐患已解除后，方可撤离现场监护人员和拆除临时警示标识，恢复常态巡护管理。

图 4-3 第三方施工现场警示标示

二、现场管控措施

对发现的第三方施工作业，管道管理单位应按照"三色预警"机制的管理要求，依据不同的风险等级采取合理的预警级别，落实现场风险管控措施。

根据第三方施工作业危及管道安全的潜在风险，对第三方施工实施"蓝、黄、红"三色预警管理。蓝色预警为常态性预警，属于事前预防环节，要加强关注；黄色预警为动态性预警，属于事前控制环节，要加密巡检；红色预警为强制性保护预警，属于过程控制关键环节，要实施 24h 不间断监护。

（一）人防

对第三方施工点相对较少，用工成本又较低的区域，管道管理单位可采取人防措施，可临时调派巡护人员或临时聘请信息员对处于红色预警的第三方施工工地进行 24h 不间断监护，监护人员应在施工方有危及管道安全的行为时及时制止。第三方施工现场人员监护见图 4-4。

图 4-4　第三方施工现场人员监护

（二）技防

对第三方施工点较多，用工成本又较高的区域，管道管理单位可采用视频监控、智能识别预警监控等信息化监控技术，自动分析监控区域内大型机械作业行为，发现具有潜在风险行为时能进行自动报警，可第一时间发现并通过远程喊话等方式制止大型机械挖掘、碾压作业，实现第三方施工现场的无人监控。第三方施工现场技防见图 4-5 和图 4-6。

图 4-5　第三方施工现场智能监控

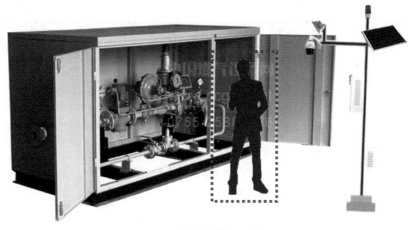

图 4-6　智能监控识别闯入

第五节　巡护巡检的主要内容

一、编制巡护方案

燃气管道的巡护应依据区域内管网的分布情况实施划片管理，并结合区域内的管道本质状况、外部环境风险以及重要程度编制相应的巡护方案，对重要气源管道可单独编制巡护方案，且每周应对管道的外部风险状况实施动态更新。

燃气管道的区域划分宜由巡护人员借助交通工具在 10min 左右所能到达的最远距离来确定，区域内管道保护工、巡线员和信息员的配置数量可依据管道数量、外部环境风险状况而定，具体的巡护巡检方案可参照表 4-2 中所列的基本要素及工作要求进行编制。

表 4-2　巡护方案编制要求

序号	基本要素	工作要求
1	基本信息	基本信息中应包含本区域管网情况，包括管道基本情况、巡护人员配备情况等
2	巡护重点	在外部风险及巡护重点中应体现出区域重点巡护点、必检点，包括但不限于与市政管道相交相遇点、第三方施工点、穿跨越段、设备设施、地质灾害点、违章占压、安全隐患等

序号	基本要素	工作要求
3	巡护责任	应当落实片区负责领导、技术干部、管道保护工、巡线员
4	巡护要求	巡护方案中应包含巡护内容及要求，包括但不限于管道及设备设施是否存在泄漏，管道周边是否存在施工，地形地貌是否改变，管道上方是否存在占压或重车碾压，埋地管道是否露管，地面管道防腐层是否完好，设备设施是否完好，阀井是否积水，标示桩、测试桩及护坡堡坎是否完好等
5	巡护周期	应根据片区中燃气管道及隐患状况，制定合理的巡护频次，重点巡护高风险段，提升巡护质量，把控风险
6	第三方施工	巡护方案中应包含第三方施工管理，包括但不限于第三方施工情况上报，第三方施工安全告知，现场管理（标明管道走向、设置警示标志、现场监护）等
7	基本应急处置程序	巡护方案中应包含巡线员基本应急处置程序，包括但不限于应急情况的上报程序，现场管理（设置警示区、人员疏散、控制现场火源）、抢险配合等
8	附表填写	巡护方案附表应按要求填写，并及时对附表内容进行更新。附表应采用活页形式进行装订，附表1管道基础信息台账可不打印装订，仅保存电子台账
9	编制审核发布	巡护方案应由公司管道管理人员及管道保护人员共同编制，经由公司审核后发布，并报上级管理部门备案

二、管道巡护的主要内容

（一）一般情况下的巡护要求

（1）管道巡护应着重于管道外部环境风险的巡查看护，每日对区域内管道进行1次全覆盖巡护。

（2）查看管道两侧保护范围内是否有道路建设、绿化种植、市政及公共设施维修改造、违章占压等威胁管网运行安全的施工作业，是否有因其他工程施工造成管道损坏、管道悬空等现象。

（3）管道沿线保护范围内不应动用机械铲、空气锤等机械设备，发现后应立即制止并加强现场安全监护。

（4）查看管道运行环境的地形地貌变化，管道两侧保护范围内是否有土壤塌陷、滑坡、下沉、人工取土、堆积垃圾或重物、管道裸露、种植深根植物及搭建建（构）筑物等。

（5）对阀井、调压箱、管道标识等附属设施进行外观检查，对缺失、破损的管道标识进行修复、补充。

（6）检查管道沿线是否有天然气异味、水面冒泡、树草枯萎和积雪表面有黄斑等异常现象或燃气泄出声响等。

（7）对管道沿线周边住户进行管道保护宣传。

（二）特殊情况下的巡护要求

（1）对运行年限接近或超过设计年限的老旧管道、防腐层和泄漏检测评估不佳的管道，应缩短巡护周期。

（2）对于周边存在较高风险的第三方施工、地质钻探、危岩滑坡等高后果区管道的巡护周期应不低于1日1巡，对于存在破坏、断裂的高风险管段应实行驻守监护。

（3）在强暴雨或持续降雨等恶劣天气期间、节假日或重要的敏感时段，应采取缩短周期、取消车巡等措施，实行管道巡护升级管理。

（4）对于公司确定的重要特殊管道的巡检，应按照公司要求的巡护周期进行。

三、管道巡检的主要内容

管道巡检应着重于主动发现引起管道泄漏的本质缺陷，例如检查与市政管道或明沟暗渠等相交相遇管段、阀井和调压箱等附属燃气设施的完好情况，并在巡检方案中对这类管道重点部位制定检测计划表，按照计划开展巡检工作。

（一）阀井巡检

对阀井进行巡检时应观察阀井周边情况是否发生变化，是否存在沉降，开阀井盖前应使用可燃气体检测仪对井内气体进行检测，打开阀井盖后应观察阀井是否积水、是否存在杂物，阀体是否干净，铭牌是否完好，阀体是否存在泄漏等，具体的阀井巡检可参照表4-3所列的巡检内容及控制措施进行。

表4-3　阀井巡检内容及控制措施

序号	巡检内容	控制措施
1	开阀井前，首先观察阀井周边情况是否发生变化，阀井是否发生沉降	记录并汇报至管道管理部门
2	打开阀井前，使用可燃气体检测仪对井内气体进行检测	井内存在可燃气体，开盖前应用湿润棉纱对阀井钩进行缠绕，再开阀井，待气体自然消散，判断是否为阀井泄漏，记录并汇报至运行管理部门
3	观察阀井内是否积水	记录并汇报至管道管理部门
4	清除阀井内杂物、清洁阀门本体、查看阀门是否锈蚀	记录并汇报至管道管理部门
5	检测阀井铭牌是否完好	记录并汇报至管道管理部门
6	关闭阀井盖	拆除现场警示标示

（二）调压箱巡检

对调压箱进行巡检时应观察调压箱周边情况是否发生变化，编号是否清晰，箱体是否完好，打开调压箱前应使用可燃气体检测仪对箱体内气体进行检测，打开箱体后应观察箱体内是否存在杂物，设备是否干净，是否存在锈蚀，压力表是否在检定期内，压力是否正常，铭牌是否完好，设备是否存在泄漏等，具体调压箱的巡检可参照表4-4所列的巡检内容及控制措施进行。

表4-4　调压箱巡检内容及控制措施

序号	巡检内容	控制措施
1	首先进行环境及外观检查，观察周边情况是否发生变化，调压箱编号是否清晰，箱体是否完好	记录并汇报至管道管理部门
2	打开箱体前，使用可燃气体检测仪对箱内气体进行检测	箱内存在可燃气体，开门前应轻缓，待气体自然消散后，判断泄漏点，记录并汇报至调度室
3	清除调压箱内杂物，清洁箱内设备、管道，查看设备、管道是否锈蚀	记录并汇报至管道管理部门

续表

序号	巡检内容	控制措施
4	检查压力表检定是否在有效期内，观察压力是否正常	记录并汇报至管道管理部门
5	检测设备铭牌是否完好	记录并汇报至管道管理部门
6	关闭箱门	拆除现场警示标识

（三）手推车式埋地管道泄漏检测

对于难以打孔进行泄漏检测或未预埋泄漏检测孔的硬化路面等下方的埋地管道，应采用手推车式埋地管道泄漏检测仪进行检测，使用该检测仪在燃气管道上方行走，便可以直接在地面检测地下管道的泄漏情况。手推车式埋地管道泄漏检测时，其行进速度宜为1m/s，且应沿管道走向在下列部位进行检测并做好相关记录。

（1）燃气管道附近的道路接缝、路面裂痕、土质地面或草地等。

（2）燃气管道附属设施及泄漏检查孔、井等。

（3）燃气管道附近的其他市政管道井或管沟等。

（四）手持式可燃气体检测

对于有预埋式泄漏检测孔的硬化路面或可采用打孔棒的非硬化路面，可采用手持式可燃气体检测在预埋的泄漏检测孔检测或由打孔棒进行打孔检测管道泄漏情况。手持式可燃气体检测仪见图4-7。

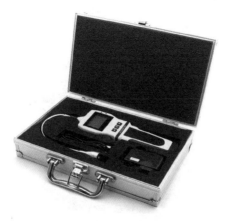

图4-7 手持式可燃气体检测仪

（五）车载式泄漏巡检

车载式泄漏巡检用于泄漏巡检范围大、燃气管道随公路敷设人工作业安全风险大的地区可采用车载式泄漏巡检开展相应检测工作。车载式泄漏检测是通过车辆周围安装多个气体吸入探头，在车辆行驶过程中对所经道路开展实时的气体分析，以达到可燃气体检测报警的作业。车载式泄漏检测设备见图4-8。

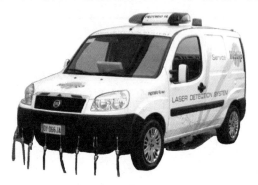

图 4-8　车载式泄漏检测设备

（六）户外立管巡检

户外立管的巡检工作主要是检测入户安检人员无法通过进入居民户内检查到的燃气管道，该类管道需要通过专业人员使用精度较高的设备（如红外线甲烷检测仪）进行检测。一是检测户外立管本体、连接头处、管道补偿器等是否漏气；二是对管道外观开展宏观检查，是否出现管道变形，错位等；三是对户外管道所处周边环境进行检查，防止用户私自安装其他用气设备，建筑物脱落等造成管道损坏。红外线甲烷检测仪见图4-9。

图 4-9　红外线甲烷检测仪

四、巡检发现的隐患管理

（1）巡检人员在巡检过程中发现隐患时，巡检人员应用手持终端上报隐患信息，包括选择隐患类别、输入隐患地点和隐患状况，拍摄现场照片等。

（2）所属单位应指定专人负责巡检隐患管理，巡检管理人员根据巡检人员上报的隐患信息，对隐患信息进行定级操作处理，隐患级别应制定相应的分级制度。

（3）所属单位应建立管网隐患台账信息，并对管网隐患的处置情况及时跟进，同时对台账信息进行更新。

（4）各所属单位对发现的管道隐患须及时组织整改，对不能立即整改的管道隐患，应制定应急预案、落实监控措施，告知岗位人员和相关人员在紧急情况下采取的应急措施。

第六节　资料记录

　　巡护人员每天巡查后应填写巡护记录，按要求对巡护日期、天气、巡查开始和结束时间、巡查路线、发现的问题、采取措施、处理情况、汇报及指令情况等进行记录。记录方式应为人工记录加信息化巡检系统自动记录，记录内容应及时、真实、准确。换发新记录本时，主管部门应同时将旧记录本统一收回、保管，作为原始档案保存，巡护记录的保存期限为两年。

　　已使用管道完整性管理系统的企业应使用电子系统对巡护巡检问题进行记录，还未使用管道完整性管理系统的企业可采用纸质记录巡护巡检问题，并建立电子档案对存在问题进行全过程监督并闭环。

一、静态资料台账

　　管道管理单位应建立以下管道静态资料台账：管道基础资料台账、管道隐蔽交叉台账、管道隐患台账、管道附属设施台账、第三方施工动态表，如图 4-10 至图 4-15 所示，并及时更新。

序号	单位	管线名称	管段名称	所属区块	起点	终点	管线规格		长度 km	管材		防腐材料	阴保方式	投运时间	设计参数		运行参数	
							管径 mm	壁厚 mm		钢级	制管方式				压力 MPa	输量 10⁴m³/d	压力 MPa	输量 10⁴m³/d

××公司管道业务基础信息统计表

图 4-10　管道基础资料台账

管道隐蔽交叉台账

序号	片区	管径、材质	交叉位置情况描述	发现时间 (年月日)	发现人	照片	备注
1							
2							
3							
4							
5							
6							
7							

图 4-11　管道交叉隐蔽台账

管道隐患(风险)数据库动态管理台账											
(月度更新、动态管理)											
营销部/片区	序号	管道隐患状态描述	隐患(风险)类别	隐患管道名称	隐患段(点)地理位置	隐患建档时间(年月日)	主要安全控制措施	现场控制责任人	是否列入整改计划	计划整改完成时间	备注

图 4-12　管道隐患台账

××公司阀井台账													
序号	单位名称	阀门编号	阀门位置	规格型号	供气范围	阀门类别	材质	生产厂家	生产日期	安装日期	是否绝缘	备注	上级阀门

图 4-13　阀井台账

|	|	|	|	|	|	|	|	|	|	|	|	|	|

×× 公司调压箱/柜台账													
序号	调压箱编号	上级阀门	调压设备类型	型号	性质	生产厂家	生产日期	出厂编号	地理位置	所管辖区区域	安装时间	安全截断	备注

图 4-14 调压箱 / 柜台账

管道第三方动态监控统计表									
序号	时间	区域	地点	监控时间	合计	监控人	确认人	备注

图 4-15 第三方施工动态台账

二、动态资料台账

巡线员手中应持有本区域管道隐患台账、管道隐蔽交叉台账、第三方施工动态表等基本信息资料以及区域管道电子图册。管道电子图册见图 4-16。

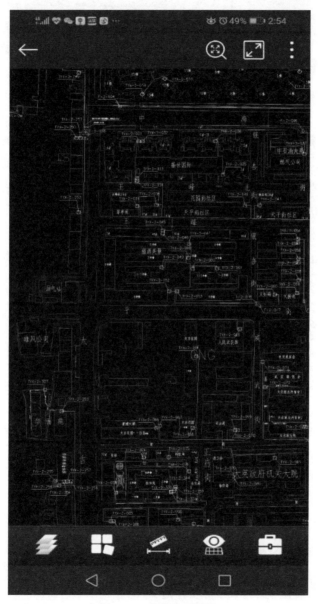

图 4-16　管道电子图册

第五章
燃气管道腐蚀及防腐

　　燃气管道大多为埋地敷设，一般中、低压管道采用耐腐蚀的金属管道或聚乙烯管道，而对于输送流量大，压力、温度较高的燃气时，就必须使用强度更大的钢管。实践证明，埋地铸铁管道的平均使用寿命为 60~70 年，而钢管只有 20~30 年。由于铸铁管、塑料管的加工、施工和使用受到很多因素的限制，所以钢管被普遍应用于长距离、大口径、高压输送燃气管道。钢管耐腐蚀性差，尤其是埋地钢管外壁腐蚀趋势明显。因此，埋地钢管必须采取切实可行的防腐措施，以确保管道安全运行并延长其使用寿命。

第一节　燃气管道防腐的必要性

　　燃气工程具有易燃、易爆、工程投资大等特点。燃气管道作为城市基础设施与社会生产和居民的生活紧密相关。若城市燃气管网系统无良好的防腐措施，其埋地钢管多则几年，少则几个月就会被腐蚀损坏。这不仅浪费国家资源，还会因燃气泄漏酿成爆炸事故，威胁人民的生命安全，同时因供气中断影响人们正常的生产、生活秩序，例如，俄罗斯马格尼托戈尔斯克市居民楼在 2018 年 12 月 31 日凌晨发生的燃气爆炸造成了包括 6 名儿童在内的 39 人死亡，48 间公寓被毁。因此，做好城市燃气管道防腐具有十分重要的经济效益、环境效益和社会综合效益。

一、燃气管道腐蚀数据统计分析

　　虽然我国的燃气行业发展得较晚，整体管龄不长，但 20 年以上管龄的管道所占比例还是比较大，达 12.64%。在 30 年以上管龄的管道中，存在性能偏低的灰口铸铁管。占比最大的钢管耐腐蚀性较差，随着管道服役年限的增加，腐蚀对管道失效概率的影响将逐渐增大。由整体管龄情况可推断，我国在未来 10 年左右可能会迎来燃气管道失效维修更换的高峰期。

为全面了解燃气管道失效的特点，考虑不同城市规模、地理位置、管道系统运行时间、压力级制、防腐方式等因素，进行燃气管道的失效统计分析，从分析结果可看出，城镇燃气管道失效的最主要因素是外腐蚀，约占总失效次数的 76%；其次是第三方破坏，约占 5%；第三是地面沉降，约占 4%。

由于外腐蚀原因造成的管道失效占失效总数的 76%，而腐蚀穿孔之处的防腐层一般都存在破损，有些是因年久整体老化，有些则是施工活动破坏了防腐层。因此，保证管道外防腐层的完整性是控制外腐蚀失效的重中之重。燃气钢管腐蚀直接影响着燃气管道的使用寿命和供气安全，因此埋地燃气钢管防腐越来越引起燃气行业的重视。

二、燃气管道防腐的合规性要求

CJJ 95—2013《城镇燃气埋地钢质管道腐蚀控制技术规程》中 3.0.1 条规定：城镇燃气埋地钢质管道必须采用防腐层进行外保护；3.0.2 条规定：新建的高压、次高压、公称直径大于或等于 100mm 的中压管道和公称直径大于或等于 200mm 的低压管道必须采用防腐层辅以阴极保护的腐蚀控制系统，管道运行期间阴极保护不应间断；6.1.6 条规定：新建管道的阴极保护设计、施工应与管道的设计、施工同时进行，并同时投入使用。

GB 50494—2009《城镇燃气技术规范》中 6.2.10 和 6.2.11 条规定：新建的设计压力大于 0.4MPa 和公称直径大于等于 100mm，且设计压力大于或等于 0.01MPa 的燃气管道必须采用外防腐层辅以阴极保护系统的腐蚀控制措施，外防腐层应保持完好；采用阴极保护时，阴极保护不应间断。

以上规范要求均为强制性条款，因此对于绝大部分的城市燃气钢质管道均应采用外防腐层和阴极保护相结合的防腐措施，对于以上条文未要求采取阴极保护的管道，从长远看也应设置阴极保护系统。

第二节 燃气管道腐蚀原因及分类

要想做好埋地钢管的防腐工作，首先，要从其根源入手，弄清埋地钢管的腐蚀原因，抓住病因，对症下药才能收到更好的效果。埋地钢管的腐蚀一般分为土壤腐蚀、杂散电流腐蚀、微生物、细菌腐蚀和大气腐蚀。

一、土壤腐蚀

因为土壤是多相物质的复杂混合物，颗粒间充满空气、水和各种盐类，使土壤具有电解质特性。因此，埋地管道裸露的金属在土壤中构成了腐蚀电池。由于管道各部位的金相组织结构不同，表面粗糙度不同，以及作为电解质的土壤其物理化学性质不均匀性，使得部分区域的金属容易被电离形成阳极区；而另一部分金属不容易电离，相对来说电位较正，这部分成为阴极区。电子由电位较低的阳极区沿着管道流向电位较高的阴极区，再经电介质（土壤）流向阳极区，而腐蚀电流从高电位流向低电位，即从阴极区沿钢管流向阳极区，再经电解质（土壤）流向阴极区。在阴极区，电子被电解质（土壤）中能吸收电子的物质（离子、分子）吸收，使阳极区金属失去电子被氧化造成腐蚀。只要腐蚀电流不断从阳极区通过土壤流向阴极区，腐蚀就会不断进行，直至穿孔。

当外界环境不同时，在管道上会发生不同的电化学反应，其腐蚀反应方程见表 5-1。

表 5-1 腐蚀反应方程表

土壤环境	阴极反应	阳极反应
无氧酸性（析氢腐蚀）	$2H^{+}+2e \rightarrow H_2 \uparrow$	$Fe \rightarrow Fe^{2+}+2e$
无氧中性（析氢腐蚀）	$2H_2O+2e \rightarrow 2OH^{-}+H_2 \uparrow$	$Fe \rightarrow Fe^{2+}+2e$
有氧碱性（吸氧腐蚀）	$O_2+2H_2O+4e \rightarrow 4OH^{-}$	$2Fe \rightarrow 2Fe^{2+}+4e$

二、杂散电流腐蚀

杂散电流是沿规定路径之外的途径流动的电流，它在土壤中流动，且与被保护管道系统无关。该电流从管道的某一部位进入管道，沿管道流动的一段距离后，又从管道流入土壤，在电流流出部位，管道发生腐蚀，将该腐蚀称为杂散电流腐蚀。

（一）杂散电流腐蚀原理

当杂散电流从走行轨泄漏出去再通过道床、大地流入埋地金属管道中，其中走行轨的是阳极，管道的为阴极；当杂散电路从管道中流出并通过大地、道床流入走行轨中时，管道的为阳极，走行轨的为阴极。杂散电流腐蚀示意图见图 5-1。

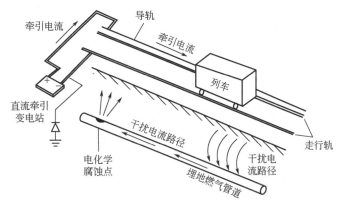

图 5-1　杂散电流腐蚀示意图

由此可知，杂散电流所经过的通路实质上就是构成了两个串联的腐蚀电池。

（1）电池 1：走行轨（阳极区）→道床、大地→埋地金属管道（阴极区）。

（2）电池 2：埋地金属管道（阳极区）→大地、道床→走行轨（阴极区）。

根据电化学腐蚀特点，可知埋地管道的阴极区带负电，一般不会受到腐蚀的而影响，但是若电位过负，有可能发生析氢腐蚀，造成管道防腐层剥离；而在埋地管道的阳极区则会发生激烈的电化学腐蚀，若管道上比较潮湿，可以很明显地看见反应现象。

杂散电流会将金属电解分解成氧化物或盐类，杂散电流具有集中腐蚀的特点，若杂散电流集中于管道的某一点，那么经过较长时间后，管道很容易被腐蚀形成贯穿性小孔，导致管道腐蚀穿孔。防腐层破损点面积越小，管道越容易被腐蚀穿孔。

（二）杂散电流的分类

如果杂散电流的大小和方向随时间变化，则称为动态杂散电流。反之，则称为静态杂散电流。

杂散电流可分为交流杂散电流、直流杂散电流和大地中自然存在的地电流三类。

1. 交流杂散电流

通过感性阻性以及容性耦合促使燃气管道中出现流进与流出的交流杂散电流从而在燃气管道上形成交流杂散电流腐蚀，这种情况多出现在受正在输电的高压输电线影响的燃气管道中。

2. 直流杂散电流

直流杂散电流多源自直流电流源，如阴极保护系统与轨道传输系统等。能够造成直流杂散电流的设备主要有：架空有轨电车线路、直流电气化铁路（铁轨作为电流导体）、高压直流输电系统、电解装置、阴极保护装置、直流电话网与交通等设备。从燃气管道的铺设环境看来，直流杂散电流出现更为频繁，对管道的腐蚀干扰更普遍。

3. 地电流

地电流的产生比较复杂，可理解为：地球本身就像是一个磁铁，地理上的南极北极对应着地磁的 N 级和 S 级。地球表面以及地底下都存在磁场。

根据麦克斯韦的电磁定律，当有导体在磁场中运动时候，导体就有电流通过。而大地也具有一定的可导电性。地震就是地壳运动，那地壳运动就正好等同于导体（大地）在磁场（地磁）中运动。这是类似发电机有电的原理。

同时还有一些其他的原因，例如地底下有水的活动，水中的酸碱度不平衡和地下的矿物质发生化学反应，产生大量电离子从而有电流。这种是化学电能，类似于我们的电池有电的原理。

地电流对燃气管道的影响几乎可以忽略，本书不再对该方面进行进一步分析。

三、微生物、细菌腐蚀

土壤中的微生物、细菌对埋地管道的腐蚀与土壤的 pH 值有关，实验证明，土壤的 pH 值在 5.5 ～ 8.5 时细菌即能大量繁殖，而好氧细菌在土壤 pH 值不大于 2 时繁殖十分旺盛，它的代谢产物是酸性物质，容易与埋地金属管道表面接触后产生化学反应，造成金属管道腐蚀。

在缺氧的土壤中，如密实潮湿的黏土处，有利于某些微生物的生长。常常发现，因硫酸盐还原菌和硫杆菌的活动会引起金属的强烈腐蚀。这些细菌有可能引起土壤物理化学性质的不均匀性，从而造成氧浓差电池腐蚀。

土壤中的微生物也会对金属管道造成腐蚀，微生物腐蚀也是一种电化学腐蚀，所不同的是介质中因腐蚀微生物的繁衍和新陈代谢而改变了与之相接触的材料界面的某些理化性质。例如，放在海水中的金属板数小时之后表面上便会形成一层黏滑的生物膜，微生物在生物膜内的活动便引起了金属与水溶液界面间溶解氧、pH 值、有机及无机物质的改变，形成电化学理论自然界中最基本的氧浓差和其他浓差电池。影响金属腐蚀的微生物种类繁多，微生物可生活在海水、淡水、土壤甚至一些极恶劣的环境中。美国腐蚀工程师学会 NACE 将影响金属腐蚀的细菌分为 4 类，不同的菌类产生不同的腐蚀机理。在缺氧的土壤中，主要是由于硫酸盐还原菌引起的厌氧腐蚀。

四、大气腐蚀

管道表面金属暴露于大气环境中时，其表面通常会形成一层极薄的不易看见的湿气膜（水膜），当这层水膜达到 20 ～ 30 个分子厚度时，它就变成电化学腐蚀所需的电解液膜，大气环境下形成的水膜往往含有水溶性的盐类及溶入的腐蚀性气体（如氧气、二氧化碳等），导致管道表面发生电化学腐蚀。

第三节　燃气管道涂层防腐

燃气管道的防腐方法很多，可以采用比较耐腐蚀的一些材料作为燃气管道，例如可以采用塑料、铸铁材料或者一些耐腐蚀的管材；在采取积极措施的同时，还可以采取消极的一些防腐措施，例如增加管道和土壤之间的电阻，减少对管道的腐蚀，通过增设地沟敷设或者套上管道上非金属材料，来减少电阻；电保护的措施可以更好地保护管道，让管道腐蚀降到最低，还可以和绝缘防腐相结合，减少电流的消耗。

NACE1993 年年会第 17 号论文指出：正确涂敷的涂层应该为埋地构件提供 99% 的保护需求，而余下的 1% 才由阴极保护提供。也就是说，阴极保护要求管道防腐涂层的质量比较高、漏点的面积小，这样腐蚀控制工程的成本才是经济合理的，即阴极保护的电流的大小，与防护效果和管道外防腐涂层质量的优劣密切相关。接下来，本文从以下几个方面对燃气管道防腐涂层进行介绍。

一、燃气管道本体防腐涂层

燃气管道绝缘层防腐方法就是通过在管道上涂抹绝缘性隔离层，在土壤与管道之间的隔离，可以更好地阻止电流的流进或者流出，因此，这就需要更为完整无损的隔离层，同时还要保护好电绝缘性能和隔水性能。避免出现土壤中的电解质渗透到管道接触面上的状况就可防止电化学腐蚀的发生。

（一）燃气管道防腐涂层的基本要求

埋地燃气管道防腐层根据国家现行标准和行业要求，其应符合下列基本要求：绝缘电阻不应小于 $10000\,\Omega\cdot m^2$；与管道应有良好的黏接性、耐水性和气渗透性；应具有规定的抗冲击强度，良好的抗弯曲性能和耐磨性能及规定的压痕硬度等机械性能；具有足够的抗阴极剥离能力，良好的耐化学介质性能和耐环境老化性能，且易于修复，工作温度应为 –30 ～ 70℃；在涂覆过程中不应危害人体健康，不应污染环境。

（二）选择燃气管道防腐涂层需要考虑的因素

选择防腐层应考虑下列因素：土壤环境和地形地貌；管道运行工况；管道系统预期工作寿命；管道施工环境和施工条件；现场补口条件；防腐层及其与阴极保护相配合的经济合理性。

对于高压管道、次高压管道、穿越河流管道、穿越公路管道、穿越铁路管道、有杂散电流干扰及细菌腐蚀性较强的管道，以及其他需要特殊防护的管道，应采用加强级或选择更安全的防腐层结构。管道的钢套管和管道附件的防腐层不应低于管体防腐层等级和性能要求。

（三）燃气管道防腐涂层的分类

近年来，国内外在埋地钢质管道防腐层材料和技术方面都获得了快速的发展，新材料、新工艺和新设备不断出现。目前用于埋地管道外防腐的材料和技术主要有石油沥青防腐层、煤焦油瓷漆防腐层、聚乙烯胶黏带防腐层、熔结环氧粉末防腐层、二层结构聚乙烯防腐层、三层结构聚烯烃防腐层技术等。

1. 石油沥青

石油沥青的主要成分为烷烃类物质，在管道防腐的应用中具有悠久的历史。它吸水率很小，几乎不溶于水，对酸、碱、盐都有一定的抗蚀能力，即使形成很薄的膜也能防止水分透过。沥青在液态时有较好的附着力和流动性，一旦冷却后就固化成膜，由液态变固态其体积收缩涂膜致密，不会产生溶剂挥发时形成的气孔成膜，几乎不依靠氧化、聚合等化学反应，不存在固化剂、稀释剂添加不当、化学反应不完全而影响涂层性能的弊病。因此，石油沥青防腐层埋在土壤中比较稳定，屏蔽性及抗阴极剥离强度也较好。石油沥青防腐层的主要缺点是涂层机械强度低，不耐植物根刺，热稳定性差、不耐紫外线。目前在油气大口径管道中几乎都不再使用石油沥青进行防腐。

聚氨酯沥青是 20 世纪末发展较快的埋地管道外用涂料之一。美国、加拿大和中东等地区在很多工程中都采用了这种涂料。该涂料的优点是既可在正常情况下施工，也可在环境温度为 0℃左右顺利施工。它不含溶剂，利于环保，一次成膜厚、施工效率高、涂层坚韧、表面光洁、附着力优良、耐磨性强，在耐微生物腐蚀和抗植物根茎方面也效果较好，不过这种外防腐工艺需要有较高的施工技巧和专用设备。

2. 煤焦油瓷漆（CTE）

自 20 世纪末以来，煤焦油瓷漆（CTE）保护涂层被广泛地应用于防护地下管道的腐蚀。早期应用的 CTE 涂层由煤焦油和矿物填充剂组成，主要成分为芳烃类物质，化学性质较稳定。煤焦油瓷漆具有黏结性好、吸水率低、抗微生物侵蚀、抗植物根茎穿透、抗烃类侵蚀、溶解等优点。其缺点是抗土壤应力与热稳定性较差，不耐紫外线，毒性较大。传统的煤焦油瓷漆已很少再有使用。

CTE 涂层系统目前已发展出多层结构，可通过选择恰当的、底漆和加强包裹层来设计经济有效的 CTE 涂层方案。西南油气田公司利用环氧树脂的黏接性能和的防水性能开发了一套环氧树脂涂层系统。该系统底漆采用高浓度、低黏度、快速弥合的双组分环氧树脂表层采用玻纤增强的 CTE。这些改进使得 CTE 涂层系统具有更大的适应性，更好的操作特性以及更大的适应环境温度范围，可在 $-28 \sim 80℃$ 的工况下工作。

3. 熔结环氧粉末（FBE）

20 世纪 70 年代以来，在全世界已经有超过了 4×10^4km 的管道用 FBE 涂层来减缓腐蚀，在国外管道上以北美地区应用最为广泛。熔结环氧粉末是一种热固性材料，由环氧树脂和各种助剂制成，它通过加热熔化、胶化、固化，附着在金属基材的表面，使用温度可达 80℃。它形成的表面涂层具有黏接力强、硬度高、表面光滑、不易腐蚀和磨损、抗阴极剥离等优点。但它也存在一些自身的缺点，例如防水性较差，不耐尖锐硬物的冲击碰撞，施工运输过程中很难保证涂层不被破坏，现场修补困难且涂敷工艺严格。

熔结环氧也发展出双层结构，即在 FBE 基础涂层的外部进行二次涂层。该体系底层采用常规熔结环氧粉末涂料，用作防腐蚀保护面层为增塑剂的环氧粉末体系，用于机械保护。由于两层涂层的固化类似，进行的是化学交联，不产生层间分离，故防腐性能得到极大的改善。当操作条件恶劣，地质构造是影响涂层选择的主要因素时，可选择耐磨损的双层 FBE 作为外防腐系统。

4. 聚乙烯胶黏带

北美和欧洲于 20 世纪 60 年代开始使用聚乙烯胶黏带作为防腐层。聚乙烯胶黏带防腐体系是由一道底漆、一层内防腐带和一层外保护带构成。其具有极好的耐水性及抗氧化性能，吸湿率低绝缘性好，抗阴极剥离，耐冲击，耐温范围广，在 $-30 \sim 80℃$ 温度范围内使用性能稳定。聚乙烯胶黏带的防腐质量主要取决于胶—膜界面的黏结力。采用无溶剂胶黏剂用热压复合技术将处于热状态下的聚乙烯基膜和无溶剂胶黏液在一定压力下黏合，可使聚乙烯胶黏带黏结力强并且稳定，防腐层质量得到保证。但它抗土壤应力的能力不好，特别在高温下，因黏结力差和致密性好而产生阴极屏蔽。

针对聚乙烯胶黏带存在的不足，美国中央制塑公司发展了以聚丙烯增强纤维为母材，并涂敷一层橡胶改性沥青的冷缠胶带。该防腐系统在传统聚乙烯胶黏带的基础上还具有黏结力强、与背材黏结性好、抗冲击性好和与阴极保护匹配好等特点，在北美、南美及国内一些管道工程中都有使用。

5. 二层结构聚乙烯

欧洲从 1965 年开始用两层结构的聚乙烯进行防腐蚀，到目前为止国内油田和各地采用此种覆盖层的防腐蚀管道已超过上万千米。两层结构的聚乙烯防腐层底层采用胶粘剂，外层为聚乙烯。聚乙烯具有抗冲击性能好、水汽渗透率低、绝缘电阻率高、埋地使用寿命长，耐化学介质侵蚀性能好等优点。但是聚乙烯是非极性材料，不能直接与钢管黏结，必须采用既黏钢管又黏聚乙烯的胶黏剂将钢管表面与聚乙烯连接成一体。一旦黏结失败，对输送介质温度高于 60℃ 的管道，阴极保护处理不好，有产生应力开裂的危险。

6. 三层结构聚烯烃

三层结构聚烯烃（PE）是 20 世纪 80 年代欧洲研制成功并开始使用的，它是将良好的防腐蚀性能、黏结性、高抗阴极剥离性和聚烯烃材料的高抗渗性、良好的机械性能和抗土壤应力等性能结合起来的防腐蚀结构，一经问世就在许多工程上得到了应用，尤其在欧洲国家，其应用呈不断上升的趋势。三层 PE 的底层为环氧涂料，中间层为聚合物胶黏剂，面层为聚烯烃。胶黏剂可采用改性聚烯烃，它含有接枝到聚烯烃碳键主链上的极性基团。这样，胶黏剂既可与表面未改性的聚烯烃相融，又可利用极性基团与环氧树脂固化反应。这种组合特点是，三种涂层之间能达到最佳黏结强度，而各层的性能和特性使三层涂料得到互补。它的特点在于造价高，工艺复杂。

二、燃气管道焊口防腐

随着管道防腐技术的进步，各种新型材料和涂覆工艺不断涌现，燃气管道焊口防腐（补口）技术和方式逐渐呈多样化趋势。补口材料有聚乙烯、聚丙烯热收缩带（套），以及聚氨酯、无溶剂液态环氧、黏弹体、网络聚合物膜补口材料等。由于环保和生产需要，石油沥青、煤焦油瓷漆及溶剂型环氧煤沥青等传统补口材料已退出市场。

（一）三层聚乙烯防腐层补口

1. 聚乙烯热收缩带（套）补口

20 世纪 60 年代，聚乙烯交联技术的发展造就了热收缩带（套）补口技术，其已成为目前常见的燃气管道现场补口技术，聚乙烯热收缩带（套）补口见图5-2。

聚乙烯热收缩带（套）由辐射交联聚乙烯片材和热熔性胶黏剂组成。施工时，将聚乙烯热收缩带（套）包覆在补口处均匀加热，内层胶随之熔化，使收缩带（套）紧密地与钢管表面粘接在一起，达到密封防腐的目的。同时在热收缩带（套）与管体之间涂敷一层双组分环氧底漆，以提高补口段的防腐性和黏结性。

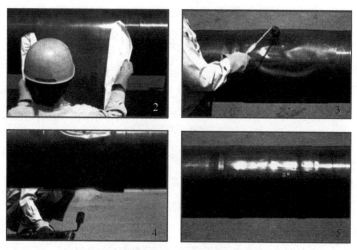

图5-2　聚乙烯热收缩带（套）补口

但是，热收缩带（套）补口依靠现场人工操作，施工质量受环境和人为因素影响较大，主要表现在热收缩带（套）与主体管道防腐层和钢管黏结不良，剥离强度偏低，甚至脱黏，在补口处易引起管道腐蚀。

针对热收缩带补口存在的问题，在胶黏剂改进方面，重点是提高胶层的施工性能，改善烘烤加工的熔融效果，如无溶剂环氧底漆，不仅提高了底漆的防腐性能，而且实现了环氧底漆在干膜或湿膜状态下安装时都能与热收缩带胶层实现较好的黏结，大大降低了现场补口难度。为降低施工中的人为影响，热收缩带补口加热机、移动式中频加热机等补口机具，不仅提高了补口效率，而且提升了补口质量。

2. 无溶剂液体环氧补口

无溶剂液体环氧涂料是一种双组分快速固化涂料，其特点是固化快，可直接喷涂而无须加热被涂钢管，涂层机械性能好，且涂层间结合力好，与3PE等防腐层也有很强的结合力，不会产生阴极屏蔽。在涂敷作业方式上，无溶剂液体涂料主要采用机械喷涂作业，也可采用手工涂刷。该技术具有环保、安全、经济、高效率、高性能、适应各种环境等优点。

3. 液体聚氨酯涂料补口

在国外，无溶剂聚氨酯液体涂料被认为是与3PE防腐管道匹配性较好的补口涂层之一。聚氨酯液体涂料补口的主要优势在于：

（1）涂层对阴极保护完全没有屏蔽作用；

（2）聚氨酯在聚乙烯搭接面有良好的黏接，有良好的抗土壤剪切能力；

（3）涂层和钢管表面粘接牢固，能够长期抵御土壤腐蚀介质的侵蚀；

（4）在涂敷作业方式上，主要采用机械喷涂，补口速度快、质量可靠。

4. 黏弹体补口

黏弹性是指塑料对应力的响应，兼有弹性固体和黏性流体的双重特性。利用部分高聚物材料的黏弹性制成黏弹体防腐材料，兼有类似聚乙烯的固体特性和液体的一些特性，因此表现出良好的黏结性能和抗蠕变性能，损坏时具有一定程度的自愈合能力，可用于3PE管道补口和异型管件的防腐。

（二）熔结环氧粉末防腐层补口

对于熔结环氧粉末防腐管道，优先选用熔结环氧粉末作为现场补口防腐涂料。其现场涂敷工艺与工厂预制工艺基本相同，即现场喷砂除锈、静电加热喷涂。主要优点是熔结好，与钢管黏结力强，与管体涂层兼容性好；缺点是补口时对现场机具要求高，工艺控制非常严格，对环境和气候特别敏感，实际施工中影响因素很多，质量难以保证。该技术国外应用较多，而国内仅有一定量的使用，主要用于河流穿跨越管段的补口。

热收缩套补口用于熔结环氧粉末防腐层管道，具有施工设备简单，养护时间短等特点，但其对表面处理要求相对严苛，易产生阴极保护屏蔽。由于环氧粉末涂层、钢管、热收缩套胶层和热收缩套聚乙烯层的膨胀系数不同，即使热收缩套施工质量很好，也会随着管道使用年限的增加、冬夏季节的交替，使热收缩套和环氧粉末涂层产生分离，尤其是在热收缩套的边缘处。

（三）三层聚丙烯防腐层补口

经过多年研究，人们已经认识到多层聚丙烯（MLPP）防腐系统具有超过三层聚乙烯和单层熔结环氧粉末的许多优点。设计人员和管道业主青睐于多层聚丙烯防腐层系统特有的耐热、耐化学和抗机械损伤性能，但是，其受到现场补口技术的限制，只在少数性能要求特别高的管道工程得到应用。

新型聚丙烯热收缩套既能用于 3PE 和多层聚丙烯涂层管道补口，又能用于熔结环氧粉末防腐层管道补口。英国等国家也相继开发了高性能三层聚丙烯（3LPP）补口技术。过去 10 年间，3LPP 防腐层系统在近海管道项目的用量明显增多。同时，与之对应的聚丙烯热收缩套补口技术也得到快速发展。目前，已经开发出适用于 3PE、熔结环氧粉末和三层聚丙烯防腐管道补口的 GTS 聚丙烯系列热缩套，该产品已经成为世界许多近海聚丙烯防腐管道主要的补口材料。

三、燃气管道防腐涂层补伤

当管道防腐涂层在施工或投产后发现有损伤，不能达到相关防腐要求后，应对其进行补伤。

（一）补伤材料的要求

（1）对深度小于防腐层厚 50% 的损伤，用热熔修补棒 / 补伤胶补伤。

（2）直径不大于 30mm 且深度大于防腐层厚 50% 的损伤（包括针孔），采用补伤片补伤。

（3）直径大于 30mm 且深度大于防腐层厚 50% 的损伤，先用补伤片进行补伤，然后用热收缩带包覆。

（二）补伤质量检查验收

（1）补伤后的外观应 100% 目测，表面平整，无折皱，无气泡及烧焦碳化现象，不合格应重新补伤。

（2）补伤处应 100% 电火花检漏，检漏电压 15kV，无漏点为合格。

（3）补伤的黏结力按要求抽查，管体温度为 10 ～ 35℃时的剥离强度不低于 50N/cm，每 50 个补伤抽查一个，如不合格，加倍抽查，若加倍抽查不合格，则该段管道的补伤应全部返修。

第四节　燃气管道电保护防腐

电保护防腐是指根据电化学腐蚀原理，使埋地金属管道全部成为阴极而不被腐蚀，故又称为阴极保护法。阴极保护法通常与绝缘防腐涂层同时使用，阴极保护系统电绝缘的可靠性是决定阴极保护成败的关键因素，而一旦绝缘层被破坏，电保护法也就无法正常发挥作用了。

管道建设中，穿跨越特殊地段时需要采取特殊措施或专门的施工技术，相应该段管道的阴极保护也应单独考虑，并保证与整体阴极保护系统的统一协调。定向钻施工的工艺管道要单独考虑保护，一般情况下，这种管段的涂覆层质量受施工影响破坏严重，要慎重选择阴极保护参数及实施方案。

埋地燃气管道附近有其他接地体时，要严防其与管道的搭接，绝对禁止埋地燃气管道成为其他构筑物的接地体。严防交流接地体可能对埋地管道造成的电击腐蚀破坏。必要时采取各种有效措施，并加强日常的管理维护。

电保护法通常分为牺牲阳极保护法、外加电源阴极保护法和杂散电流排流保护法等。

一、牺牲阳极保护法

（一）原理

牺牲阳极法是由一种比被保护金属电位更低的金属或合金与被保护的金属连接，在电解液（土壤）中，牺牲阳极因较活泼而优先溶解，释放出电流供被保护金属阴极极化，进而实现保护（图 5-3）。

利用电位比钢（铁）管低的金属与被保护钢（铁）管道相连，在作为电解质的土壤中形成原电池，电极电位较高的钢（铁）管道成为阴极，电流不断从电极电位较低的阳极通过电解质（土壤）流向阴极，从而使管道得到保护。通常利用电极电位比钢铁低的金属作为牺牲阳极材料，例如，镁、铝、锌及其合金等。

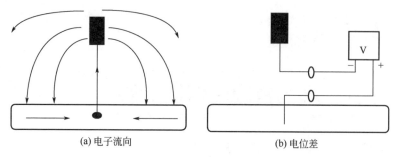

(a) 电子流向　　　　　　　　　　　　(b) 电位差

图 5-3　牺牲阳极原理

牺牲阳极种类主要根据土壤电阻率及被保护管道防腐绝缘层的状况而定。根据勘测出来的土壤电阻率 ρ，可以采用锌阳极或镁阳极。一般 $\rho < 5\Omega \cdot m$ 时，选用锌阳极；$5\Omega \cdot m \leqslant \rho \leqslant 100\Omega \cdot m$ 时，选用镁阳极；$\rho > 100\Omega \cdot m$ 时，选用带状镁阳极；在土壤潮湿的情况下，锌阳极使用范围可扩大到 $30\Omega \cdot m$。

确定保护管道长度所需牺牲阳极的质量按下列公式计算：

$$W=6880L'D^2I_aT/(Q\eta\eta_1) \tag{5-1}$$

式中　　Q——理论发生电量，$A \cdot h \cdot kg^{-1}$；

η——电流效率；

η_1——阳极利用率；

T——阳极预计使用寿命，a；

I_a——最小保护电流密度，A；

L'——所需保护的管道长度，m。

（二）优缺点

牺牲阳极保护法优缺点见表 5-2。

表 5-2　牺牲阳极保护法的优缺点

保护方法	优点	缺点
牺牲阳极阴极保护	不需要任何电源，增强其应用广泛性； 对邻近结构物可能产生的杂散电流干扰很小甚至无干扰； 对于小型工程，成本很低； 具有一定的自调节能力，保护电流分布均匀，利用率高； 施工安装简单，运行维护管理强度低，甚至无须维护； 在低电阻率环境中运行工作良好	输出功率小，在高电阻率环境中应慎用； 提供保护电流小，可调节范围很小； 为获得较好的保护效果，要求被保护结构物表面应涂覆优质防腐层； 消耗有色金属，质量大，且工作寿命短

（三）适用范围

使用牺牲阳极保护法时应注意牺牲阳极与土壤之间的接触达到最小，被保护金属管道应有很好的防腐绝缘性，并与不被保护的管道有很好的绝缘性。

牺牲阳极法安装简单，不需要直流电源，对周围设备的干扰小，因此在国内城市埋地管道上应用十分广泛。但牺牲阳极消耗大，难以调节在最佳保护电位，且提供的电流较小，土壤电阻率过高或穿越水域时不宜采用。

（四）运行要求

指标要求：牺牲阳极保护系统保护率应为100%，保护度应大于等于85%。

检测内容和周期：至少每年两次对牺牲阳极系统的阳极运行和状态、阳极保护电位、输出电流和开路电位进行检测。

二、外加电源阴极保护法

（一）原理

外加电源阴极保护法也称为强制电流法，是通过外部的直流电源向被保护金属管道通以阴极电流，使之阴极极化，从而实现保护的一种方法。外加电源阴极保护原理示意图见图5-4。

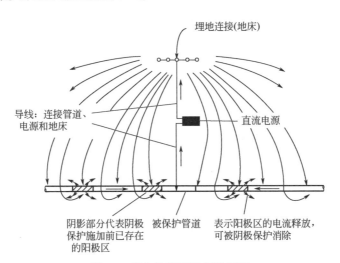

图5-4 外加电源阴极保护原理

利用直流电源，负极与被保护金属管道连接，使其对土壤造成负电位，成为阴极；正极与废钢材、石墨、高硅铁等接地阳极连接。电流从正极通过导线流入接地阳极，再经过土壤流入被保护金属管道，再由管道经导线流回负极。整个金属管道成为阴极，与接地阳极构成腐蚀电池，接地阳极不断失去电子受到腐蚀，而金属管道则受到保护。

一般情况下，1个阴极保护站的保护半径为15～20km，2个保护站之间的保护距离为40～60km。保护电位和保护半径的确定，应根据现场经验、实验测定和理论计算等3个方面综合考虑。

强制电流阴极保护的保护长度可按下列公式计算：

$$L = \frac{1}{2}\sqrt{\frac{8\Delta V_L}{\pi D J_S R}}$$

$$R = \frac{\rho_T}{\pi(D'-\delta)\delta}$$

（5-2）

式中　L——单侧保护长度，m；

　　　ΔV_L——最大保护电位与最小保护电位之差，V；

　　　D——管道外径，m；

　　　J_S——保护电流密度，A/m^2；

　　　R——单位长度管道纵向电阻，Ω/m；

　　　D'——管道外径，mm；

　　　ρ_T——钢管电阻率，$\Omega \cdot$ mm^2/m；

　　　δ——管道壁厚，mm。

强制电流阴极保护系统的保护电流可按下式计算：

$$I_0 = \pi D J_S L$$

（5-3）

式中　I_0——单侧保护电流，A。

J_S 的取值见表5-3。

表5-3　保护电流密度 J_S 根据覆盖层电阻选取

覆盖层电阻，$\Omega \cdot$ m^2	实例	保护电流密度，mA/m^2
5000～10000	环氧煤沥青石油沥青	0.05～0.1
10000～50000	聚乙烯胶黏带	0.01～0.05
＞50000	聚乙烯	＜0.01

根据经验，一般最小保护电流密度选取如下：新建沥青玻璃布防腐管道所需 J_S 约为 0.1mA/m^2，新建三层 PE 管道所需 J_S 约为 0.001mA/m^2，旧管道的 J_S 取 0.3mA/m^2。

（二）优缺点

外加电源阴极保护法的优缺点见表 5-4。

表 5-4　电流保护法的优缺点

保护方法	优点	缺点
外加电源阴极保护	输出功率大，从而可进行远距离阳极配置，可实现被保护体更大范围的保护电流； 辅助阳极的有效保护半径大，显著增大保护范围； 输出电流和电压可连续调节； 服役寿命长； 可应用各种环境介质中，包括高电阻率环境介质中的应用； 应用在大型工程时成本相当较低	可能对邻近金属构筑物产生严重的杂散电流干扰； 可能会使得被保护金属构筑物产生过保护； 系统结构较复杂，必须有外部电源，管理和维护工作量相对较大； 电流分布不易均匀； 初投资较牺牲阳极阴极保护法要大得多

（三）适用范围

外加电源阴极保护法不消耗有色金属，可提供较大的保护电流，易于监测和控制，但需要直流电源，经常需要对保护系统进行检查和管理。由于电流流过的范围宽，对周围其他金属设备产生杂散电流腐蚀，在城市燃气管道的腐蚀控制技术中很少用。但由于其保护范围大、适用性强、使用寿命较长等优点，在一次性建设规模大、地质环境和地下设施相对简单的气源管道建设中被普遍采用。

（四）运行要求

强制电流阴极保护系统包括电源和辅助阳极，维护也相应划分为这两方面。电源设备种类较多，采用交流供电的有恒电位仪、恒电流仪及变压器、配电装置等形式，其维护保养与低压用电设备一样。

阴极保护用电源设备至少二个月检查一次，有备用电源的应按具体情况定期切换，根据实际情况应进行加密。汇流点电位和电流至少每月检测一次。电流流动、电连续性、安全与防护装置的设定值与功能值和瞬间断电电位至少一年检测一次。阴极保护测试桩要一年维护一次，检查接线、刷漆涂字。

使金属管道得到保护的最低电位称为最小保护电位，反之为最大保护电位。电位过小则起不到保护作用，当电位过高时，会使管道防腐层剥离，因此必须把保护电位控制到一定安全范围内。工程上一般以硫酸铜为参比电极，把电位控制在 −0.8 ～ −1.2V。

三、深井阳极辅以强制电流保护法

深井阳极与传统的浅埋阳极地床相比，具有占地少、干扰小、接地电阻小、保护效果好的特点，深井阳极阴极保护技术在国外应用时间较早，国内近些年来广泛应用于城市燃气管网密集区、表层土壤率高的地区埋地金属构筑物的阴极保护中。

（一）原理

深井阳极系统是一种外加电流阴极保护的安装方式。深井阳极阴极保护原理和安装方法见图 5-5 和图 5-6。

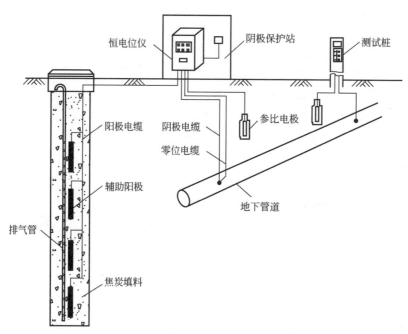

图 5-5　深井阳极辅以强制电流阴极保护原理

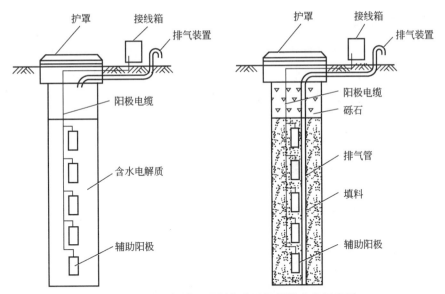

图 5-6　深井阳极辅以强制电流阴极保护安装示意图

　　深井阳极阴极保护系统的构成与传统外加电流阴极保护方式并无任何区别，同样有三个组成部分：深井阳极地床（辅助阳极）、外加直流电源、被保护结构物。此外，包括连接电缆、参比电极、测试桩、绝缘装置等附属设施。深井阳极阴极保护与传统外加电流阴极保护方式最显著的差异在于其阳极地床的形式。传统外加电流阴极保护通常采用浅埋阳极的方式，浅埋阳极应置于冻土层以下，埋深不宜小于1m，浅埋阳极可以水平或立式安装。

　　而深井阳极地床通常是将一支或多支阳极垂直安装于地面以下20m或更深的位置，且只有立式安装方式。深井阳极地床根据深度不同分为次深（20～40m）、中深（50～100m）和深（超过100m）3个级别。根据地床结构分为开孔深井阳极地床和闭孔深井阳极地床。开口阳极是指不进行回填的深井阳极，当地下水位较高，能够保证阳极全年浸泡时，宜采用开口式深井阳极，为防止井孔塌陷需要使用套管，而套管的使用也为其系统提供了可更换的条件。国内已有相关的新型实用专利，整体结构既具有良好的可施工性，又具有良好的可维护性，地床在运行过程中产生的气体可直接逸出，有效避免了由于气堵现象造成深井地床无法使用的问题，便于进行维修或更换，其体积小、质量轻、防腐蚀性能高，既节约了资源，又降低了成本，具广泛的实用性。

（二）实施条件

在做深井阳极阴极保护的设计之前，有必要对被保护管道进行前期的资料收集和现场的调查和评价。在开始现场调查之前，应尽可能多地收集被保护管道的基本资料，对于深井阳极阴极保护来说，还要特别重视深井阳极地床位置的考察。这样不仅有助于对管道基本情况的了解，还将有助于制定下一步的调查程序，从而得到对后期的设计提供有价值的数据。

需要考虑的要素和收集的资料主要有以下几项：

（1）管网管道的压力等级、管道的规格、起止、长度、投产时间；

（2）是否能提供原始的设计图纸，如果有尽可能从管道分布图和详图获取更多的数据信息；

（3）管道是否涂覆防腐层，如果涂覆，又是采用何种防腐层；

（4）管道之前是否有阴极保护措施，沿线有没有测试桩；

（5）管道之前是否发生过泄漏事故，则需了解泄漏的位置、时间，这些位置通常是严重的腐蚀区域；

（6）管道绝缘接头和绝缘法兰的位置，绝缘接头和法兰是否有效；

（7）是否存在可能的杂散电流源，这些杂散电流源会影响后面的现场调查；

（8）管道周围是否有高压输电线或直流电气化铁路通过；

（9）近期是否有对管道防腐层质量进行检测和评价；

（10）深井阳极地床位置的考察，是否具备打井的条件。

同时，在具备上述条件为，还需要进行以下工作：

（1）管道防腐层质量检测与评价。

（2）管道腐蚀检测与评价。

（3）杂散电流干扰检测与评价。

（三）优缺点

深井阳极地床具有对外部金属构筑物的干扰小，安装占地少，且可以在靠近其他设施和构筑物的地方安装，对于城市中压管网的阴极保护、密集区域性阴极保护相比较浅埋阳极具有不可比拟的优势。

对于深井阳极阴极保护系统的运行维护来说，特别对于城市燃气管道来说，由于测试桩数量多、分布广，因此巡线人员很难做到每天记录管道全线保护电位，除了定期巡查阴极保护站的恒电位工作情况，大致每隔2周或1个月才进行全线的保护电位测试。而由于恒电位仪工作的特点，即使当管道发生故障时，例如保护电流突然增大或减小，都会保持控制点电位的恒定，这样很容易造成管道的过保护或保护不足，而巡线人员很难及时发现和处理。因此，测试桩的智能化和电源设备的与现有的燃气管网SCADA系统的适配将是今后的发展方向。

四、杂散电流排流保护法

（一）杂散电流排流法分类

根据排流回路中电连接的电路方式不同，直流杂散电流的排流方法可分为直流排流、极性排流、强制排流和接地排流4种。

1. 直接排流法

对于直流电气铁路附近的管道而言，用电缆将管道与电气化铁路的铁轨或负回归线实现电连接，这是一种常用的、有效的排流法（图5-7）。

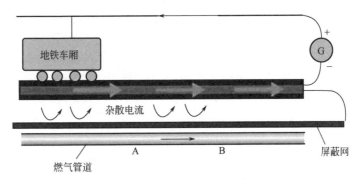

图5-7 杂散电流排流法示意图

直接排流法适合管道上存在着稳定不变的阳极区的情况。在直接连接的电缆中可串联可调电阻、控制开关及断路系统，据此可控制排流量的大小及管道的相对电位，以防止排流量过大造成管道防腐层发生老化和剥离。

2. 极性排流法

极性排流法是目前广泛应用的排流方式之一，它具有单向导电性，只允许杂散电流从管道排出，而不允许杂散电流进入管道，能防止逆流。这种方法结构简单，比较安全，效率高。

3. 强制排流法

当埋地管道位于杂散电流干扰极性交变区，用于直接排流和极性排流都无法将杂散电流排出，这时可选用强制电流法。强制电流法的原理类似于阴极保护技术。它在管道与铁轨（或接地阳极之间）安装一个整流器，可起到电位控制器的作用。在外部存在电位差的条件下强制进行排流，其功能兼具排流和阴极保护的双重作用，比较经济、有效，所以应用比较广泛。

4. 接地排流法

接地排流电缆并不连接到铁轨上，而是连接到一个埋地辅助阳极上。将杂散电流从管道排除到阳极上，经过土壤再返回铁轨。接地排流地床的接地电阻应尽可能地小，以提高排流效果。采用牺牲阳极时也需要使用填包料。

5. 各排流法对比

各杂散电流排流法适用范围及优缺点见表5-5。

表 5-5　各杂散电流排流法适用范围及优缺点

方式	直接排流	极性排流	强制排流	接地排流
适用范围	被干扰管道存在确定的阳极区	被干扰管道上管地电位正负交变	轨道与管道之间电位差较小	不能直接向干扰源排流的被干扰管道
优点	简单经济、效果好	安装简便、应用范围广	保护范围大，适用于其他排流方式不能应用的特殊场合	应用范围广，对其他设施干扰较小
缺点	应用范围有限	管道距离铁轨较远时保护效果差	需要使用电源加剧铁轨腐蚀	效果较差，需要辅助接地床

对于同一埋地结构物，应根据实际环境情况和工况，根据排流需要，采用一种或几种排流方法，选择一点或多点进行排流处理。在电气化铁路邻近的埋地结构物上，选择排流法时应注意其自身可能产生的干扰性，即它在工作过程中可能对铁路控制系统的传输信号造成干扰，从而对铁路运行安全造成威胁。

（二）杂散电流防治的建议

城镇燃气管道勘测设计阶段，应针对管网路由做详细的前期杂散电流测试。在满足设计的前提下，尽量避开杂散电流干扰源；如果无法避开则应在隐蔽工程中增加排流设施。在需要进行区域排流的地区，提前将绝缘装置设计到施工图中，将管网进行有效的杂散电流影响隔断，防止杂散电流向更远的区域流失。

对在役管道受杂散电流影响情况进行普查，建议将检测结果进行汇总和分析。根据管道实际情况，将管道受影响程度按轻重缓急进行分级，并按照"先严重后轻缓"思路进行排流和整改。建立杂散电流远程监控系统，建立杂散电流数据库，实时掌控杂散电流发展趋势。

当管地电位正向偏移值小于 20mV 时，杂散电流的程度比较弱；当管地电位正向偏移值在 20～200mV 时，杂散电流程度适中；当管地电位正向偏移值大于 200mV 时杂散电流的程度比较强。

当土壤电位梯度小于 0.5mV/m 时，杂散电流的程度比较弱；当土壤电位梯度在 0.5～5.0mV/m 时，杂散电流的程度适中；当土壤电位梯度大于 5.0mV/m 时，杂散电流的程度比较强。

SY/T 0032—2000《埋地钢质管道交流排流保护技术标准》中根据土壤酸碱性来确定排流效果的指标：在弱碱性条件下，交流干扰电压应 ≤ 10V；在中性条件下，交流干扰电压 ≤ 8V；在酸性或碱性条件下，交流干扰电压 ≤ 6V。

五、管道电保护方式的确定

埋地燃气管道腐蚀控制涉及很多方面，不仅需要考虑管道敷设地域土壤的性质及附近状况，也要考虑技术经济和环境保护等因素。

针对土壤环境因素有效地对埋地燃气钢管进行防腐。首先应对土壤腐蚀性进行调查，因为土壤腐蚀性调查结论直接关系管道防腐材料和等级的确定，阴极最大保护半径、阳极材料的选取。检测的主要内容包括土壤杂散电流、土壤电阻率、自然腐蚀电位、氧化还原电位、土质类型分析、土壤的酸碱度（pH 值）、含水量、含盐量（SO_4^{2-}、Cl^-）等。应根据土壤腐蚀性选择相应级别的防腐等级。另外，还要考虑管道在土壤中的腐蚀速率、管道相邻的金属构筑物及其与管道的相互影响，对管道产生干扰的杂散电流源及其影响程度等。

技术经济因素应从管道输送介质的性能及运行工况、管道的预期工作寿命及维护费用、管道腐蚀泄漏导致的间接费用和用于管道腐蚀控制的费用几个方面做技术经济分析比较，选取最优方案。

环境保护因素包括管道腐蚀控制系统对人体健康和环境的影响、管道埋设的地理位置、交通状况和人口密度、管道控制系统对土壤环境的影响等。以上应根据各地区情况区别考虑，由于防腐措施对环境影响十分有限，当地无特殊要求的一般不予否定。

第六章
燃气管道检验检测评价

　　随着天然气资源需求增长，城镇燃气用户体量快速增加，城镇燃气管道管网作为天然气输送载体，其运行安全是千家万户安全用气的基本保障。尽管天然气管道在设计、施工和运行操作期间严格遵守各种规范，并且采取了各种技术手段来保障管道正常运行，但由于历史、技术和建设等诸多原因，导致天然气泄漏、爆管事故仍时有发生，不仅影响了向用户供气的可靠性，同时由于天然气属易燃易爆物，发生泄漏时容易引发火灾爆炸事故，造成人员伤亡、经济损失及环境污染，造成恶劣的社会影响。如何确保供气管网系统安全，已成为政府、公众及城镇燃气企业关注的重要问题，因此燃气管理企业需要及时全面掌握其安全状况，确保天然气正常输送。

　　据调查统计，管道的内外腐蚀、施工及焊接缺陷、材料缺陷和第三方破坏等是管道发生泄漏的主要原因。在管道日常管理运行中，需要管道管理企业重视管道本质安全，按照特种设备管理规定和技术规范要求，开展专业的管道检验检测评价工作，从而提高管道本质安全和外部风险管控能力，最大限度地减少燃气管道事故发生的概率，实现管道经济有效和安全可靠运行。

第一节　检验检测评价的必要性　〈

　　城镇燃气管网一般埋设在交通道路地下，由管道、门站、调压橇装置及管道上的附属设备组成管网体系，其特点是周围人员活动频繁、环境干扰较大。管道属隐蔽工程，管道的内外腐蚀、施工及焊接缺陷、材料缺陷和第三方破坏及其他不可预见原因都可造成天然气泄漏，严重时引发燃烧或爆炸事故，造成严重的人员伤亡及经济损失。

一、管道失效统计分析

目前，国内未建立统一的城镇燃气管道失效数据库。根据各天然气公司相关网站公开发布的管道事故报道和调研的部分燃气公司的失效数据进行分析可以看出，城镇燃气管道的失效原因主要分为以下几类：内腐蚀；外腐蚀；接头与焊缝缺陷；第三方破坏；误操作；其他（包括地质灾害、制造缺陷等）。据统计分析（图 6-1），外腐蚀、内腐蚀、接头与焊接缺陷等三种原因造成的城镇燃气管道失效占到总失效原因的 80% 以上。因此针对上诉三种失效原因开展针对性的专项检测评价工作即可保证城镇燃气管道的本质安全，大幅度降低管道失效。

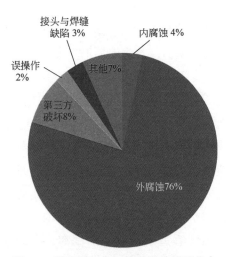

图 6-1　城镇燃气金属管道失效原因分布

二、管道检验检测合规性要求

《中华人民共和国特种设备安全法》对于城镇燃气管道的检验检测做出了明确规定，提出"特种设备的生产、经营、使用、检验、检测应当遵守有关特种设备安全技术规范""未经定期检验或者检验不合格的特种设备，不得继续使用"等规定。《特种设备安全监察条例》第二十八条规定：特种设备使用单位应当按照安全技术规范的定期检验要求向特种设备检验检测机构提出定期检验要求。未经定期检验或者检验不合格的特种设备，不得继续使用。城镇燃气管道应按照特种设备管理规定，依据 TSG D7004—2010《压力管道定期检验规则—公用管道》、GB 50494—2009《城镇燃气技术规范》等国家、行业技术规范和标准开展检验检测工作。

第二节　燃气管道评价

　　为提高城镇燃气管网安全管理水平，提高管道外部风险管控能力，管道管理企业应定期开展燃气管网事故后果影响区识别和管道风险评价工作。

一、燃气管网事故后果影响区识别

　　燃气管道事故后果影响区分析采用重点危险区域辨识来实施城区管段的危险性分级管理。在燃气管道运行过程中，管理者必须持续关注外界环境的变化，当数据发生变化时需重新进行燃气管道事故后果影响区分析，并对燃气管道事故后果影响区进行重新分级管理，总体流程如图 6-2 所示。

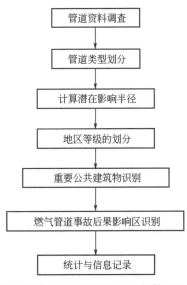

图 6-2　燃气管道事故后果影响区分析管理总体流程图

根据以上流程，首先根据管道具体位置，计算各段管道的潜在影响半径；再基于人居建筑物的数量和重要公共建筑等人口密度敏感区对潜在事故后果影响区位置进行识别，确定事故后果严重区管段的边界；按照影响因素进行分段评分，依据各段得分情况对后果区进行排序，从而得到优先的重点管理管段，进行重点风险防控管理，以便根据这些数据区分轻重缓急进行后续的风险评估、完整性检测评价、风险控制等。

二、燃气管道风险评价

城镇燃气管道应根据管道管材特性、历史失效情况、杂散电流干扰情况、外防腐层检测、管道沿线自然环境和社会状况等，定期对管道进行风险评估，建立风险台账并实施分级管理，根据不同的风险因素和等级，制定相对应的巡检维护、检验检测、维修改造等风险管控措施和工作计划。当管道风险发生变化时应及时更新管道风险台账、调整风险管控措施。新建中压及以上燃气管道投用 1 年内应对全线进行首次风险评估，当管道属性和外界环境、操作情况等发生显著变化时都应及时再次进行风险评价。

目前，风险评价方法一般可分为定性、半定量、定量。定性评价方法如安全检查表法、HAZOP；半定量评价方法以 Kent 半定量风险评估方法为代表；定量评价方法以概率评价法为主。城镇燃气管道风险评价推荐采用定性和半定量的评价方法。本节重点介绍城镇燃气管道风险评价常用的半定量评价方法肯特打分法，具体评价指标可参考 Q/SY 1676.1—2014《城镇燃气管网半定量风险评价技术规范》。

（一）风险评价基本流程

（1）次高压、高压城镇燃气管道肯特风险评价的基本工作流程：
① 管道管段划分；
② 对每一管段，确定失效可能性得分；
③ 对每管段，确定失效后果得分；
④ 对每一管段，确定风险值；
⑤ 对每一管段，确定风险等级；
⑥ 对较高、高风险管段，给出降低风险措施的建议。

（2）中、低压城镇燃气管道风险矩阵评价的基本工作流程：

① 管道管段划分；

② 对每一管段，确定失效可能性等级；

③ 对每一管段，确定失效后果等级；

④ 对每一管段，根据风险矩阵确定风险等级；

⑤ 对较高、高风险管段，给出降低风险措施的建议。

（二）管段划分

1. 分段的基本原则

对人口密度、土壤状况、覆盖层状况、管道使用时间等因素发生变化的管段进行风险分段，其基本原则如下。

（1）在出现重要变化的管段分界点增加分段点。

（2）管道的状态重要性等级可按如下因素划分：

① 人口密度；

② 土壤状况；

③ 覆盖层状况；

④ 管道使用时间。

2. 实际管道分段方法

实际在役燃气管道分段的方法是利用有明显区别点来划分，以一条管段的最坏情况决定该管段的特征。对在役燃气管道的分段一般是在充分收集和分析历史资料的基础上，以人工走线的方式完成，其具体做法如下：

（1）当管道沿线周围地区等级发生变化时，增加一个分段点。

（2）当土壤腐蚀状况变化达到或超过30%时，增加一个分段点。

（3）当管道外防腐层状况发生严重变化，便增加一个分段点。

（4）遇到管道的管龄不同时，就要增加一个分段点。

（5）根据管道智能检测的结果，在管道的内外腐蚀严重变化处增加分段点。

（6）在管道的地面装置如阀室、站场、埋地球阀等处，插入分段点。

（7）每当出现不良地质条件，如滑坡、泥石流、不均匀沉降等区域，则应增加分段点。

（三）风险计算

采用半定量风险评价方法，应对每个管段综合其失效可能性和失效后果得到风险。评价应注意以下事项。

（1）应采用最坏假设，一些未知的情况应给予较差的评价。

（2）应保持评价的一致性，类似情况给予相同评分。

（3）进行失效可能性分析时，除考虑外部因素引起管道意外泄漏的可能性外，还应考虑已经采取控制措施的预防效果。

（4）进行失效后果分析时，应只考虑即时影响。

（5）宜对评价过程中的各种因素的取值进行备注明说，增加评价结果的可追溯性。

（四）评价模型

1. 高压、次高压城镇燃气管道

失效可能性评价模型：对于高压、次高压城镇燃气管道，从第三方破坏、腐蚀、设计与施工、运行与维护、地质灾害五个方面进行评分。

失效后果评价模型：对于高压、次高压城镇燃气管道，从介质危害性、影响对象、泄漏扩散系数三个方面对失效后果进行半定量风险评价评分。

2. 中、低压燃气管道

失效可能性评价模型：对于中、低压钢质燃气管道，采用风险矩阵评价方法，失效可能性从第三方破坏、腐蚀、地质灾害和埋地管道敷设环境、设备设施、人员操作、管道设计、管道施工等7个方面进行评分。

失效后果评价模型：从财产损失、人员伤亡、社会影响、停气损失、管道维修和系统影响六个方面进行评分。

（五）风险分级

风险评价等级一般分为低风险、中风险、较高风险、高风险。

（六）风险预防措施的建议

对于较高、高风险的管段，针对其风险主要来源，提出风险减缓预防措施。

（七）风险再评价

当出现下列情况之一时，应对所评价的城镇燃气管道重新进行风险评价。

（1）采取降低风险措施。

（2）上次风险评价周期到期。

（3）管道进行重大修理改造。

（4）管道站场的设备进行重大修理改造。

（5）操作工况发生重大变化。

（6）管道所属业主的管理制度发生重大变化。

（7）沿线环境发生重大变化。

第三节　管道检验检测

一、管道定期检验

管道检验检测分为两种类型，第一种为根据国家特种设备管理要求开展的管道定期检验工作，第二种为企业根据自身管理制度要求开展的管道专项检测工作。

定期检验的内容和方案制定应基于管道风险辨识和评估结果，具体技术要求按照特种设备安全技术规范、国家及行业相关技术标准执行。

（1）在役燃气管道年度检查每年至少1次，由管道管理单位自行组织实施，也可委托有检验资质的单位实施。

（2）高压燃气管道定期检验包括年度检查、全面检验与合乎使用评价，定期检验要求参照 TSG D7003—2010《压力管道定期检验规则　长输（油气）管道》执行，其地区级别按照 GB 50028—2006《城镇燃气设计规范》执行，新建高压燃气管道一般于投用后3年内进行首次全面检验。

（3）GB1–Ⅲ级次高压燃气管道，定期检验包括年度检查、全面检验与合于使用评价，定期检验要求按照《压力管道定期检验规则—公用管道》执行。

（4）GB1–Ⅳ级次高压燃气管道和中压燃气管道，定期检验包括年度检查和全面检验，定期检验要求按照 TSG D7004—2010《压力管道定期检验规则　公用管道》执行。

（5）钢质燃气管道的全面检验以外腐蚀直接评价方法为主，主要检验项目包括敷设环境调查、防腐层检测、阴极保护有效性检测评价和开挖检测等。

（6）对非钢质燃气管道的全面检验主要通过在阀室（井）、露管段以及开挖方式进行直接检查，重点选择发生过泄漏、地面沉降、重物碾压、第三方或其他外力破坏风险较大、钢塑接头转换等位置，检查主要内容包括表面损伤检查、有无老化迹象、钢塑转换接头质量状况等。

（7）GB1–Ⅲ级次高压燃气管道全面检验最大时间间隔为 8 年；GB1–Ⅳ级次高压、中压燃气管道为 12 年；PE 或铸铁管道全面检验周期不超过 15 年。

二、管道专项检测

燃气管道管理企业根据实际需求开展专项检测工作，并结合管道主要风险选择适宜的检测检验方法和项目，包括埋地管道走向探测、防腐层质量检测、阴极保护系统有效性检测、管道本体缺陷检测、地质灾害识别等。专项检测评价工作和定期检验应相互结合并统筹安排，避免重复实施。

（一）埋地管道走向探测技术

埋地管道走向探测技术包括：直流电法、磁法、地震波法、电磁法等，针对钢质或 PE 等不同的材质所采用的探测技术不同。埋地管道的走向探测方面比较成熟的方法主要有 3 种：探地雷达探测技术、多频管中电流法（PCM）和多功能非金属管道探测技术。

1. 探地雷达探测技术

1）技术原理

探地雷达检测技术属于主动源法。探地雷达是根据电磁波在地下传播过程中遇到不同的地质界面会发生反射的原理进行的，一般情况下目标管道和周围介质都存在物性（主要是电性）差异。

探地雷达是通过发射频率介于 1MHz ～ 1GHz 的高频电磁脉冲波来确定地下介质分布的一种物探方法。探地雷达的使用方法和原理是通过发射天线向地下发射高频电磁波，通过接收天线接收反射回地面的电磁波，电磁波在地下介质中传播时遇到存在电性差异的界面时发生反射，根据接收到电磁波的波形、振幅强度和时间的变化特征推断地下介质的空间位置、结构、形态和埋藏深度，判断管道的深度、位置和估算管道直径。探地雷达检测系统如图6-3所示。

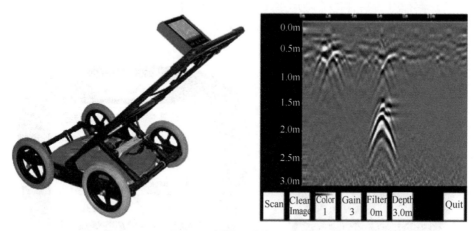

图6-3　探地雷达检测系统

2）技术适应性分析

探地雷达可以在土壤、水泥、沥青地面上进行探测，不受地面类型的影响。基于电磁检测的原理，该检测方法可以探测埋地金属管道，也可以探测埋地非金属管道，检测精度较高。

但是，探地雷达检测具有一定的局限性，当地面铺有石块、水泥时，地面反射信号比较强，0～0.5m深度的管道干扰信号比较严重，在此范围内的管道无法测量其有效深度。当地下管网比较复杂时，干扰严重，无法有效区分目标管道。

在实际探测过程中，对埋地燃气管网的探测，应依据具体情况采用不同的方法，尤其是对于管道复杂的地段，更应采用多种方法反复探测，以保证定位准确。

2. 多频管中电流法（PCM）

1）技术原理

多频管中电流法（PCM）属于主动源法。该探测技术利用电磁感应原理进行管道定位。多频管中电流法（PCM）探测的基本原理：用发射机向管道发射某一频率电信号，根据信号沿管道传输理论，电流流经管道时，在管道周围产生一个磁场。在管道上方地面上，用专用接收机对管道周围磁场信号进行接收处理；利用接收机内部的双水平线圈和垂直线圈电磁技术，分别检测管道周围电磁场水平分量和垂直分量，由此可以得到管道的水平位置和深度的数据信息。当管道埋深小于 4.5m 时，其定位精度可达到深度的 5%。多频管中电流法（PCM）检测系统如图 6-4 所示。

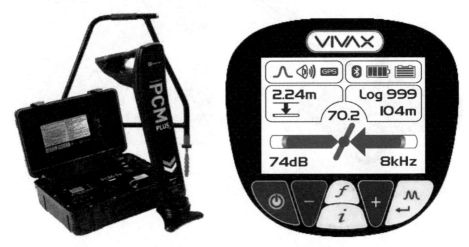

图 6-4 多频管中电流法（PCM）检测系统

2）适应性分析

多频管中电流法（PCM）技术可以检测出金属管道的埋深和走向等信息，是城镇燃气管道检测中应有最成熟的技术。其局限为不适用于非金属管道的检测，同时容易受电流、同沟敷设管道的影响。

3. 多功能非金属管道探测技术

1）技术原理

多功能非金属管道探测技术通过所探燃气管道的介质成分在其他电磁场所产生的静电力与人工建立的电磁场产生共振，即捕捉静电力的方法来确认管道平面位置、走向、大小及埋深。使用弱磁感应探测仪可以将被探测物（非金属）的弱磁场放大，双手持金属杆的探测者在运动状态下通过人体静电、大地磁场、弱磁场的相互作用，可以探测出被探测物的位置与埋深。目前弱磁感应探测技术是最好的探测非金属管道的方法，可以在非开挖情况下可以快速精准探测定位埋地 PE 管道位置、走向及埋深，辅助管网运行及维护工作。多功能非金属管道探测系统如图 6-5 所示。

图 6-5 多功能非金属管道探测系统

2）适应性分析

多功能非金属管道探测技术相对于探测地雷达、APL 等其他技术方法，具有稳定性好、易操作的优点，可以只针对管道内介质（燃气）进行探测，不受管道材质影响；不仅可探测埋地金属燃气管道还可以探测非金属材质。局限性在于容易受电流、污水管道、同沟敷设管道德干扰影响较大。

（二）埋地管道防腐层质量检测技术

埋地钢质管道一般主要依靠外防腐层和阴极保护系统联合保护。在外防腐层破损失效后，土壤中的腐蚀介质（主要是氧、水分和盐类）对管道外壁发生氧化反应容易导致埋地管道发生外部腐蚀。

埋地管道防腐层破损点检测技术方法比较多，在长输管道防腐层检测中，常用的方法包括多频管中电流法（PCM）、Pearson 法、交流电位梯度法（ACVG）、密间歇电位测试技术（CIPS）、直流电位梯度法（DCVG）等，表 6-1 详细列出了上述各种检测技术的优缺点。本节重点介绍适用于燃气管道防腐质量检测的技术多频管中电流法（PCM）、交流电位梯度法（ACVG）和直流电位梯度法（DCVG）。

表 6-1　主要的外防腐层检测方法优缺点

检测方法	优点	缺点
直流电压梯度法+近电位勘探法（CIPS+DCVG）	能够发现、定位管道防腐层严重缺陷，可以对防腐层破损大小进行分级，判别防腐层破损处电流流动方向和管道腐蚀活性	杂散电流、土壤变化等因素给检测数据带来较大误差；对涂层缺陷的分析需要检测人员具有丰富的经验
多频管中电流法+交流电压梯度法（PCM+ACVG）	能够精确定位管道防腐层漏损点；能够整体评估管道防腐层绝缘状况	易受高压线等电干扰，不能检测涂层剥离
皮尔逊法（Pearson）	能确定防腐层破损的确切位置，灵敏度较高，位置偏差较小，准确率较高，检测速度快，不受阴极保护系统的影响	不能准确判断破损的大小；不能检测防腐层的优劣，不能检测出剥离涂层
标准管地电位法（P/S）	在现场易取得数据无须开挖管道，可直接在每个检查桩上方便地测得电位；能够测试分析管道的阴极保护效果，检测速度快	用于检测评价管道阴极保护效果，不能确定防腐层缺陷大小及位置；不能对防腐层状况作连续的检验评价

1. 多频管中电流法（PCM）

1）技术原理

PCM 检测技术通过在管道和大地间施加某一频率的正弦电压，给待检测的管道发射检测信号电流，信号电流在管道外防腐层完好时的传播过程中呈指数衰减规律，其衰减大小与防腐层的绝缘电阻率有关，平均绝缘电阻率高，电流衰减就慢，反之则衰减快，其关系式为：

$$I = I_0 e^{-\alpha x} \qquad\qquad (6-1)$$

式中　I——管道中任意处的电流强度值；

　　　I_0——发射机向管道施加电流点的电流值；

　　　x——测量点到供电点的距离；

　　　α——衰减系数（与被测管道的防腐层绝缘电阻率、直径、厚度、材质有关）。

当管道的防腐层由同种材料构成，且各段平均绝缘电阻率差别不大时，管道中电流强度的对数与管道远离供电点的距离成线性关系变化，其斜率大小取决于防腐层的电阻率。当管道的防腐层出现缺陷时，电流通过破损点流失，在破损点附近电流衰减值 α 会突变增大，由此可判定防腐层破损点的存在并定位。同时，根据电流衰减率的大小变化，还可以计算出防腐层平均绝缘电阻率的大小值。

2）适应性分析

PCM 方法能够评价防腐层的整体质量状况，计算管道防腐层的平均绝缘电阻率。同时可长距离地检测整条管道，受涂层材料、地面环境变化影响小，适合于复杂地形并可对涂层老化状况评级。PCM 管道外防腐层检测会受外界干扰，如高压线、并行的管道、交叉或并行的电缆等，因此在实际检测过程会遇到一些问题，特别是在管网复杂的地段、管道之间有电连接、交互干扰严重的情况下，检测效果影响较大。

2. 交流电位梯度法（ACVG）

1）技术原理

ACVG 的原理是向管道施加一个选定的检测信号，信号沿管道传播，当管道防腐层出现破损或补口缺陷导致管体金属与管道周围土壤直接连通时，以破损点为中心，在管道周围形成"点源"电场和"点源"磁场。在土壤电阻率均匀的条件下，管道电流随传播均匀衰减，通过测量电场的强度和寻找"点源"在地表的投影，就可得知破损或补口缺陷点位置。ACVG 方法多使用防腐层探测检漏仪与 A 字架（与 PCM 设备相同）的组合。在管道上方沿管道方向移动 A 字架，逐点测量两电极之间地表电位差，发现电位差增大时，仔细查找和确定信号电流反射位置，直到接收机不显示信号电流方向时为止，此时 A 字架中心点即为破损点位置。进行电位梯度或磁场梯度观测时，不宜使用频率过高的检测信号。

2）适应性分析

ACVG 可以对管道防腐层破损点进行准确定位，但是无法查找未与电解质（土壤、水）接触的破损点，当管道在铺砌路、沥青路面以及冻土、含大量岩石回填物等导电性不良地段时，检测准确性会受较大影响。

3. 直流电位梯度法（DCVG）

1）技术原理

DCVG 技术的原理是在施加了阴极保护的埋地管道上，电流经过土壤介质流入管道外覆盖层破损且裸露的钢管处，在管道外覆盖层破损处的地面上形成了一个电压梯度场，用毫伏表测量电场梯度内的两饱和硫酸铜参比电极间的电位差，以此确定电流方向，从而判断管道在防腐层破损点是否有腐蚀发生。

在 DCVG 测量中，施加到管道上的直流信号以 1s 为周期通断，其中 2/3s 断电，1/3s 通电，合成的不对称直流信号可以施加到现有的阴极保护系统（CP）上，也可以在管道 CP T/R 电源的一根导线上装设开关，以 1s 为周期通断，且只需对一个 T/R 电源进行通断。

检测人员使用两个探头，沿管道一前一后相距 0.5 ～ 1m 测量，走近缺陷时检测人员将发现毫伏表开始响应输入的信号，走过缺陷时指针反向偏转，远离缺陷时指针又慢慢返回。在往回检测时发现，总会有一个位置使指针位于零点，则此时两点中间位置为涂层缺陷位置。在与管道垂直的方向上重复测量，两个零点的交叉位置是电压梯度场中心，该点位于防腐层缺陷上方。缺陷点测出后，还可以通过探头位置的变化来确定钢管表面是否发生腐蚀。利用测量结果绘制的管道—土壤电位分布图，可以判断管道防腐层破损的形状和位置。位于管道上方的小破损等位线图是圆形的，位于管道下方的小破损点等位线图是沿管道拉长成卵形。

2）适应性分析

DCVG 的局限性是只能在施加了阴极保护的管道上进行检测。与其他检测技术比较，其测量过程较复杂、速度较慢。在位于石头、混凝土或沥青路面的管道，可以通过路面的缝隙来进行检测。

其优点在于通过检测流至埋地管道涂层破损部位的阴极保护电流在土壤介质上产生的电位梯度（即土壤的 IR 降），可依据 IR 降的百分比来计算涂层缺陷的大小，不受交流电干扰。

（三）阴极保护有效性评价

当埋地管道防腐层发生破损，管道本体容易发生锈蚀。通过对管道施加阴极保护系统，可以抑制管道发生电化学腐蚀。阴极保护方法主要分为牺牲阳极法和外加电流法，在管道日常运行中，只要保证阴极保护系统参数正常，即可有效避免管道发生外腐蚀。

阴极保护有效性评价主要参考 GB/T 21246—2016《埋地钢质管道阴极保护参数测量方法》、GB/T 21448—2017《埋地钢质管道阴极保护技术规范》、GB/T 21447—2018《钢质管道外腐蚀控制规范》、GB/T 50698—2011《埋地钢质管道交流干扰防护技术标准》、GB/T 50991—2014《埋地钢质管道直流干扰防护技术标准》等标准。

　　阴极保护系统有效性检测应根据日常测试结果初步评估阴极保护有效性，必要时开展专项检测评价。日常测试工作和专项评价工作主要包括通电电位、阴极保护系统测试、绝缘接头测试、管道搭接排查、极化电位测试、杂散电流初步测试、故障排查等测试。阴极保护系统推荐测试项目及周期见表6-2。

表6-2　阴极保护系统推荐测试项目及周期

阴极保护类型	测试项目	测试周期	参考标准值/经验值
强制电流	通电电位	一个月	—
	断电电位（极化电位）	一年	−850mV 至 −1200mV 不同土壤环境参考标准值不同
	阳极地床接地电阻	半年	接地电阻电压应小于额定输出电压的70%
	绝缘接头/法兰绝缘性能	半年	定性判断
	管地电位（自然电位）	一年	判断是否有交直流干扰
	密间隔电位（CIPS+DCVG）	专项检测	—
	架空阳极线路防雷接地电阻	一年	—
	恒电位仪	每天	是否正常运行
	备用电源	每月	是否正常
	架空和埋地阳极线路	每月	—
牺牲阳极	管道保护电位	一个月	—
	牺牲阳极输出电流	半年	—
	牺牲阳极开路电位	半年	—
	牺牲阳极接地电阻	半年	—
	阳极埋设点土壤电阻率	半年	镁合金：15～150Ω·m； 锌合金：<15Ω·m
其他测试项目	交流干扰	专项检测	管道上的交流干扰电压不超过4V，可不采取交流干扰防护措施；高于4V，采用交流电流密度进行评估
	直流干扰	专项检测	管地电位相对于自然电位正向或者负向偏移超过20mV确认存在直流干扰，大于等于100mV时采取干扰防护措施

本节将重点介绍部分参数测试方法和故障排查方法。

1. 牺牲阳极开路电位测试

牺牲阳极开路电位测试适用于牺牲阳极在埋设环境中未与管道相连时开路电位的测量。

测量前，应断开牺牲阳极与管道的连接。测量中，将数字万用表正极与牺牲阳极连接，负极与硫酸铜电极连接，将硫酸铜参比电极放置在牺牲阳极埋设位置正上方的潮湿土壤上，应保持硫酸铜底部与土壤接触良好，将数字万用表调制适应的量程上，读取数据，做好电位值及极性记录。测量完成后将牺牲阳极与管道恢复连接。不同阳极类型有其特定的开路电位值，镁合金：–1.55V（CSE）；纯镁：–1.75V（CSE）；锌阳极：–1.1V（CSE）。达到标准数值可以表征阳极性能良好。测量接线方式如图 6-6 所示。

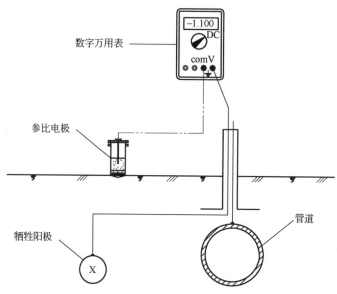

图 6-6　牺牲阳极开路电位测量接线图

2. 牺牲阳极闭路电位

测试时确保牺牲阳极与管道连接良好，待极化充分后，使用万用表连接硫酸铜参比电极（负极）和管道线缆（正极）即可。连线方式如图 6-7 所示。

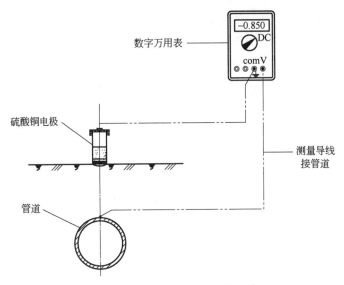

图 6-7　牺牲阳极闭路电位测试示意图

3. 牺牲阳极输出电流

测量前将牺牲阳极与管道测试电缆断开，将万用表串联在牺牲阳极和管道测试电缆之间，将万用表调到"电流"测试挡，测量牺牲阳极的输出电流。其数值大小无标准值，需结合周围环境的防腐层破损点大小和密度，以及土壤环境等综合分析。连线方式如图 6-8 所示。

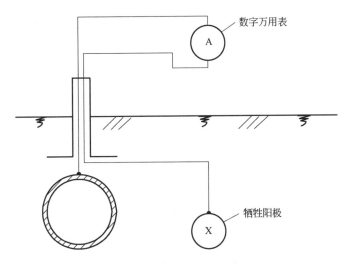

图 6-8　牺牲阳极输出电流测试示意图

4. 牺牲阳极接地电阻检测

1）长接地体接地电阻测试

对角线长度大于 8m 的棒状牺牲阳极组或长度大于 8m 的锌带，可采用长接地体接地电阻测试法测量接地电阻。测量接线如图 6-9 所示。测量时，d_{13} 不得小于 40m，d_{12} 不得小于 20m。在土壤电阻率较均匀的地区，d_{13} 取 $2L$，d_{12} 取 L；在土壤电阻率不均匀的地区，d_{13} 取 $3L$，d_{12} 取 $1.7L$。

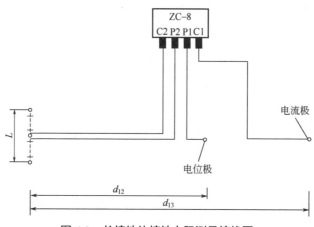

图 6-9　长接地体接地电阻测量接线图

在测量过程中，电位极沿接地体与电流极的连线移动三次，每次移动的距离为 d_{13} 的 5% 左右，若三次测试值接近，取其平均值作为长接地体的接地电阻值；若测试值不接近，将电位极往电流极方向移动，直至测试值接近为止。

转动接地电阻测量仪的手柄，使手摇发电机达到额定转速，调节平衡旋钮，直至电表指针停在黑线上，此时黑线指示的度盘值乘以倍率即为接地电阻值。

2）短接地电阻测试

当对角线长度小于 8m 的棒状牺牲阳极组或长度小于 8m 的锌带，可采用短接地电阻测试法测量接地电阻。

当牺牲阳极的输出电流较小时，需要判断是否为接地电阻过高引起，需要测试牺牲阳极接地电阻，测量前，必须将牺牲阳极与管道断开，然后按图 6-10 所示的接线图沿垂直于管道的一条直线布置电极，d_{13} 约 40m，d_{12}

取 20m 左右，确定接线完好之后，转动接地电阻测量仪的手柄，使手摇发电机达到额定转速，调节平衡旋钮，直至电表指针停在黑线上，此时黑线指示的度盘值乘以倍率即为接地电阻值。

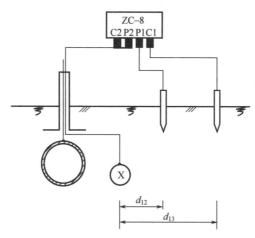

图 6-10　短接地体接地电阻测量接线图

5. 土壤电阻率测试

采用等距法测量土壤电阻率，在测量点使用接地电阻测仪，采用 4 极法进行测试，测试接线见图 6-11。

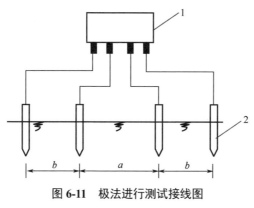

图 6-11　极法进行测试接线图

1—接地电阻测量仪；2—测试电极

将测量仪的 4 个电极布置在一条直线上，a 为内侧相邻两电极间距，单位为 m，其值与测试土壤的深度相同，且 $a=b$，电极入土深度应小于 $a/20$。

6. 绝缘接头（法兰）测试

1）电位法

已建成的管道上的绝缘接头（法兰），当阴极保护可以运行时，可用电位法判断其绝缘性能，测量方法如下。

（1）电位法测量接线如图 6-12 所示。

（2）在对被保护管道通电之前，用数字万用表 V 测试绝缘接头（法兰）非保护侧 a 的管地电位 V_{a1}。

（3）保持硫酸铜电极位置不变，对保护管道通电，并调节阴极保护电源，使保护侧 b 点的管地电位 V_b 达到 $-0.85 \sim -1.50V$。

（4）测试 a 点的管地电位 V_{a2}。

若 V_{a1} 和 V_{a2} 基本相等，则认为绝缘接头（法兰）的绝缘性能良好；若 $|V_{a2}| > |V_{a1}|$ 且 V_{a2} 接近 V_b 值，则认为绝缘接头（法兰）的绝缘性能可疑。若辅助阳极距绝缘接头（法兰）足够远，且判明与非保护侧相连的管道没同保护侧的管道接近或交叉，则可判定为绝缘接头（法兰）的绝缘性能很差（严重漏电或短路）；否则应采用 PCM 漏电法进行进一步测量。

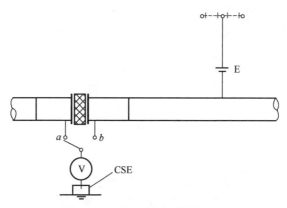

图 6-12　电位法测量接线示意图

2）PCM 漏电率测量法

已建成的管道上的绝缘接头（法兰），可采用管道电流测绘系统（PCM）测量漏电率，判断绝缘性能，测量方法如下。

（1）测量接线如图 6-13 所示。

（2）断开保护侧阴极保护电源。

（3）按 PCM 操作步骤，用 PCM 发射机在保护侧接近绝缘接头（法兰）处向管道输入电流 I。

（4）在保护侧电流输入点外侧，用 PCM 接收机测量并记录该侧管道电流 I_1。

（5）在非保护侧用 PCM 接收机测量并记录该侧管道电流 I_2。

绝缘接头（法兰）漏电百分率计算公式：

$$\eta = \frac{I_2}{I_1 + I_2} \times 100\% \qquad (6-2)$$

式中　η——绝缘接头（法兰）漏电百分率，%；

　　　I_1——接收机测量的绝缘接头（法兰）保护侧管内电流；

　　　I_2——接收机测量的绝缘接头（法兰）非保护侧管内电流。

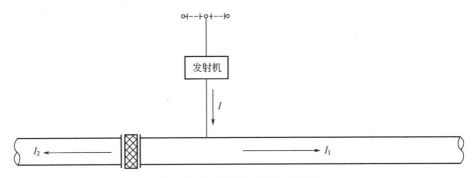

图 6-13　PCM 漏电率测量接线图

7. 故障排查

管道阴极保护系统欠保护主要原因排查，主要通过基础资料调查、管道极化电位测试、绝缘性能测试、牺牲阳极接地电阻测试、PCM 防腐层检测、杂散电流干扰测试等技术手段判断阴极保护系统欠保护主要原因。

（1）牺牲阳极未与管道相连。

（2）牺牲阳极材料消耗。

（3）未安装牺牲阳极。

（4）电绝缘系统故障。

（5）防腐层破损严重。

（6）埋地管道与其他金属搭接。

（7）管道受杂散电流干扰。

（8）管道测试桩不满足测试需求或损坏等。

（四）管道本体缺陷检测技术

管道本体缺陷检测分为内检测和外检测两种方法。燃气管道由于压力等级、管径、支管、通过性能、收发装置等原因，大多不具备检测条件，因此内检测不常应用于燃气管道检测。

燃气管道本体缺陷检测主要以外检测方法为主。其中针对管体腐蚀缺陷的检测方法主要有低频超声导波检测技术、超声波 C 扫描检测技术、数字 X 射线成像检测技术（DR）、外部漏磁检测技术等方法；针对焊缝缺陷的检测方法主要包括超声波衍射时差法（TOFD）检测技术、超声相控阵检测技术、金属磁记忆检测技术、数字 X 射线成像检测技术（DR）等方法。下面从检测原理、检测方法的适用性等多个方面，对上述检测技术做详细的介绍。

1. 超声导波检测技术

1）技术原理

超声导波检测系统通过使用均匀间隔排列的环状超声波探头，环绕套夹于管道上，由超声导波主机激发不同模式的低频超声信号（扭转波或纵波），沿管道环向的超声波探头均匀排列，使得声波以管道轴芯对称传播，在遇到管道壁厚发生变化的位置，无论壁厚增加或减少，一定比例能量被反射回探头，直到能量消耗完毕。通过测试分析反射回来的声波，实现管壁缺陷的检测，同时能够显示环焊缝、支架、弯头等其他管道特征。

导波的传播主要被声波的频率和材料的厚度控制，在遇到管道壁厚发生变化的位置，无论增加或减少，一定比例能量被反射回到探头。在这种情况下，管道的特征，例如环焊缝、壁厚的增加在管道周向是对称的，因此环向波峰被均匀地反射回来，反射的声波也是对称的。而在有腐蚀的区域，管壁厚度的减少将被集中，反射的声波也不对称，同时入射声波的散射将附加到反射声波并发生模式转换，由此组成的反射波模式就含有模式转换组分，模式转换声波由于不统一的声源而产生弯曲波，检测设备能够检测和区分对称波和弯曲波，并且能显示这两种声波，根据缺陷产生的附加波型转换信号和频率变化、曲线的形状。可以把缺陷与管道外形特征（如焊缝轮廓等）识别开来，并判断缺陷的大小和方位，从而为检测管壁的不连续性提供了机理。超声导波检测系统见图6-14。

图 6-14　超声导波检测系统

2）适应性分析

导波使用的是比常规超声波探伤低得多的频率，导波通常使用的频率小于100kHz，因此导波对单个缺陷的检出灵敏度与通常使用频率在MHz级别的超声检测相比是比较低的，但是导波检测的优点是一次性100%检测几十米或更长的距离。实际的一次检测长度与管道的衰减特性、几何形状、内外部条件、表面状态等有关，好的条件下可达数十米，坏的条件（如有防腐层的条件下），检测距离有时只有几米。

导波的检测结果并不是对管道壁厚的直接测量，而是以快速的扫描方法，在一定的轴向测量长度上，提供金属损失的截面厚度减少的百分比，以便检测人员根据导波检测的结果，确定缺陷位置，然后采用更加精确的测试方法，直接对缺陷区域进行接触式检测。

采用超声导波检测系统检测时，不用把管道全部挖开，只需清除管道表面很小区域，将环形超声波探头套夹于管道上，即可完成检测。该系统可检测管道的内外腐蚀和其他金属损失，并全程由计算机控制数据的采集、显示和分析，实现长距离检测区域内的100%壁厚全检测，可应用于目前常规检测手段难以全面检测的管道缺陷（如管道内外腐蚀、机械损伤等）和检测区域（如场站管道、套管中的管道、穿跨越管道等）。

2. 超声 C 扫描检测技术

1）技术原理

超声检测是利用材料及其缺陷的声学性能差异，对超声波传播波形反射情况和穿透时间的能量变化来检验材料内部缺陷的无损检测方法。超声成像技术是在计算机技术和信息技术的基础上发展起来的，是计算机技术、信息采集技术和图像处理技术相结合的产物。根据显示与成像方式不同分为 A 型、B 型和 C 型显示方式。

超声 C 扫描检测是结合了高移动性的便携式超声波探伤仪与具有记录、影像、数据处理功能的智能电脑检查系统。超声波 C 扫描检测系统可以实现对管道壁厚的精细扫查，得到扫查范围内每一点的详细剩余壁厚数据，并在检测系统上实时成像，检测数据同时实时保存，后期也可以通过专业的数据解析软件进行数据查看或数据分析。可以说超声 C 扫描是检测管体腐蚀缺陷的最精细的检测方法，但是检测效率低，检测成本较高。因此一般作为发现缺陷部位的验证技术手段。超声 C 扫描检测成像系统见图 6-15。

2）适应性分析

超声 C 扫面检测成像技术可以实时显示超声波 A、B、C 扫描方式。超声 A 扫以波形方式来表现缺陷，通过波形显示可以判断是否存在缺陷。超声 B 扫描可以直接显示缺陷截面的图形，并判断最大腐蚀深度及腐蚀长度。超声 C 扫描以平面形式通过不同颜色区分不同厚度，显示为缺陷的面积，但是计算机存储的 C 扫描数据一般会包含 A 扫描和 B 扫描的数据。特别是相控阵超声 C 扫描检测速度快，缺陷检出率高，灵敏度高。超声检测技术可以准确测量管道的剩余最小壁厚，从而评估腐蚀速率、剩余强度、剩余寿命。

局限性在于超声 A/B 扫描无法全覆盖检测，检测速度慢。超声 C 扫描检测程序设置复杂，需要专业技术人员操作。无法区分面积较小的点蚀和夹层或夹渣。由于始波盲区，对于薄壁工件检测难度较大，虽然可以使用双晶探头克服表面盲区，但是对于相控阵 C 扫描传感器的制造及耦合存在很大难度。

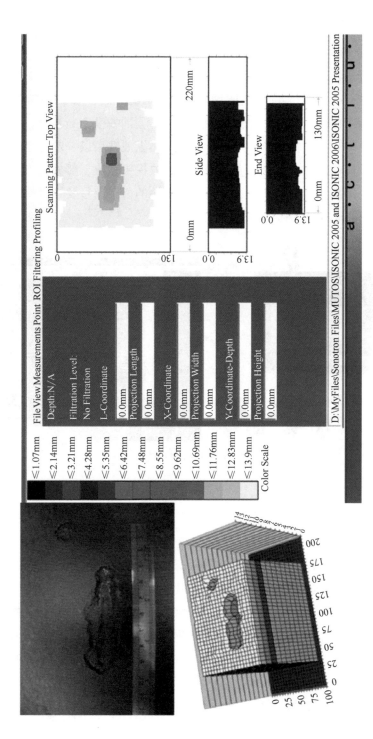

图 6-15 超声 C 扫描检测成像系统

3. TOFD 检测技术

1）技术原理

TOFD 检测技术，是一种依靠从待检试件内部结构（主要是指缺陷）的"端角"和"端点"处得到的衍射能量来检测缺陷的方法，用于缺陷的检测、定量和定位。TOFD 技术采用一发一收两个宽带窄脉冲探头进行检测，探头相对于焊缝中心线对称布置。发射探头产生非聚焦纵波波束以一定角度入射到被检工件中，其中部分波束沿近表面传播被接收探头接收，部分波束经底面反射后被探头接收。接收探头通过接收缺陷尖端的衍射信号及其时差来确定缺陷的位置和自身高。TOFD 检测系统见图 6-16。

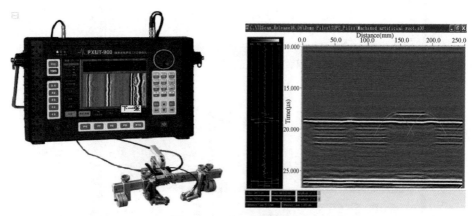

图 6-16　TOFD 检测系统

2）适应性分析

TOFD 检测技术主要用于管道、容器焊缝缺陷的检测，与射线检测技术相比没有辐射，对人体、周围环境不会造成伤害。同时可以发现射线检测技术不容易检测出的面积型缺陷，而裂纹等面积型缺陷对设备的影响往往更大。同常规超声检测相比较，TOFD 检测的灵敏度及定位定量精度更高。

TOFD 存在一定局限性，例如被检物体的上表面缺陷信号可能隐藏在直通波信号下而漏检，下表面缺陷信号可能被底面信号淹没而漏检，因此 TOFD 检测在扫查面和底面均存在表面盲区。上表面盲区可达 5mm 以上，下表面盲区一般只有 1 ~ 3mm。对于表面盲区，应采取双面扫查或其他有效的检测方法进行补充，如常规脉冲回波法、磁粉检测等。

4. 超声相控阵检测技术

1）技术原理

超声相控阵技术就是通过控制阵列探头中各个阵元的接收与发射的延迟时间，改变由各阵元发射（或接收）声波到达（或来自）物体内某点时的相位关系，实现聚焦点和声束方位的变化，从而是完成相控阵波束合成，最终在扫描范围内实现高分辨的缺陷成像。

超声相控阵换能器的工作原理是基于惠更斯—菲涅耳原理。当各阵元被同一频率的脉冲信号激励时，它们发出的声波是相干波，即空间中一些点的声压幅度因为声波同相叠加而得到增强，另一些点的声压幅度由于声波的反相抵消而减弱，从而在空间中形成稳定的超声场。超声相控阵换能器的结构是由多个相互独立的压电晶片组成阵列，每个晶片称为一个单元，按一定的规则和时序用电子系统控制激发各个单元，使阵列中各单元发射的超声波叠加形成一个新的波阵面；同样，接收反射波时，按一定的规则和时序控制接收单元并进行信号合成和显示。因此可以通过单独控制相控阵探头中每个晶片的激发时间，从而控制产生波束的角度、聚焦位置和焦点尺寸。超声相控阵检测系统见图6–17。

图 6-17　超声相控阵检测系统

2）适应性分析

超声相控阵检测技术主要用于焊缝的检测。与常规超声检测技术相比，相控阵检测技术检测灵敏度和分辨率更高。由于超声相控阵检测软件系统可以提供大量数据进行实时成像，容易测定缺陷的位置和尺寸，有助于对缺陷的判断和评定。同时通过软件编程的方式，可以对检测对象进行工艺仿真设计，提高检测方案的适用性。尤其是一次使用多个角度，可以提高随机的不同方向缺陷的检出率。超声相控阵检测技术指向性好，选择盲区小、分辨力好，这很大程度上提高了缺陷的检出率，同时实现了缺陷可视化，局限性在于对被检对象表面要求较高，对操作人员技术必须具备较强的超声波基础理论知识。

5. 数字 X 射线成像检测技术（DR）

1）技术原理

DR 指在计算机控制下直接进行数字化 X 线摄影的一种技术，即采非晶硅平板探测器把穿透被检工件的 X 线信息转化为数字信号，并由计算机重建图像及进行一系列的图像后处理。DR 系统主要包括 X 线发生装置、直接转换平板探测器、系统控制器、影像监视器、影像处理工作站等组成。数字 X 射线成像检测技术（DR）系统见图 6-18。

图 6-18　数字 X 射线成像检测技术（DR）系统

2）技术适应性分析

（1）技术优点：

① 检测速度快，曝光和获取图像整个过程仅需几秒至十几秒。

② 透照方式与胶片照相方法基本相同，操作简单。

③ 可以实时成像，检测缺陷一目了然，检测图像可保存在计算机内随时查看。

④ 采用计算机辅助评定可大大提高评定速度和准确性，可以准确分辨腐蚀和夹层／夹渣缺陷。

⑤ 省去了洗片的程序，无须显影液、定影液，绿色环保。

⑥ 无须胶片、显影、定影，节约成本。

（2）技术缺点：

① X 射线具有电离辐射，对人体有害。

② 现场检测需要做好安全防护，无法同时开展多项目作业。

③ 无法准确测定壁厚腐蚀量。

④ 检测壁厚根据射线能量不同而不同。

6. 金属磁记忆检测技术

1）技术原理

金属磁记忆检测技术是利用金属磁记忆效应来检测部件应力集中部位的快速无损检测方法。该技术克服了传统无损检测的一些缺点，能够在不对构件表面进行清理的情况下对铁磁性金属构件内部的应力集中区，既微观缺陷、早期失效和损伤等进行诊断，防止突发性的疲劳破坏，是无损检测领域的一种新的检测手段。其原理为：当铁磁性构件受到外部载荷作用时，受地球磁场激励，在应力和变形集中区域会发生具有磁致伸缩性质的磁畴组织定向和不可逆的重新取向，磁畴组织的重新取向会导致构件内部产生新的磁状态。金属构件表面的这种磁状态记忆了微观缺陷或应力集中的位置，即所谓的磁记忆效应。

由金属磁记忆效应可知，当铁磁性金属零件在加工和运行时，由于受载荷和地磁场共同作用会产生疲劳、蠕变而形成微裂纹，在应力集中区会发生具有磁致伸缩性质的磁畴定向和不可逆的重新取向。这种磁状态的不可逆变化，在工作载荷消除后不仅会保留，还与曾经有过的最大作用应力有关，即产生与作用应力相对应的磁记忆。在部件缺陷或应力集中区域磁场的切向分量 $H_p(x)$ 具有最大值，法向分量 $H_p(y)$ 改变符号具有零值。实践中，一般通过检测法向分量 $H_p(y)$ 来完成部件的检测，通过分析 $H_p(y)$ 梯度 K 或对 $H_p(y)$ 的检测来对构件应力集中程度进行评估。

2）技术适应性分析

金属磁记忆检测技术可以不剥离防腐层、不需要清管，检测速度较快。适合于检测管道应力集中区，能够识别管体机械损伤、焊缝裂纹、腐蚀等缺陷。

7. 外部漏磁检测技术

1）技术原理

管道漏磁检测的基本原理是通过检测被励磁的金属表面溢出的漏磁通，来判断缺陷是否存在。一块表面光滑无裂纹，内部无缺陷或夹杂物的铁磁性材料励磁后，其磁力线在理论上全部通过由铁磁材料构成的磁路，如图 6-19（a）所示。若存在缺陷，由于铁磁材料与缺陷处材质的磁导率不同，缺陷处的磁阻大，在磁路中可以视为障碍物，则磁通会在缺陷处发生畸变，如图 6-19（b）所示。

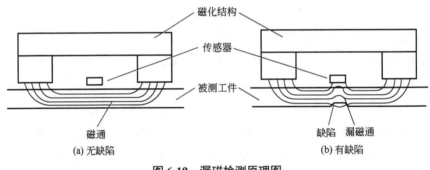

图 6-19　漏磁检测原理图

2）技术适应性分析

技术优点：漏磁检测技术适用于管道直管段上内外壁腐蚀缺陷的快速扫描，检测速度快，精度较高，无须处理管体表面。

技术缺点：每个规格的管道需要缺陷标样管进行标定，可对缺陷大小进行分级，对超标缺陷进行报警，无法定量缺陷大小。对于较厚管道或容器漏磁无法穿透。

第七章
燃气泄漏检测技术

　　随着城镇燃气供气压力的提高和燃气管道数量的不断增长，燃气泄漏事故时有发生。加强对天然气泄漏检测工作的管理，提高管网安全运行水平，是杜绝燃气管网泄漏事故的关键之一。目前，政府、企业及社会对燃气管道安全及环保日益重视，燃气管道的安全巡检，尤其是泄漏检测越来越显得重要。

　　近年来燃气管道泄漏行业检测标准、规范亦日益完善。中华人民共和国住房和城乡建设部发布 CJJ 51—2016《城镇燃气设施运行、维护和抢险安全技术规程》，其中规定地下城镇燃气管道应定期进行泄漏检查。泄漏检查采用仪器检测，检查内容、检查方法和检查周期等详细要求在标准 CJJ/T 215—2014《城镇燃气管网泄漏检测技术规程》中进行了详细规定。燃气经营企业根据自身管理实际，成立燃气泄漏检测相关管理部门，制定泄漏检测规章制度，开展燃气泄漏检测工作。通过开展天然气泄漏检测，消除生产安全隐患，保障了企业经营生产活动正常运行。

　　据不完全统计，我国每年共发生燃气爆炸事故 1000 余起。多数燃气爆炸事故未能在第一时间查明并公布原因，但是 80% 的燃气事故均是由于燃气泄漏引起爆炸爆燃造成的。

　　由于管道天然气的特殊性，一旦发生事故，位于管道周边的用户都会受到影响，甚至造成不可挽回的损失。因此近几年在全国各地因燃气管道的泄漏引发的爆炸事故时有发生，泄漏所造成的浪费也是惊人的。因而找到漏点，找准漏点，并及时给予修复，才能降低输差，降低运行成本，并防患于未然。

第一节　燃气泄漏检测技术（设备）简介 ❮

　　燃气泄漏检测技术可分为人工巡检技术（直接检测法）、泄漏在线监测技术（间接检测法）两大类。人工巡检法是巡检人员通过嗅觉、视觉的直接环境观察或采用专业的可燃气体检测仪发现燃气泄漏的一种方法，该方法通过直接检测泄漏在空气中的天然气浓度判断天然气是否发生泄漏。泄漏在线监测技术是在管道上布置上声学、电学或者光学传感器，当天然气发生泄漏时会引起管道压力的变化或者产生振动，通过监测这些参数的异常判断燃气泄漏的一种技术。下面针对这两种泄漏检测技术的适应性进行介绍。

一、人工巡检技术（直接检测法）

（一）人工巡检技术简介

　　人工巡检技术是针对已经发生泄漏的天然气采取的检测，检测过程中需要遵循一定巡线轨迹与巡检周期，对泄漏天然气进行识别、浓度探测、排除干扰因素、泄漏点定位等。巡线根据地理环境和管理要求可以采取车巡、步巡、井巡等方式。人工巡检技术是目前燃气企业最常用的天然气泄漏检测方法，也是发现燃气泄漏最成熟有效的方法。

　　人工巡检技术对检测人员素质要求较高，因此专业的检测操作人员必须了解燃气泄漏的基本原理，掌握检测技术方法及多种类型仪器设备操作知识，熟悉检测基本程序等基础知识，才能准确分析判断泄漏部位，进而有效地发现泄漏位置。该方法的优点主要是方式简单灵活、可靠性好、定位精度高，缺点是强烈赖于人的敏感性、经验和责任心，检测只能间断地进行，人工成本高。

（二）泄漏检测设备简介

　　泄漏检测仪器是泄漏检测工作中的必要工具，泄漏检测仪器的性能是保证发现燃气泄漏、找到泄漏位置的关键因素。CJJ/T 215—2014《城镇燃气管网泄漏检测技术规程》规定泄漏检测仪器应具备下列基本性能。

（1）对燃气泄漏进行定性、定量检测。

（2）声光报警。

（3）启动速度快，反应时间短。

（4）性能稳定、操作简单。

（5）结构坚固，密封良好，外壳防护等级不低于IP54。

（6）满足检测环境中温度与湿度的要求。

（7）用于埋地管道泄漏初检的泄漏检测仪器的灵敏度不应低于7.06mg。

（8）检测爆炸下限和检测高浓度的泄漏检测仪器的最大允许误差应为±5%。

泄漏检测设备按原理分为半导体、激光甲烷（TDLAS）、FID火焰离子、光学甲烷、催化燃烧、热传导、非色散红外七类。几种常见的燃气泄漏检测设备见图7-1。

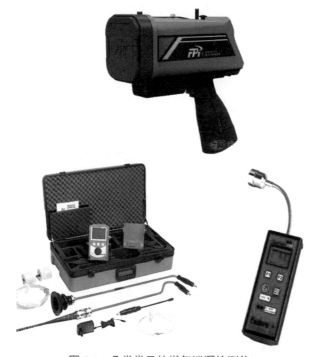

图7-1　几类常见的燃气泄漏检测仪

不同类型的燃气泄漏检测设备检测范围、灵敏度、精度技术、适用场景不同，表7-1列出了7种不同类型检测设备的参数对比。

表7-1 燃气泄漏检测设备技术参数比对表

类型	半导体	激光甲烷（TDLAS）	FID 火焰离子	光学甲烷	催化燃烧	热传导	非色散红外
原理	金属氧化物半导体对某的表面吸收气体后，其电阻值发生变化，测量电阻值变化可得到待测气体浓度	利用甲烷气体对某一特定波长激光的一吸收特性，通过红外分光检测技术，使用激光二极管作为激光源，探测仪接收反射激光并测量其发射回的激光的激光吸收率	氢气作为燃料气在燃烧室内燃烧，在高温下燃烧室发生电离，待测气体在电极附着面被捕获，在高压电场下，形成离子流，离子被电极收集形成与待测气体量成正比的电信号，仪器电子元件处理，显示气体浓度值	检测仪发射红外线照射位于探测器前的光学滤镜上，滤镜只允许对甲烷敏感的特定波长红外线透过，当有甲烷影响波长红外线透过，光波受到影响发生变化，产生声信号和视觉信号	在铂丝表面涂覆催化材料并将气体加热，可燃气体在其表面催化燃烧，使其温度升高，电阻发生变化，电阻变化是浓度的函数	依据可燃气体与空气的导热系数的差异来测定浓度。将待测气体加热—热敏电阻加热，待测气体通过会导致电阻变化从而测定浓度	特定波长红外对通过待测气体，气体分子对红外光光强度有吸收，其检测强度比示光吸收定律是基于朗博比尔光吸收定律
采气方式	吸泵式/扩散式	遥测	吸泵式	遥测	吸泵式/扩散式	吸泵式/扩散式	吸泵式/扩散式
量程	0～22000ppm	0～50000ppm·m	0～10000ppm	0～200ppm	0～100%LEL（5%）	0～100%	0～100%；0～100%LEL
灵敏度	1ppm	1ppm·m	1ppm	1ppm	1%LEL（500ppm）	0.05%～1%（500～1000mL/m³）	1%
精度分类	定性/定量	定性	定量	定性	定量	定量	定量
设备形式	手持便携式	手持便携式、车载、固定式	车载式	车载式、固定式	手持便携式、固定式	手持便携式	手持便携式
防爆要求	—	—	—	—	防爆型	防爆型	防爆型
适用场景	路面初检、室内泄漏检测	路面、架空管道、立管泄漏初检、场站泄漏监测	车行道路泄漏检测	路面泄漏初检、场站泄漏监测	有限空间、室内、易燃易爆天然气特殊场所的防爆测量	钻孔定位检测、封闭空间泄漏定量检测、置换浓度检测	有限空间、室内、易燃易爆天然气特殊场所的防爆测量

注：定量检测，测量精度在±5%以内；定性检测，测量精度超过±5%；灵敏度，检测仪器所能检出的燃气最小浓度；仪器，有标准所允许的，相对于已知参考值的测量误差的极限值；表中ppm单位换算关系为：1ppm=0.706mg/m³。

（三）其他干扰气体排除设备简介

1. 乙烷分析仪

乙烷分析仪用于区分引起报警的气体是天然气还是生物气体（沼气），通过色谱分析柱，查看气样中是否含有乙烷成分，用以区分天然气和沼气，有效避免检测失误、避免不必要的开挖施工，降低运维成本。

2. 二氧化碳测量修正模块

二氧化碳测量修正模块加载在热传导传感器的甲烷浓度检测仪上，由于二氧化碳对采用热传导传感器原理地下燃气泄漏检测会造成负相干扰，因此需要检测地下 CO_2 浓度对甲烷检测浓度进行修正。

（四）其他辅助设备简介

（1）金属管道探测仪：用于探明钢制管道位置，为准确定位漏点位置提供先决条件。

（2）路面打孔器：分为路面钻孔机和路面绝缘快速打孔棒两种，在燃气管道上方道路快速打孔，与甲烷浓度检测仪配合使用，定位泄漏点位置。检测孔钻孔设备及专用勘探棒的手柄应具有防触电功能。

（3）吸真空设备：对于陈旧型或较大漏点，地表下积聚了大量燃气，导致无法通过浓度对比、寻找峰值的方法来精确定位漏点。使用吸真空设备能够排除沉积燃气干扰，让地下浓度出现差异，帮助准确定位沉积型漏点位置。

（4）GPS定位跟踪与记录系统：部分泄漏检测设备基于GPS技术、北斗定位技术进行设计开发、能够实现巡检轨迹与漏点的实时记录与上传，并在在线地图上进行展示跟踪；另外燃气公司也可利用基于管网地理信息技术（GIS）开发建设专业智能巡检系统，实现对泄漏检测的任务派发、轨迹跟踪、质量考核、问题处置交互与闭环。

二、泄漏在线监测技术（间接检测法）

（一）压力检测法

燃气在泄漏时，引起燃气管道压力的变化。在正常情况下，上游压力数值呈较为稳定的状态。当燃气的气体有所变化或产生异常的情况下，会使原来稳定的管道压力状况有所变化，并且呈现异常下降趋势。

压力检测法优点：直观、简单、可靠，成本低，能够发现较大泄漏。

压力检测法缺点：不能发现较小泄漏，不能进行漏点定位。

（二）流量检测法

正常情况下，管道中流体物质流动的质量或体积守恒。流量检测法直接利用流量计、温度计、压力表等测量仪表，通过对上下游供销量进行对比，查找存在泄漏的可能性。

流量检测法优点：通过输差分析能够发现城镇燃气中较大泄漏。

流量检测法缺点：不能发现较小泄漏，无法进行漏点定位，且要求供销量同步采集，实现难度较大。

（三）次声波检测法

管道两端分别安装次声波传感器，当管道发生泄漏时，管道内部介质产生振荡，在泄漏点处形成密度波，同时管道内产生泄漏后的次声波，通过数字化仪进行采集分析后上传至中心站，结合声速及时间差进行定位判定泄漏位置，通过软件分析自动报警并提供准确泄漏位置。

次声波检测法优点：报警准确性高、定位精度高、响应时间快。

次声波检测法缺点：建设运维成本很高、对城市燃气复杂管网适应性差。

（四）管内智能检测

智能清管器运用于燃气管道内部情况的实时检测作业中，通过采用声辐射和压差法来来检测管道的泄漏。

管内智能检测优点：能够实现泄漏点精确定位，同时全方位检测管道本体安全。

管内智能检测缺点：成本高；对城市燃气中复杂分布、小管径管网不能适用。

（五）气体敏感法

当埋地管道内的介质泄漏时，泄漏的气体或蒸气会侵入周围土壤的空隙中，放置在土壤中的气体采集器会收集到这些气体。示踪剂或化学指示剂会提示是否有监测的气体存在，从而进行泄漏报警和漏点定位。

气体敏感法优点：泄漏报警准确，精度高，漏点定位准确，能发现微小渗漏。

气体敏感法缺点：需要沿管道密布气体采集器，成本高、易丢失，城镇中布设难度大。

（六）激光光纤传感法

管道泄漏发生时，引起附近光纤振动，最终通过激光干涉技术来探测引起光导纤维振动的部位，采用软件分析激光的变化特性从而确定压力管道泄漏的部位。该监测系统不仅可以监测气体管道的泄漏，而且还可以检测出因第三方施工等破坏管道的行为，并提出预警，使工作人员可以及时采取措施，防止危险行为进一步发生。

激光光纤传感法优点：该系统的传感器是光学器件，不受电磁干扰，因此其测试灵敏度较高，同时可使用现有直埋通信系统光缆进行检测，大大降低工程费用。

激光光纤传感法缺点：运维成本高；光速传播快，泄漏点的定位精度目前还不能确定；不能区分人为产生的机械振动和管道泄漏引起的振动，易产生误报；布设于城镇中易造成破坏损坏。

第二节　城镇燃气泄漏检测

一、城镇燃气泄漏分级管理

城镇燃气泄漏应实行分级分类管理，当发生燃气泄漏时根据不同的等级采取不同的级别的处置措施。城镇燃气泄漏分级综合考虑以下因素分为四级：泄漏管道及附属物的重要性、压力等级；泄漏范围边界距离特殊场所、建构筑物的距离；泄漏浓度大小（按 LEL 级恒定）；泄漏环境是否密闭、通风不良；泄漏浓度覆盖范围，能否精确找到泄漏点。燃气企业可根据自身管理情况制定相应的分级标准和对应处置措施。表 7-2 城镇燃气泄漏分级与处置措施可作为参考执行。

表 7-2 城镇燃气泄漏分级与处置措施

等级	泄漏情况	处置措施
I 级	（1）次高压及以上管道或重要中压气源管道泄漏； （2）阀井、市政井、调压箱（柜）等密闭空间燃气浓度大于等于 50%LEL（25000mL/m³、5%）； （3）室内、输配站场等特殊场所燃气浓度大于等于 10%LEL（5000mL/m³、0.5%）； （4）通过打孔检测、地面引出管检测等，有人类居住活动的建筑物 2m 半径范围内检测到有燃气浓度（LEL）； （5）通过打孔检测、地面引出管检测等，无人类活动、居住的建筑物 2m 半径范围内检测到有燃气浓度（LEL），浓度大于等于 50%LEL（25000mL/m³、2.5%）	（1）立即启动燃气泄漏应急预案，组织抢险维修人员进行紧急处置与闭环； （2）做好影响区域内的人员疏散、警示隔离，杜绝一切火源，在泄漏处置完毕之前，禁止取消警戒状态； （3）必要时切断天然气供应，进行安全放空以及惰性气体置换
II 级	（1）阀井、市政井、调压箱（柜）等密闭空间燃气浓度达到 10%～50%LEL（5000～25000mL/m³、0.5%～2.5%）； （2）室内、输配站场等特殊场所检测到可燃气体浓度，燃气浓度低于 10%LEL（5000mL/m³、0.5%）； （3）通过打孔检测、地面引出管检测等，有人类居住活动的建筑物 2～5m 半径范围内检测到有燃气浓度（LEL）； （4）通过打孔检测、地面引出管检测等，无人类居住、活动的建筑物 2m 半径范围内检测到有燃气浓度（LEL），浓度低于 50%LEL（25000mL/m³、2.5%）	（1）做好泄漏影响区域的警戒隔离、人员疏散； （2）在有能力的情况下，应该立即组织抢险维修人员进行处置与闭环； （3）在探明泄漏点位置、证实无实时危险的前提下，可以根据实际情况，采取可靠的风险控制措施后，隔天进行处理闭环； （4）如果有 I 级漏点存在，优先处置 I 级漏点
III 级	（1）阀井、市政井、调压箱（柜）等密闭空间燃气浓度低于 10%LEL（5000mL/m³、0.5%）； （2）通过打孔检测、地面引出管检测等，可测得燃气泄漏浓度（LEL）在有人类居住活动的建筑物的 5m 外； （3）通过打孔检测、地面引出管检测等，无人类居住、活动的建筑物 2m 半径范围外检测到有燃气浓度（LEL）	采取加密、泄漏检测等有效风险控制的前提下，泄漏在两周内有计划性地进行处置闭环
IV 级	ppm 级探测器检测确认有轻微泄漏，但浓度达不到 LEL 检测器（接触燃烧传感器）的检测浓度	做好台账记录，每月至少进行跟踪检测比对一次，如有恶化趋势，及时升级风险等级采取对应措施

注：以上可燃气体浓度值均由泵吸式可燃气体检测仪定量测得，红外激光检漏仪等扩散式泄漏检测设备定性测得的浓度值不作为判断依据。

二、城镇燃气泄漏检测一般规定

为便于开展管道泄漏检测工作，燃气企业应制定年度泄漏检测计划，并覆盖全部在役管道。泄漏检测要遵循"全覆盖"与"重点突出"的原则。全覆盖原则是指泄漏检测要覆盖所有管道及附属设施。重点突出原则是指对不同级别的管道其泄漏检测周期应有所不同，确保管网的整体状况处于有效监测状态。

泄漏检测现场可能存在燃气泄漏的情况，泄漏检测操作存在一定的危险。因此在泄漏检测操作现场一定要做好安全防范，检测人员应正确穿戴劳保防护用品，做好安全防护措施。

本节提到的泄漏检测指上文中的人工巡检技术（直接检测法）。针对线路、庭院管道泄漏检测以及管道附属设施、场站（柜）、室内设备等不同设备类型，泄漏检测方法、检测重点位置、检测设备选择以及疑难干扰排除、人员安全要求等方面技术要求均有所不同。

（一）泄漏检测周期

根据管道所处地理位置、压力级制和运行功能、管道材质、防腐属性、建设年代、历史泄漏数据、地理位置等因素综合考虑，制定并及时更新泄漏检测周期，建议的检验周期如下。

（1）高压、次高压燃气管道泄漏检测周期不应超过1个月。

（2）中压燃气管道泄漏检测周期不应超过3个月。

（3）低压埋地燃气管道泄漏检测周期不应超过6个月。

（4）立管泄漏检测周期不应超过1年。

（5）发生过泄漏事件的管道每季度泄漏检测不得少于1次，如再次发生泄漏，应加密进行泄漏检测。

（6）重要区域管道（重要政府部门所在地、政治活动中心、商业活动中心、人口密集区域、大型广场等区域内管道）应加密进行泄漏检测。

（7）发生地震、塌方和塌陷等自然灾害后，应立即对所涉及的埋地管道及设备进行泄漏检测，并应根据检测结果对原有的检测周期近期调整，加大检测频率。

（8）新通气的埋地管道应在24h内进行泄漏检测；切线、接线的焊口及管道泄漏补点应在操作完成通气后立即进行泄漏检测。上述两种情况均应在1周内进行1次复检。

（9）管道附属设施的泄漏检测周期应小于或等于与其相连接管道的泄漏

检测周期。

（10）场站内工艺管道、管网工艺设备的泄漏检测周期应根据设计使用年限及环境腐蚀条件等因素确定，也可结合生产运行同时进行。

（11）场站内工艺管道、管网工艺设备的检测周期不得超过 1 个月。

（12）调压箱的检测周期不得超过 3 个月。

（13）管道附属设施、管网工艺设备在更换或检修完成通气后应立即进行泄漏检测，并应在 24～48h 内进行 1 次复检。

（二）泄漏检测内容

城镇燃气泄漏检测内容如下：

（1）检测带气管道两侧 5m 范围内所有污水井、雨水井及其他窨井、地下空间等建构筑物是否有燃气浓度。

（2）检测带气管道两侧 5m 范围内地面裂口、裂纹是否有燃气浓度。

（3）检测管道沿线的阀井、凝水井、阴极保护井、套管的探测口等是否有燃气浓度。

（4）列入隐患监控的区域、建筑物、构筑物、密闭空间，打探坑或对附近的井室进行泄漏性测量。

（5）泄漏检测作业时如遇有人反映某处有燃气味，应对该处埋地管道扩大检测范围，特别是加强对周围密闭空间的检测，直至查清原因。

（6）庭院燃气管道还应检测引入管的各个接口及其出入地连接处。

（7）除上述地方外，对一般管道，在硬质地面上沿管道走向方向 25m、带气管道两侧 5m 范围内没有污水井、雨水井、阀井、地面裂口等有效检测点的，应沿管道走向方向间隔不大于 25m 设置一个检测孔，检测是否有燃气浓度；对风险等级最低的管道可不大于 50m 设置一个检测孔作为检测点，检测是否有燃气浓度。

三、线路管道泄漏检测

线路埋地管道和架空立管泄漏检测方法和流程不同。对架空立管进行泄漏检测，宜采用激光遥测检漏仪，检测距离不应超过检测仪器的允许值，重点检测引入管的各个接口及其出入地连接处。下面重点介绍埋地管道检测流程、检测步骤及技术要求等内容。

（一）检测流程

线路埋地管道泄漏检测的标准流程划为泄漏初检、泄漏判定和泄漏点定位三个过程。泄漏初检指按照检测计划而执行的泄漏检测工作。此过程为主动查漏过程，是在未知有泄漏的情况下主动发现泄漏，消除隐患。

泄漏判定指在检测过程中经常遇到一些干扰因素的影响，例如汽车尾气、沼气等因素会造成泄漏检测结果的误判，因此需要进行泄漏判定。泄漏判定为排除影响检测结果的干扰因素，确定是否为管道内燃气泄漏的过程，此过程在埋地管道的泄漏检测中十分重要，目前已有较为成熟的分析技术，可以判别是否为燃气泄漏，同时还可区分是何种燃气的泄漏，在经过分析后进一步进行泄漏点定位。

泄漏点定位指在管道上方沿管道走向钻孔，同时采用燃气检测仪器检测孔内的气体浓度，以确认泄漏位置。

（二）泄漏检测步骤及技术要求

1. 泄漏初检

埋地管道的泄漏初检（定性检测）可采取车载仪器、手推车载仪器或手持仪器等检测方法，检测速度不应超过仪器的检测速度限定值，并应符合下列规定。

（1）对埋设于车行道下的管道，宜采用车载仪器进行快速检测，车速不宜超过 30km/h。

（2）对埋设于人行道、绿地、庭院等区域的管道，宜采用手推车车载仪器或手持仪器进行检测，行进速度宜为 1m/s。

（3）对道路两侧埋地管道、庭院小区道路两侧埋地管道等小型车辆、电瓶车能够到达的区域，也可采用激光检漏仪与车辆相配合的方式，提高泄漏初检效率，车速不宜超过 30km/h。

在使用仪器检测的同时，应注意查找燃气异味，并应观察燃气管道周围植被、水面及积水等环境变化情况。

2. 泄漏判定

当发现有下列情况时，应进行泄漏判断。

（1）检测仪器有浓度显示。

（2）空气中有异味或有气体泄出声响。

（3）植被枯萎、积雪表面有黄斑、水面冒泡等。

（4）日常巡检，如果在路面上能够检测到 $7mg/m^3$ 左右的微漏，就应该采取打孔检测进行确认。如果浓度超过 0.5%，则需要通过乙烷分析确定是沼气还是天然气泄漏。

3. 泄漏点定位

（1）检测孔检测或开挖检测前应核实地下管道的详细资料，不得损坏燃气管道及其他市政设施。检测孔内燃气浓度的检测应符合下列规定：

① 检测孔应位于管道上方；

② 检测孔数量与间距应满足找出泄漏燃气浓度峰值的要求；

③ 检测孔深度应大于道路结构层的厚度，孔底与燃气管道顶部的距离宜大于 300mm，各检测孔的深度和孔径应保持一致；

④ 燃气浓度检测宜使用锥形或钟形探头，检测时间应持续至检测仪器示值不再上升为止。

（2）对硬质道路上的检测孔，宜采取措施保证检测孔不被堵塞，便于下次检测，建议检测孔在设计施工时根据相关需要进行设置。

（3）检测孔检测完成后，应对各检测孔的数值进行对比分析，确定燃气浓度峰值的检测孔，并应从该检测孔进行开挖检测，直至找到泄漏部位。

（4）路面打孔后，检测孔若出现浓度相近或浓度值呈无规律分布时，无法区分漏点峰值，不能定位漏点，此时应进行吸真空作业，排除因地下浓度积聚带来的干扰。

四、管道地面附属设施、场站（柜）、室内泄漏检测

输配气站场、CNG 站等工艺站场，以及调压计量橇装柜的泄漏检测宜根据工艺流程方向、巡检轨迹制定泄漏检测路线。

（一）检测方法

1. 直接观察

通过肉眼直接观察管件连接处错位松动、设备设施是否异常、管道管件

是否存在锈蚀；通过嗅觉直接识别天然气加臭剂四氢噻吩气味，判断天然气是否泄漏；通过气流声响的异常情况识别天然气是否泄漏。

2. 专用设备检测

（1）针对室内管道，用可燃气体报警仪（LEL）从立管引入管沿户内燃气管经表前阀、燃气表、软管连接处至燃气具顺着一个方向进行缓慢检测，重点检测管件接头连接处，保证探头尽量靠近管道管件、但不直接接触。可燃气体报警仪进行报警时，立即疏散隔离无关人员，关闭表前阀，保证通风，杜绝火源，禁止点火、开闭电源开关、拨打手机等产生火花的行为，在天然气浓度下降至可燃气体报警仪一级报警值以下后，通知抢险人员立即进行抢修。

（2）针对站内设施设备，用带报警功能的多气体检测仪根据工艺流程顺着巡检轨迹对设备设施、管件连接处进行泄漏检测。可燃气体报警仪进行报警时，立即疏散隔离无关人员，禁止、隔离一切火源，在险情可控的情况下关闭泄漏点上下游阀门，保持良好通风。

3. 微小泄漏检测

专用设备未检测到燃气泄漏时，在每个接头连接处涂抹肥皂水，观察是否有鼓泡现象，若有鼓泡现象则说明存在微小泄漏，应做好风险预测与控制，通知抢维人员限期完成整改。

（二）泄漏检测步骤及技术要求

（1）管道附属设施、场站（柜）、场站内工艺管道、室内、管网工艺设备泄漏初检时，应检测法兰、焊口及螺纹等连接处，并根据燃气密度、风向等情况按一定的顺序进行检测，检测仪器探头应贴近被测部位。

（2）管道附属设施、场站（柜）、场站内工艺管道、室内、管网工艺设备泄漏检测宜选用多气体检测报警仪（ppm+LEL），一级报警值宜设置在10%LEL以内，不超过20%LEL。

（3）泄漏初检发现下列情况时应进行泄漏点定位检测：

① 检测仪器有浓度显示；

② 空气中有异味或气体泄出声响。

（4）管道附属设施、场站（柜）、场站内工艺管道、室内、管网工艺设备进行泄漏点定位检测时可采用气泡检漏法，并应符合下列规定：

① 涂刷检测液体前，应先对被测部位表面进行清理；

② 检测时应保持被测部位光线明亮；

③ 检测不锈钢金属管道时采用的检测液中氯离子含量不应大于 25×10^{-6}。

五、阀井泄漏检测

（一）检测流程

1. 地面检测

宜采用带有锥形探头、钟形探头的可燃气体浓度检测仪（VOL%+ppm）在阀井检测孔处进行检测。

发现燃气泄漏，做好阀井、市政井 5m 范围内的警示隔离，无关人员禁止入内、杜绝一切火源。

2. 下井安全措施

在保证安全的前提下，谨慎打开阀盖，利用防爆风机、自然扩散等方式降低阀井内积聚的天然气浓度，控制井内天然气浓度低于 20%LEL、保证氧气浓度在 19.5% ～ 21%，检测人员可下井泄漏检测，应有一名监护人员在地面对下井泄漏检测人员进行全程监护，井深超过 1.8m 检测人员还应佩戴安全带（绳）。

3. 井内泄漏点定位检测

泄漏检测人员利用可燃气体泄漏检测设备（VOL%+ppm）、肥皂水对阀井内泄漏点进行定位。

确定阀井内发生泄漏，则通知抢维人员进行维修整改，维修整改完成前做好警示隔离与监护。

（二）泄漏检测步骤及技术要求

对阀门井（地下阀室、地下调压站（箱）等地下场所进行泄漏初检时，检测仪器探头宜插入井盖开启孔内或沿井盖边缘缝隙等处进行检测。

进入阀门井（地下阀室）、地下调压站（箱）等地下场所检测时满足下列要求检测人员方可进入。

（1）氧气浓度大于 19.5%。

（2）可燃气体浓度小于爆炸下限的 20%。

（3）一氧化碳浓度小于 30mg/m^3。

（4）硫化氢浓度小于 10mg/m^3。

进入阀门井（地下阀室）、地下调压站（箱）等地下场所检测时，各种气体检测应始终处于工作状态，当检测仪器显示的气体浓度变化超过限值并发出报警时，检测人员应立即停止作业返回地面，并对场所内采取通风措施，待各种气体浓度符合要求后，方可继续工作。

阀门井（地下阀室）、地下调压站（箱）等地下场所内检测到有燃气浓度而未找到泄漏部位时应扩大查找范围。

六、加强泄漏主动预防和数据分析

（一）主动预防天然气泄漏

燃气泄漏检测是被动手段，燃气管理者应在天然气发生泄漏前，主动采取合理有效的检测评价技术，提前识别并消除管道设备存在的本质安全隐患。同时建立地企联动机制，并积极引入管道保护的社会力量，通过人防、物防、技防加强自身第三方破坏监管。加强燃气管道本质安全管理和外部风险管控，防止天然气泄漏的发生。

（二）加强泄漏数据分析

燃气管理企业应收集每一次的天然气泄漏数据，建立泄漏事故事件数据库。同时定期开展泄漏数据分析工作，从泄漏严重程度、泄漏发现方式、泄漏位置、泄漏原因、泄漏处置过程等方面进行分类统计、综合分析，为泄漏检测工作质量方向性的提升、泄漏风险防治规范化以及管网局部整改与管网系统优化提供依据。

第八章
入户安全检查

第一节　概述

　　入户安全检查是通过合格的安全检查和入户安全宣传，避免因用户缺乏安全用气知识而造成燃气事故，达到以人为本的安检宗旨。燃气供应单位（以下简称单位）对燃气用户设施应定期进行检查，并对用户进行安全用气的宣传，其最低频次要求为：对居民用户每两年、工/商业及集体用户每年至少1次。若所在地政府部门有特别频次要求时应执行当地政府规定；若有特别约定的用户，按签订的协议执行，但检查周期不得低于以上标准。

第二节　入户安全检查要求及标准

一、入户安全检查相关规章和标准

入户安全检查主要遵循法律法规和标准如下：

（1）《城镇燃气管理条例》；

（2）《企业安全生产费用提取和使用管理办法》；

（3）《燃气燃烧器具安装维修管理规定》；

（4）GB 50028—2006《城镇燃气设计规范》；

（5）GB 50494—2009《城镇燃气技术规范》；

（6）GB 17905—2008《家用燃气燃烧器具安全管理规则》；

（7）GB/T 28885—2012《燃气服务导则》；

（8）CJJ 12—2013《家用燃气燃烧器具安装及验收规程》；

（9）CJJ 51—2016《城镇燃气设施运行、维护和抢修安全技术规程》；

（10）CJJ 94—2009《城镇燃气室内工程施工与质量验收规范》。

二、安检专用设备工具

安检专用设备工具包括可燃气体检测仪、检漏液、卷尺、手持机、电筒（防爆）、安检宣传资料、资料夹板等。

三、安全用气宣传内容

安全用气宣传一般包括以下五个方面。

（1）国家、行业、地方燃气相关法律法规、标准及企业安全用气有关规定。

（2）安全用气、节约用气常识。

（3）提醒客户按产品使用说明书的要求正确使用燃气燃烧器具，保持用气场所通风良好，不使用不合格的或已达到（超过）报废年限的燃气用具；建议客户使用具有安全保护装置的燃气燃烧器具，最好使用金属软管连接燃气燃烧器具，安装可燃气体报警控制系统等。

（4）告知客户室内燃气设施查漏方法、发现漏气后的应急处置措施、客户服务热线和管理区域抢修电话。

（5）建议客户购买燃气客户综合保险，强调综合保险的重要性。

四、安检员工作要求

对安检员工作要求包括以下内容。

（1）按计划实施安检工作，对重点排查区域、上一个安检周期未安检的，本安检周期优先安排安检，确保对所辖客户宣传到位、进户安检、督促完成安全隐患的整改。

（2）根据工作计划，采取小区公告栏张贴通知、电话或短信通知等形式提前预约安检时间，请客户家中留人配合安检。小区宣传栏张贴的通知中应包括安检员的照片和联系电话，以便客户识别。

（3）对照安检内容，逐一认真仔细进行各项检查，根据检查情况如实填写《客户安全检查告知》；对检查中发现的安全隐患，属客户维护保养责任的，应耐心向客户解释隐患原因、可能引发的后果以及消除隐患的处理方法；属供气单位维护管理范围的，应及时报告燃气公司责任部门处理，同时现场提醒客户有关配合整改及紧急情况注意事项和处理要求。

（4）对安检员报告的隐患，燃气企业应积极进行处理。如不能立即整改及不能采取暂停供气临时措施的，应书面报告当地政府、街道、居委会或政府相关职能部门并存档备案。

（5）相关安检记录（表格）填写应准确、完整、规范。《客户安全检查告知》一式两份，由检查人员和客户共同签字确认。

（6）"客户签字栏"应由客户本人签字并留下联系电话；代签者应签本人姓名并注明与客户的关系；对拒绝签字的客户，可通过向客户发送短信、寄挂号信，委托街道、居委会、物业公司、收费网点代交或在客户门上张贴通知并拍照等方式处理，相关证明资料应存档备案。

（7）对已安检客户，在室内燃气设施或燃气燃烧器具上张贴安全用气提醒标贴或危险警示标贴。

（8）按月归类整理安检资料；相关安检资料整理、统计和归档应规范。

（9）非居民客户安全隐患必须照相存档（特殊用气场所照相按特殊用气场所档案管理要求执行）；一级隐患整改前、后必须照相存档；照相存档资料应能明确显示客户室内燃气设施、燃气燃烧器具，以及隐患相关信息。

（10）到访不遇情况处置要求：如到访时客户不在家，必须在客户门上显著位置张贴《到访不遇卡》，同时应对张贴的《到访不遇卡》以及客户门牌进行照相存档并做好记录；如安检员连续3次到访不遇，应在小区公告栏或楼栋出入口（大厅）等醒目位置张贴安检提醒通知并照相存档，同时应将客户地址、姓名、门牌照片、提醒通知照片等情况上报管理站，管理站核实后应采用挂号信形式告知客户，挂号信存根要存档备查。

（11）拒绝检查情况处置要求：客户拒绝检查时，安检员应向客户解释安检的用意及重要性；如果客户坚持拒绝，安检员应将情况做好记录上报管理站，管理站核实后应采用挂号信形式告知客户，挂号信存根存档备查，也可向客户、物业公司或居委会工作人员留下联系方式，方便日后安排检查。

（12）不经计量表用气、破坏计量表等异常用气情况处置要求：安检员发现客户有不经计量表用气、破坏计量表等异常用气现象，应及时拍照并打电话通知管理站，应留守现场，以待后续人员的核查；管理站应立即派人到现场核实，若情况属实，应依据合同约定暂停供气，并要求客户到所辖供气单位办理相关手续后进行整改；若客户拒绝，将采集的相关资料移交当地相关政府部门并交单位存档。

（13）漏气隐患处置要求：安检员如果发现表前管有漏气现象，应立即通知管理责任部门处理，并对漏气现场进行监护，待处理人员到场后方可离开；如果发现表后管或用气设备漏气，安检员应立即协助或指导客户进行处理或报修。

（14）未入住（未通气）客户安检要求：对客户门牌信息照相存档，并争取协调物管、业主等方式入户进行安全检查。如果发现燃气泄漏、燃气设施损坏等明显异常情况，应及时告知管理责任部门进行处理。

（15）安检要做到四个到位：安全检查到位，安全宣传到位，客户签字到位，安全有效告知到位。

（16）安检员应遵守客户服务规范要求。

第三节　入户安全检查内容

入户安全检查包括居民用户安全检查和非居民用户安全检查。

一、居民用户安全检查内容

居民用户安全检查内容分为户内管检查、连接燃具软管检查、燃气表检查、燃气灶检查、燃气热水器／燃气采暖炉检查和用气及燃气设施房间的通风检查，并开展用户安全用气宣传。

（一）户内管检查

（1）使用安检仪测试用户燃气系统是否漏气，包括所有燃具、燃气表、减压阀（如有）、阀门及管道。

（2）户内管是否锈蚀，稳固、管卡是否适当。

（3）户内管阀门（包括表前阀、燃具前阀）是否开关灵活。

（4）客户有否在燃气管道上搭挂重物及接地。

（5）管道有无私改、私接现象，是否被封闭、不通风，与周围其他设施的安全间距。

（6）管道材质及接口填料是否符合要求。

（7）阀门使用是否顺畅及安装位置是否方便操作。

（二）连接燃具软管检查（软管包括橡胶软管及不锈钢波纹软管）

（1）软管材质是否符合安全规范要求，长度是否超过 2m，是否漏气。

（2）软管是否存在弯折、拉伸、龟裂、破损及老化现象。

（3）软管中间是否有接口、三通，接头是否松脱。

（4）软管是否低于灶具面板 30mm 以上，是否受到热辐射。

（5）建议客户更换已使用超过 18 个月或超过胶管制造商使用年限的胶管。

（6）橡胶软管是否穿墙、顶棚、地面、窗和门，是否装上管夹固定。

（7）不锈钢波纹软管是否锈蚀，是否超期使用，与周边带电物体是否有足够的安全间距。

（三）燃气表检查

（1）使用可燃气体检漏仪或肥皂水检查是否漏气。

（2）燃气表外表有否锈蚀，是否损坏，检查燃气表在最小流量下是否正常工作（通气但不转动）。必须独立开个别燃具，以防有旁通管绕过燃气表盗气。

（3）燃气表与周边其他设施是否有足够的安全间距，是否有足够的通风。

（4）表前阀门的安装位置是否易于操作及是否被其他东西阻碍不能开关。

（5）远传表通信线路是否正常连接，电话联系客户中心开关气表内置阀检查通信正常与否。

（6）记录燃气表的品牌，型号及入气口位置。

（四）燃气灶检查

（1）灶具操作是否正常，各部位有否松动、脱落。

（2）燃烧的火焰情况是否正常，熄火自动保护装置是否正常使用。

（3）燃气灶与周边其他设施是否有足够的安全间距，是否有足够的通风。

（4）炉具的点火性能，若打火微弱无力，应通知客户及时更换电池（适用时）。

（5）检查加臭效果。

（6）记录燃具的种类，品牌，型号及分类，检查灶具是否超过判废年限。

（五）燃气热水器／燃气采暖炉检查

（1）燃气热水器／燃气采暖炉安装是否规范，各接口是否漏气，安装使用处通风情况，与周边其他设施是否有足够的安全间距。

（2）燃气热水器／燃气采暖炉操作是否正常，各部位有否松动、脱落。

（3）是否有直排式热水器在使用，建议客户更换并张贴警示标志及做好记录。

（4）燃气热水器／燃气采暖炉的使用状况：点火，温度调节、火力调节是否顺畅。

（5）燃烧的废气是否完全排出室外及烟道是否有破损，排烟管连接部位是否有管箍，长度超过 1.5m 是否有固定支架。

（6）燃气热水器／燃气采暖炉是否超过判废年限。

（六）检查客户用气及燃气设施房间的通风情况

（1）用气房间是否有排风设施，是否在用气时启动。

（2）非用气时间及有燃气设施房间是否长期保持空气流通。

（七）用户宣传

用户宣传是指进行燃气安全知识宣传，向用户发放《燃气安全使用手册》，推介客户使用安全燃气具。

（1）告知客户基本安全用气知识。

（2）正确使用燃气器具的方法，如使用燃气时，不得离人。

（3）防范和处置燃气事故的措施，如每次用完燃气器具时，关闭燃气前阀；保持室内通风；保证室内燃气设施有足够的安全间距，当怀疑有燃气泄漏时，开窗通风、扑灭火源、禁开关电器，并于室外安全处拨打抢修服务电话等。

（4）应急处置的联系方法、联系电话，如发生紧急燃气泄漏时，也可打110或119电话。

（5）保护燃气设施的义务，如不能在燃气设施上挂杂物，燃气器具周围不能放易燃物，燃气阀周围不能堆放杂物，不能私改燃气设施等。

（6）推荐客户使用安全先进的燃气用具。向客户发放燃气安全使用手册等小贴士。

二、非居民用户安全检查内容

根据燃具类型的不同，非居民用户安检对象可分为商业用户和工业用户。商业用户可再分为餐饮类及非餐饮类。

（一）常规检查内容

常规检查内容是工业用户和商业用户（包括餐饮类及非餐饮类）均应检查的内容。

1. 外观检查

（1）管道是否被私改，是否存有偷气情况。

（2）管道及连接处是否锈蚀，尤其关注处于潮湿环境的燃气管道。

（3）管道是否稳固，是否设有管卡。

（4）管道是否有清晰的指示标贴或标记，例如"燃气"标识胶贴或涂漆。

（5）管道周边是否存在违章情况，影响管道安全，例如是否搭挂重物、管道被用作接地、与周围其他设施安全间距不够、管道被密封等。

2. 气密性检查

（1）工业用户及非餐饮用户应使用可燃气体检漏仪检查自引入管总阀后的管道系统各接口处是否漏气。

（2）餐饮用户应采用 U 形压力计对计量装置后管道系统进行气密性测试。（进行气密测试时，U 形压力计连接管道后应稳压 1min，观察 15min，以压力不下降为合格。）

3. 计量装置检查

（1）计量装置安装位置是否通风良好。

（2）计量装置外壳是否锈蚀，尤其关注处于潮湿环境的计量装置。

（3）计量装置读数盘是否损坏，铅封是否完好。

（4）计量装置指针是否转动，分别开启各燃器具，检查计量装置在最小流量下是否正常工作，防止旁通管绕过计量装置盗气；运行时是否有噪声。

（5）罗茨表和涡轮表电量、油位、接线、校正系数、校正仪显示等是否正常。

（6）计量装置及其连接部位是否漏气，当无法开展气密性测试时，可用检漏仪（或肥皂水）检查。

（7）计量装置与周围其他设施的安全间距是否符合要求。

（8）户外计量装置应检查表箱是否锈蚀、破损。

（9）计量装置是否有清晰的指示标贴，例如黄色燃气标贴等。

（10）记录计量装置的品牌、型号、进气口位置、出厂日期及读数。

4. 阀门检查

（1）紧急切断阀是否有清晰的开关指示牌、警告指示牌。

（2）检查紧急切断阀、燃具前控制阀开关是否灵活，是否生锈，是否漏气，如无法开展气密性测试时，可用检漏仪（或肥皂水）检查。

（3）燃具前控制阀手柄是否遗失，开关是否灵活。

5. 其他项目检查

（1）用气房间是否存储易燃易爆品。

（2）是否存有与LPG钢瓶混用的炉具。

（3）可燃气体报警器是否运行正常。

（4）管道指示牌是否清晰可辨、管道走向是否与实际相符、张贴位置是否合适。

（5）了解操作人员是否正常操作、是否熟知漏气处理步骤、是否知道燃气公司的抢修电话。

（二）餐饮用户其他检查内容

对餐饮用户，还需特别检查燃具、通风及排烟和连接软管。

1. 燃具检查

（1）燃具外观是否良好，燃烧工况是否正常。

（2）燃具与周边其他设施是否有足够的安全间距。

（3）各炉头阀门、点火棒控制阀门开关是否顺畅；并用检漏仪（或肥皂水）检查阀门在开关过程中是否漏气。

（4）各炉具熄火保护装置是否正常。

（5）记录燃具型号、品牌、耗气量、燃烧方式。

2. 通风及排烟检查

（1）炉具是否装有排烟罩或适当的烟道抽气系统，是否有严重的油烟积聚。

（2）炉具安装地点（厨房或地下室）是否通风良好。

（3）当燃具和用气设备安装在地下室、半地下室及通风不良的场所时，是否设置机械通风、燃气泄漏报警器、一氧化碳报警器等安全设施。报警器是否有定期检查记录，保证其处于正常使用状态。

（4）当采用自然通风时，房间是否设有固定且足够流量的通风口或对外开的门。

3. 连接软管检查

（1）软管是否暗设，是否为燃气专用软管，是否安装在容易受到热辐射影响的地方。

（2）固定式用气设备是否采用不锈钢波纹软管连接，若可移动燃具采用橡胶软管连接或公称壁厚不少于 0.2mm 的不锈钢波纹超柔软管，其长度是否超过 2m。

（3）软管接口是否漏气，若为橡胶软管时，检查其两端是否有管夹且固定牢固。

（4）检查橡胶软管是否老化、破损、中间有接头，是否存在穿墙、门窗等情况。

（5）检查软管的使用时间，结合过厂家建议的软管使用年限、当地政府软管使用时间的要求以及软管的现实使用状态，判断其是否为超期。

第四节　入户安全检查风险分级及处置要求 ‹

一、风险分级

入户安全检查风险分三级。

（一）一级风险

（1）表前管道、气表、阀门、表后燃气管道及附属设施、灶具等燃气燃烧器具漏气。

（2）厨房门窗被人为封闭，厨房结构被改造成暗厨房（厨房无直通室外的门或窗，无法开窗），导致厨房通风不良。

（3）燃气设施、用气设备房间被改成卧室、卫生间、浴室等使用。

（4）表前管道、气表达到四级及以上锈蚀。

（5）表前管道、气表位置被擅自改动。

（6）未采取任何保护措施的表前管道穿越卧室、浴室、卫生间、易燃易爆物品仓库等。

（7）未用气接头未封堵。

（8）非金属软管存在表面龟裂、裂口。

（9）热水器为直排式。

（10）热水器安装在卫生间、卧室或通风不良的房间，或被封闭。

（11）室内热水器未装烟道、烟道未伸出室外、烟道与热水器排烟口无密封、烟道破损。

（12）燃气表、引入管在卧室、卫生间及更衣室内或者安装在堆放易燃易爆、易腐蚀或有放射性物质等危险的地方。

（13）无机械通风设施。

（14）没有安装可燃气体报警控制系统和泄爆装置。

（二）二级风险

（1）厨房改造成与客厅相连（敞开式厨房）。

（2）新建的小厨房（套内使用面积小于 $22m^2$ 的住宅或面积小于 $3.5m^2$ 的

厨房）。

（3）燃气设施房间堆放杂物、易燃易爆物、腐蚀性物品。

（4）表前管道使用铝塑复合管。

（5）燃气表超期使用。

（6）户外燃气表裸装、燃气表损坏或计量不准、户外表箱损坏或四级以下锈蚀。

（7）管道停止运行、报废未有效处置。

（8）表后管穿越卧室、浴室、卫生间未加套管。

（9）软管有穿墙、顶棚、地面、楼板、门和窗。

（10）表后管私拉乱接，私加三通。

（11）非金属软管与火源、电源的距离不符合要求。

（12）室内热水器烟道有接头、无自然向上坡度、无烟帽或排烟口离门、窗的距离不够、多台烟道合用一个总烟道且相互影响、无防倒风措施、水平烟道穿越卧室等。

（13）燃气燃烧器具、用气设备等停止使用。

（14）燃气锅炉和燃气直燃机组不是具有多种安全保护自动控制功能的机电一体化的燃具；无可靠的排烟设施和通风设施；无火灾自动报警系统和自动灭火系统。

（15）擅自安装、改装、拆除户内燃气设施，或者将液化石油气等其他气源接入燃气系统混用。

（16）工业生产用气设备燃烧装置上未设低压和超压报警以及紧急自动切断阀。

（17）烟道和封闭式炉膛，未设泄爆装置，泄爆装置的泄压口未设在安全处。

（18）鼓风机和空气管道未设静电接地装置（接地电阻不应大于 100 Ω）。

（19）用气设备的燃气总阀门与燃烧器阀门之间，未设置放散管。

（20）工业设备设有带压空气和氧气助燃，未加止回阀和阻火器以及安全泄压装置。

（21）使用鼓风机向燃烧器供给空气进行预混燃烧时，未在计量装置后的燃气管道上加装止回阀或安全泄压装置。

（22）管理单位未与单位燃气客户签订供用气安全协议。

（23）单位燃气客户未建立健全燃气安全管理制度。

（24）单位燃气客户未对燃气操作维护人员进行相关知识培训。

（25）可燃气体报警控制系统未按规定进行定期检测维护。

（26）用气设备无检验合格报告或出具虚假检验合格报告。

（27）无独立的事故机械通风设施。

（28）燃气管道未设手动快速切断阀。

（29）未采用非燃烧体实体墙与电话间、变配电室、修理间、储藏室、卧室、休息室隔开。

（30）地下室内燃气管道末端未设放散管或放散管未引出地上。

（31）大中型用气设备无防爆装置，用气场所照明电气未使用防爆类型。

（三）三级风险

（1）管道未固定或固定不牢靠。

（2）引入管、立管或气表被暗封。

（3）立管被嵌入洗衣（碗）槽或灶台板。

（4）表前管道、气表与电气设备等间距不足，或将燃气管道作为接地线。

（5）引入管、立管或气表上搭挂重物。

（6）表后铝塑复合管接头暗埋。

（7）非金属软管未使用专用燃气管，软管长度超过 2m。

（8）非金属软管与管道、燃具连接处未固定。

（9）嵌入式灶下方的柜体未留通风孔或通风面积不够。

（10）灶具与墙面的距离不足。

（11）灶、热水器与电器、插座、木质家具等间距不足。

（12）燃气燃烧器具故障、超期、气源不匹配、无熄火保护功能、私改。

二、处置要求

对居民用户，要求凡是漏气及整改责任主体为燃气经营单位的一级安全隐患必须 100% 整改，消除安全隐患，如客户不配合可暂停供气，杜绝安全事故发生。整改责任主体为客户的一级安全隐患必须 100% 发现及有效告知客户，在形成一级安全隐患的醒目位置张贴危险警示标贴，同时照相存档，并督促客户整改。客户未整改的一级安全隐患，应采用短信通知、邮寄挂号信、小区公告栏或楼栋出入口（大厅）等醒目位置张贴公告的方式有效告知客户并跟踪督促整改，其告知内容应包括客户地址、门牌、姓名、隐患内容、安全用气宣传等，还应将隐患明细及公告情况报属地街道、燃气管理部门等备案。

对非居民用户，要求所有一级安全隐患必须 100% 整改，消除安全隐患，如客户不配合可暂停供气，杜绝安全事故发生。

同时，对二、三级隐患做好详细的记录和存档，竭力寻求政府、社区、媒体等多方面的支持，限期完成整改。

第九章
城镇燃气维抢修管理

燃气设施运行过程中，因受到第三方损坏、腐蚀、设计和误操作等不确定性因素的影响，可能会出现泄漏、火灾、爆炸等事故。因而，燃气企业需要不断提高维抢修技术，不断完善维抢修体系，不断完善维抢修相关制度及规程文件，培养技术过硬、经验丰富的作业人员，不断摸索出更加适合城市燃气维抢修的方法，做到能够自如地应对各种突发事件，进一步提高安全风险应急处置能力。

第一节　燃气设施失效分析

一、埋地钢质管道失效

（一）腐蚀导致管道本体穿孔泄漏

目前，城市燃气埋地钢质管道外防腐层以 PE 防腐层及沥青绝缘防腐层为主。在管道建设过程期间，绝缘防腐层在抬布管、下沟、回填等建设过程中很容易被破坏，造成变形、破损等缺陷。同时，在役管道运行过程中，绝缘防腐层也很容易被管道周围的动土作业（如绿化、敷设其他管道、地质勘探时的钻土取样等）破坏，形成防腐层破损点。在管道防腐层破损处，管体长时间受外界电化学腐蚀，经常出现腐蚀穿孔泄漏，如图 9-1 至图 9-3 所示。

图 9-1　管道防腐层破坏　　　　　　　　图 9-2　管体腐蚀穿孔

图 9-3　管体因腐蚀穿孔导致的燃气泄漏

（二）地质沉降或位移导致管体断裂

一般来说，城镇燃气管道所经过的土壤及地层应该是密实而且稳定的。但因为人为活动及自然灾害，如房屋扩建等临时或永久构建筑物及弃土占压，道路及小区等地基土壤回填不密实，临坡（堤、堡坎、大型露天挖掘作业现场）管道被暴雨或洪水冲刷及滑坡，地下水管道破裂冲刷等因素导致地质沉降或位移，燃气管道会被强力挤、压、拉，从而引发管道断裂。

（三）第三方施工作业导致管道破坏

城市里常见的第三方施工作业主要有房屋或立交桥等大型地面建筑物开挖地基施工作业，新建小区或道路建设开挖路口，管道附近敷设其他埋地管道，市政及小区绿化，因其他管道失效或改线等原因而进行开挖，地质勘探时的钻土取样，这些施工作业经常对燃气管道造成不同程度的破坏，详细情况见图9-4、图9-5和图9-6。

图 9-4　第三方施工造成管道防腐层多处破损　图 9-5　第三方施工造成管道大量泄漏

图 9-6　第三方施工造成管体破裂

（四）管道本体质量问题引发失效

本体质量问题主要有管道本体或管件本体存在砂眼或裂纹等缺陷，管道焊接部位存在未焊透、未熔合、咬边等焊接缺陷，法兰连接部位因热胀冷缩导致密封不严的现象，阀门本体和绝缘接头密封填料不足等，这些质量问题极易导致失效泄漏。

二、埋地聚乙烯管道失效

聚乙烯管道失效主要由管道焊口焊接质量问题、管件（电熔接头、钢塑转换接头）本体质量问题、管道上方占压堆土、地质沉降或位移，以及各类第三方施工作业引发。聚乙烯管道焊接的质量问题多由管材焊接面不平整、焊接面有油污、氧化皮未清理干净、焊接过程中管材管件存在位移、加热时间不够、加热温度不够、冷却时间不够等原因所导致，容易导致焊接部位断裂失效。管道上方占压堆土、地质沉降或位移、各类第三方施工作业造成的失效情况与埋地钢质管道相同，此处不重复叙述。

三、楼栋立管失效

（一）吹扫桩因回填土壤沉降拉裂

吹扫桩因回填土壤沉降拉裂多是因为新建小区为高填方区，回填土壤不密实，因地面沉降造成拉裂（图 9-7）。

图 9-7　吹扫桩因地面沉降被拉裂

（二）户外立管本体因腐蚀导致穿孔泄漏

户外使用的钢管、镀锌管等立管本体因酸雨、草酸腐蚀导致锈蚀泄漏，此类失效是因为楼房交付使用前，均会对外墙用使用草酸清洗墙面，或是由于大气中酸雨的存在，长期作用下导致户外立管锈蚀，如图9-8、图9-9和图9-10所示。

图 9-8　吹扫桩腐蚀

图 9-9　立管出地端腐蚀

图 9-10　立管腐蚀

（三）立管连接部位因外力或工艺质量问题导致泄漏

户外立管连接部位因外力或连接工艺质量问题导致失效，此类失效多见于薄壁不锈钢管道及衬塑复合管道，如图 9-11 和图 9-12 所示。

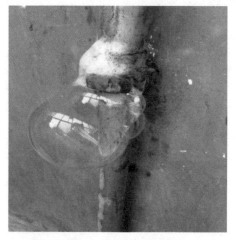

图 9-11　户外立管接头漏气

图 9-12　户内立管接头漏气

（四）户内立管因腐蚀导致的失效

户内立管在穿楼板处以及灶台、洗碗池等潮湿处，容易因微电池效应而腐蚀，如图 9-13 至图 9-17 所示。

图 9-13　户内立管腐蚀

图 9-14　户内立管腐蚀

图 9-15　户内立管腐蚀

图 9-16　户内立管泄漏

图 9-17　户内立管泄漏

四、入户及室内管道失效

（一）户外铝塑复合管失效

户外铝塑复合管因施工工艺问题容易导致老化、裂口，此类失效多见于未采取 PVC 槽板或管材保护的户外铝塑复合管。在长期被日光照射的情况下，仅一至两年，铝塑复合管外层就会褪色并出现裂纹（图 9-18）。此外，户外铝塑复合管因强风、外物撞击会导致断裂、脱落。应当说明的是，虽然依据 GB 50028—2006《城镇燃气设计规范》，铝塑复合管不应在户外使用，但在役的采用PVC槽板或管材保护的户外铝塑复合管，因隔绝了紫外线直射，其本质安全及使用寿命均能达到设计要求。

图9-18 入户铝塑复合管老化失效

（二）室内燃气管失效

室内铝塑复合管、镀锌管、不锈钢管、铜管、燃气软管等管材质量问题易导致管道失效，特别是铝塑复合管及燃气软管，如图9-19所示。这两类管材国内生产厂家众多、质量不一。此类失效多是因为使用了不合格的产品。另外，室内铝塑复合管、燃气软管等燃气管道接头部位连接经常出现失效，此类失效以灶具下方的软管部位脱落、松动等情况最多。

图9-19 不锈钢燃气管泄漏

五、调压计量设备失效

调压计量站（橇）、调压计量柜、调压箱内的设备或部件，因安装工艺或本体质量问题引发的失效，此类失效多见于连接部位，如图 9-20 所示。

图 9-20　设备连接法兰出现裂纹

气源中存在杂质、调压阀皮膜老化等原因容易导致调压阀直通，安全切断阀 / 安全泄压阀等设备因参数设置错误、设备老化、传动部位卡死等故障无法正常动作等原因，从而引起下游管道超压运行引发管道失效。

户外表箱破损易导致表箱进水，从而引起气表、管件、接头等部位锈蚀，户外表箱内各接头松动易发生泄漏，如图 9-21 所示。

图 9-21　气表、接头等部位锈蚀

六、室内燃气用具失效

室内燃气表具接头失效，多是由气表进出口垫圈老化或破损导致失效。室内燃烧器具本体质量问题引发泄漏，此类失效多见于灶具和热水器，特别是用户使用不带熄火保护功能的燃气灶更容易发生泄漏，如图 9-22 所示。

图 9-22　气表进口垫圈破损导致泄漏

第二节　燃气管道维抢修方法

一、维抢修作业依据标准

维抢修作业主要依据以下两个标准。

（1）CJJ 51—2016《城镇燃气设施运行、维护和抢修安全技术规程》规定："燃气供应单位应制定事故抢修制度和事故上报程序""应根据供应规模设立抢修机构和配备必要的抢修车辆、抢修设备、抢修器材、通信设备、防护用具、消防器材、检测仪器等设备，并应保证设备处于良好状态""接到抢修报警后应迅速出动，并应根据事故情况联系有关部门协作抢修。抢修作业应统一指挥，服从命令，并应采取安全措施"。对城镇燃气经营者来说，应当制定安全事故应急预案，配备必要的装备并定期组织演练。

（2）CJJ/T 147—2010《城镇燃气管道非开挖修复更新工程技术规程》是对工作压力不大于 0.4MPa 的在役燃气管道，采用插入法、折叠管内衬法、缩径内衬法、静压裂管法和翻转内衬法进行沿线修复更新的工程设计、施工及验收标准。

二、维抢修方法

城镇燃气管网大多采用钢质管道或聚乙烯管道，不同材质管道维抢修方法不同。现场维抢修方法通常可分为降压处理和不降压处理。采用何种抢修方法，应根据管道材质、泄漏点及周边环境的具体情况而定。

（一）降压处理的钢质管道维抢修方法

城镇燃气管网中钢质管道及附件维抢修过程中需要降压处理时，常用的方法有以下几种。

1. 直接焊补

当管道漏点较小或管道运行时间不长且管材质量较好时，将压力降至 400～600Pa，直接进行焊补。如果焊缝漏气，应将焊缝漏气部位重新打坡口，然后直接焊补漏气点，焊完后提高燃气压力，用肥皂水或检漏仪检查焊口。如无漏气现象，即可认为补焊合格，将燃气压力恢复正常。

2. 嵌填焊补

当管道漏气部位为腐蚀穿孔或泄漏缝隙较大以及管道材质较差时，应使用相同材质钢材嵌填，以减小漏气面积，然后降压进行焊补，检测方法同直接焊补。

3. 复贴焊补

当管道漏气部位为面状泄漏时，应使用钢板复贴在漏气部位，然后将钢板与管道焊接牢固。通过对漏气抢险、抢修部位进行统计，凝水缸失效的比例最高，且危险性较大。漏气部位为缸体时，采用钢板复贴焊补效果较好。

4. 抱箍法焊接

（1）当管道泄漏点较分散、采用局部焊补较困难时，可采用抱箍法焊接。预先做好抱箍，抱箍直径应大于管道直径，将抱箍与管道焊接牢固。

（2）法兰连接处发生泄漏时也可采用抱箍法焊接。在过去施工中，管道多处使用法兰连接，运行一段时间后，经常发生法兰因连接螺栓松动，密封圈破损导致漏气。例如，在更换某1500m长的中压管道（DN500mm）时，新旧管道采用法兰连接。因这段管道在道路下且埋深较浅，由于受热胀冷缩及外力作用曾多次发生漏气。最初挖出法兰连接处，紧固螺栓后防腐回填，但效果不理想。后来采用抱箍法焊接，彻底解决了法兰漏气的难题。

5. 更换管道

当管道存在多处腐蚀泄漏时，由于管道本身管壁较薄，不易焊补，应予以更换。抢修作业时有两种方法：一是采用降压手工作业，在需更换的管段两端开天窗，分别在管道两端天窗的来气侧打球胆（特制）、砌泥墙，再将需更换的管道内燃气放空，并用专用设备（鼓风机或压）将管道内余气吹净，然后再将需更换的管段断开，更换同材质的管道进行焊接；另一种是采用机械封堵设备在需更换管段两端焊接专用的法兰件，法兰件上安装业开孔机进行切削断管，断管完毕后再采用专业的封堵设备进行封堵，将需更换的管道内的燃气放空，并用专业设备将管道内余气吹净，然后需更换段断开，更换同材质的管道进行焊接。

6. 更换法兰密封垫

当管道附属设施，如阀门、补偿器、自制短节之间或上述附件与管道法兰连接之间漏气时，大多数情况下是密封垫破损，应降压及时更换密封垫。

7. 更换管道附属设施

当管道附属设施，如凝水缸、阀门、补偿器等发生漏气时，应根据实际情况降压，更换管道附属设施。

（二）不降压处理的钢质管道维抢修方法

城镇燃气管网中钢质管道及附件维抢修过程中不需要降压处理时，常用的方法有以下几种。

1. 急修管箍法

由于腐蚀穿孔、裂纹等原因，燃气管道发生漏气时，可采用急修管箍法。

在穿透的管壁破坏点上放置由韧性材料（如铅片或纤维材料）制成的垫片，用螺栓将包住管道的管箍（或管夹）与盖板拧紧，将垫片压紧。这种管箍常用在低压燃气管道上。高压管道可先用急修管箍作临时修理，然后焊上补强的钢环作为正式处理。

2. 引燃法

当燃气管道泄漏急需补焊而又必须维持供气不能停气排空时，必须采用带气带压操作方法予以补焊。首先将焊有带螺纹堵座的疤板盖于漏气处，并将疤板的泄气孔与漏气处对准，垫好密封软垫，再用临时管卡将疤板卡紧牢固。作业管道内的带压气体即通过堵座、螺栓倒齿管、橡胶软管等排至空旷安全处点燃，任其燃烧，起到排气泄压的作用。然后将疤板焊在管道上，再熄火卸掉螺栓倒齿管和橡胶软管，用螺栓将堵座的螺孔封住，最后将螺栓与堵座焊死。引燃法适用于低压管道漏气情况。

3. 临时木塞封堵

当凝水缸立管发生整体折断且压力较高时，在特殊条件下，可采用同口径木塞堵住漏气点。作业人员堵漏时应穿防静电服装，戴好防毒面具，钢制工具涂抹黄油，严禁产生火花，必须配备消防器材，由专业人员操作。木塞采用松木材质，经机械加工成圆锥形，采用防腐处理并且用油浸泡。临时处理后做好保护措施，等待有条件时降压做永久处理。

4. 直接更换法

当凝水缸抽水管阀门、弯头等断裂，在压力允许条件下可以直接带压更换。直接更换法适用于低压情况，但要注意采取安全保护措施，例如佩戴防毒面具和救生绳等。

5. 紧固法兰连接螺栓

当漏气部位为法兰时，在多数情况下，由于管道受热胀冷缩作用，管道连接螺栓松动，可采用更换、紧固螺栓方法处理漏气。更换螺栓前，应向螺栓喷洒松动剂，逐个更换螺栓，如遇锈死螺栓可用钢锯割断，更换螺栓时严禁明火。

6. 采用专用堵漏剂、快速堵漏器材

快速堵漏器材能在带压正常工作的状态下，对泄漏点进行边漏边堵，方便快捷，技术独特，尤其其具有的无火花性能，保证了抢险安全，但价格较贵。

7. 管道磁力带压堵漏技术

借助磁铁产生的强大吸力，使涂有胶黏剂或堵漏胶的非磁性材料与泄漏部位黏合，达到止漏密封的目的，如图 9-23 所示。磁压堵漏技术适用于亲磁性管道的泄漏封堵，具有以下技术特点：根据不同形状的泄漏部位预制形状相吻合的铁片，以实现多种不同曲率半径部位的泄漏封堵；耐受压力高，磁铁的强磁力在高压状态下可轻松实现对准定位；操作简单，只需对准泄漏点施放结合即可；具有磁压粘贴捆绑等诸多综合功能；优良的耐化学腐蚀、阻燃防静电、耐压抗震等优点。

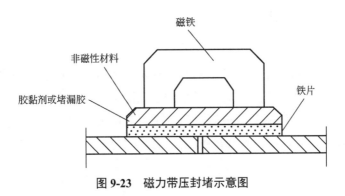

图 9-23 磁力带压封堵示意图

8. 管道补强技术

碳纤维复合材料（CFRP）由于具有强度高抗腐蚀耐久性好施工简便不影响结构外观等优异特性，从 20 世纪 90 年代起就在工业发达国家用于油气管道补强修复，CFRP 管道补强修复见图 9-24。碳纤维复合材料具有高弹性模量高抗拉强度高抗蠕变性等优异的机械性能，可以降低管道缺陷处的应力和应变，恢复甚至提高管道的承压能力等优点。其不足之处是纤维材料价格昂贵，较难对正在泄漏中的破损处施行有效应急修复。

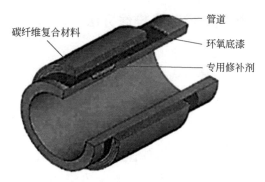

图 9-24　碳纤维补强示意图

9. 不停输带压封堵技术

不停输带压封堵技术是一种在不停气状态下进行换管、开孔、碰口和联头的技术。该技术通过在管道事故段的两侧架设旁通管道，从旁通管道内侧封堵原管道，使输送介质流经旁通管道的方法来完成不停输换管，其工艺流程图见图9-25。封堵技术主要封堵技术有盘式封堵和筒式封堵两种。该技术无须停气，因此对下游天然气用户无影响，大大降低了因为断气而造成的一系列损失，但工艺过程复杂，精细化程度高，所需费用也较高。

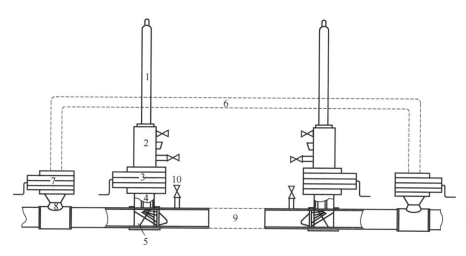

图 9-25　管道不停输机械封堵工艺流程图

1—封堵缸；2—封堵接合器；3—封堵夹板阀；4—封堵三通；5—封堵头；6—旁通管道；

7—旁路夹板阀；8—旁路三通；9—抢修、维修、改造管段；10—平衡压力短节

（三）聚乙烯燃气管道的维抢修方法

聚乙烯燃气管道维抢修作业可参照钢质管道常用方法进行。此外，根据聚乙烯燃气管道的特点，还可选择马鞍修补法、封堵装置带气换管法和带气换管法等特有的方法。

1. 马鞍修补法

马鞍修补法主要修复聚乙烯燃气管道较小的损伤，例如，管道表面有小范围的穿孔或局部划痕，均可采用这种修复方法。实施步骤概况为：第一，将受损管道损伤部位清理干净，将待熔接部位的表面氧化层刮掉，根据损坏的情况确认是否需要进行降压或停气工作，确认后进行下一步工作；第二，预制对接，将修补马鞍牢固安装在刮掉氧化层的管道上，要注意与管道保持垂直且充分贴合；第三，调整好焊接时间与电压，对管件进行焊接作业；第四，进行检查确认，确保修复质量符合要求。

2. 带气换管法

带气换管法适合于外径不大于 160mm 的 PE 管。当 PE 燃气管道损坏较为严重时，应当采用带气换管的方法。带气换管是对损坏管段两端进行夹扁断气处理，不影响对周边燃气管道的供气，该方法一般需要 2 台止气夹进行断气，靠近阀门时也可省去 1 台止气夹。由于 PE 管有良好的强度和柔韧性，且该方法抢修换管所需时间较短。当拆除止气夹后，借助复原器，PE 管道能够较好地恢复至原来的形状。

3. 封堵装置带气换管法

封堵装置带气换管法适合于外径不小于 160mm 的抢修换管或末端带气接管。PE 管封堵装置带气接管技术是一项比较新的技术，它可保证在不间断供气的情况下对管道进行抢修。在进行管道抢修时，利用封堵装置代替止气夹，借助阀箱在 PE 管道上定位，用封堵机封堵施工管段的两端，再使用钻孔机进行钻孔。在 PE 管损伤段抢修完成后要旋上保护盖并检漏。

第三节 维抢修处置

燃气设施失效后，应立即开展维抢修工作。在整个维抢修过程中，生产调度系统是枢纽部门，所有指令、信息均应由调度汇集、传达，杜绝多头指挥，避免因指挥混乱引发次生灾害。维抢修工作处置流程见图9-26。

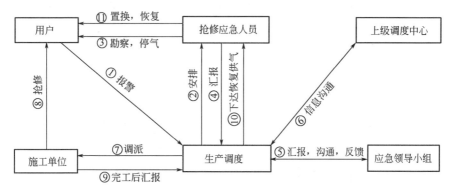

图 9-26　维抢修工作处置流程示意图

一、接警处理

生产调度中心（注：根据各单位职能划分不同，抢险应急职能可能在抢险应急中心、客户服务中心等部门，本文假设该职能由生产调度中心承担）接到用户（居民、商业、集体、工业）或关联单位（上游气源单位、政府应急办公室、110、119 等）报警电话后，迅速问清现场具体情况，例如，发现疑似泄漏的地点、现场是否着火（爆炸），以及有无人员伤亡、报警人姓名和电话等。

生产调度中心根据险情描述，对处置方式做出初步判断，根据险情大小、紧急程度，启动本单位对应层级的应急预案（应急处置程序），并立即安排抢修值班人员前往现场进行勘察，核实现场准确情况。

二、维抢修准备

抢修人员应根据报警描述情况，备齐初步处置所需工器具（如泄漏检测仪、乙烷分析仪、氧气浓度检测仪等气体检测仪器，警戒带、桩等警戒物品，阀井盖撬棍、阀门开关专用工具、防爆活动扳手等可能使用的工器具，防爆手机、对讲机等通信器材），穿戴好劳动防护用品，在规定时间内赶到事发现场。

注：CJJ 51—2016《城镇燃气设施运行、维护和抢修安全技术规程》中的

抢修章节仅要求"接到抢修报警后应迅速出动",并未明确到达时间,国内不同省份、不同燃气企业对接警后到达现场时间也未统一,根据川渝两地通用做法,原则上接警后第一批到达现场开展初期处置最长不得超过半小时。

三、现场处置

到达现场后,抢险人员应第一时间检测确认环境中的可燃气体浓度。若现场可燃气体浓度高于爆炸下限的20%,应立即切断气源(注:由于城镇燃气管网的复杂性,一条管道可能存在多个气源,故所有气源均必须切断。同时,由于部分商业、集体、工业用户备有LNG、燃气液化罐等第二气源,故位于事发管道后端的控制阀也应关闭),并选择安全位置放空(注:放空位置应尽量选择空旷、人口密度较低的区域,可选择打开管道线路上的阀门上自带的放空阀或调压箱过滤装置盲板进行放空作业。若因现场条件限制放空位置人口密度较大,应设立警戒区域,疏散无关群众,放空时应在警戒区域边界处进行可燃气体浓度检测,当检测可燃气体浓度高于爆炸下限的20%时应暂停放空,待可燃气体在空气中充分扩散稀释后再继续放空)。在事发现场低于爆炸下限的20%区域设立现场警戒并疏散群众,在确认安全的前提下开展人员救护、查找准确的泄漏点位等初期应急处置工作。当调压站、调压箱因调压设备、安全切断设施失灵等造成出口超压时,应立即关闭调压器出口阀门,并应对超压管道放空降压,排除故障。当压力超过下游燃气设施的设计压力时,还应对超压影响区内的燃气设施进行全面检查,排除所有隐患后方可恢复供气。整个初期控制处置以在保证处置人员自身安全的前提下第一时间控制险情,避免发生次生灾害为要。

现场抢修人员及时将现场情况(初期应急控制情况、气源切断情况等)向生产调度进行汇报。生产调度根据汇报情况启动应急预案的层级,及时将现场情况汇报至对应的应急处置相关领导。同时,向须参与到应急处置的人员、技术服务单位传达应急处置各项任务指令,并发起本单位应急处置受影响单位告知流程(注:一般由生产调度或客户服务中心通知受影响方,需要注意的是,受影响的除本单位各类用户外,还可能涉及上游气源单位)。根据险情,需要地方职能部门配合的,还应联系有关部门协作抢修。在整个应急处置过程中,生产调度应及时收集汇总各类信息并向上级生产调度进行信息通报，及时传达上级单位应急处置指令。

应急现场指挥在现场根据实际情况制定抢修方案，并指挥各作业人员开展抢修工作。抢修完毕后，现场抢修人员、第三方检测单位进行检查验漏、焊口质量检测等工作，确定无问题后报告本单位生产调度中心。

四、恢复生产

生产调度核实现场情况，并在核实已有效告知停气影响用户后，根据应急预案层级接收并向现场传达恢复供气指令（注：为保证通气安全，原则上夜间不向居民、商业等用户通气，对于集体和工业用户，在确认该用户已做好恢复供气准备后可安排恢复供气。目前国内部分燃气企业规定并向社会宣传了其停气后恢复供气的时间段，此做法值得借鉴）。

现场人员接到指令后，进行空气置换和恢复供气工作。生产调度将恢复供气情况及时通报应急领导小组相关成员，接收关闭应急预案指令，并向上级调度中心进行汇报。

第四节　维抢修制度建设

燃气企业应根据 GJJ 51—2016《城镇燃气设施运行、维护和抢修安全技术规程》、本单位 HSE 管理体系等相关规范、标准和本公司安全生产管理相关规定，结合公司的实际情况，可对城市燃气维抢修按分级负责的管理原则进行管理。

一、分级管理

根据管道及其设备设施失效事件危害程度、造成影响范围、设备设施损坏程度及部位、压力级制等因素，可将城市燃气维抢修划分为公司级、分公司级、基层单位级，也可以结合公司安全事故应急预案分级应急模式进行分级管理。

（一）公司级维抢修

（1）天然气配气站、CNG 站泄漏着火、爆炸。

（2）天然气管道及配套设施泄漏着火、爆炸。

（3）生产办公场所、施工作业现场发生电器短路、漏电导致人身伤亡或设备毁损。

（4）施工作业现场、配气站、CNG站发生各类重大自然灾害（雷击、洪灾、风灾、雹灾、森林火灾、山体滑坡、泥石流等）。

（5）CNG站、配气站、施工作业现场发生重大设备事故。

（6）CNG站、配气站发生因污水污物排放等发生重大环境污染。

（7）燃气严重泄漏并窜入附近其他地下空间（如地下室、电缆、电信沟、暖气、排水沟等）而造成大面积污染（受影响用户 $\geq 5 \times 10^4$ 户）。

（8）门站、储配、调压站内因设备故障造成全部区域供气中断。

（9）门站、储配站、调压站调压器失灵造成高级别压力燃气窜入低级别压力燃气管网。

（10）加臭剂大量泄漏，引发环保事件。

（11）施工作业现场因事故造成人身伤亡。

（12）不可抗自然灾害，造成危险，如不立即处置，可能造成人员、财务损失的情况。

（二）分公司级维抢修

（1）燃气泄漏可能造成着火、中毒、爆炸等灾害性事故发生和人身伤害。

（2）中压以上、吹扫桩前的低压燃气管网发现泄漏或接到有可能泄漏的报险。

（3）低压燃气管道受外力作用造成突发性断裂，影响局部区域供气，以及受外力作用而造成突发性断裂、供气大面积中断。

（4）室外阀井、阀门、调压箱、燃气表等设备设施受外力作用发生突发性泄漏但未造成其他后果的。

（5）门站、储配站、调压站（器）等因设备故障造成局部区域供气中断。

（6）CNG设备事故，未造成人员伤亡，且未产生其他严重后果的；因设备故障造成停产。

（7）施工作业现场发生事故，但未造成人员伤亡。

（三）基层单位级维抢修

（1）燃气立管吹扫桩后端户外、户内燃气设施发生泄漏等。

（2）室外阀井、阀门、调压箱、燃气表等设备设施发现微漏的现场处置。

（3）门站、储配站、调压站（器）等因设备故障，未造成供气中断。

（4）CNG设备故障，造成临时性停产。

二、机构设置

按照分级负责的原则，维抢修应急机构对应设置三级。

（一）公司级维抢修应急机构

公司级维抢修应急处置机构主要负责公司级失效事件应急处置的组织实施。

1. 应急处置领导小组

应急处置领导小组由组长、副组长和成员组成。

组长：由该单位主要负责人担任；副组长：由该单位分管生产或安全负责人担任；成员：生产运行和安全环管理部门人员等。

2. 抢险抢修队伍

抢险先遣队（人员）：发生失效突发事件分公司级公司和属地单位应急成员。

抢险施工作业队伍：分公司级公司负责落实。

3. 抢险抢修指挥部

抢险指挥部突发事件发生时，设在出事现场。当突发事件发生时，公司各职能部门相应人员及各种资源立即转入突发事件处置机制，并统一接受抢险抢修指挥部的指挥。

（二）分公司级维抢修应急机构

分公司级单位维抢修应急处置机构主要负责分公司级单位维抢修应急处置的组织实施。

1. 应急处置领导小组

应急处置领导小组由组长、副组长和成员组成。

组长：该单位主要负责人；副组长：该单位分管生产或安全负责人；成员：生产运行、管道、安全质量环保等相关人员。

2. 抢险抢修队伍

抢险先遣队（人员）：发生失效突发事件属地单位应急成员。

抢险施工作业队伍：三级单位范围内抢修施工作业单位。

3. 抢险抢修指挥部

抢险指挥部日常设在三级单位生产调度室，突发事件发生时，设在出事现场。当突发事件发生时，应急事件相应人员及各种资源立即转入突发事件处置机制，并统一接受抢险抢修指挥部的指挥。

（三）基层单位级维抢修应急机构

基层单位级维抢修应急处置机构主要负责属地维抢修应急处置的组织实施。

1. 应急处置领导小组

应急处置领导小组由组长和成员组成。

组长：基层单位级领导；

成员：生产、管网、安全质量环保等相关人员。

2. 抢险抢修队伍

抢险先遣队（人员）：发生突发事件区域内各所办、站点当班员工。

抢险施工作业队伍：基层单位级范围内抢修施工作业人员。

3. 抢险抢修指挥部

突发事件发生时，应急成员立即响应，抢险指挥组设在出事现场。当突发事件发生时，应急事件相应人员及各种资源立即转入突发事件处置机制，并统一接受抢险抢修指挥部的指挥。

（四）机构职责

1. 日常管理办公室的职责

（1）负责贯彻执行国家、行业及上级主管部门有关抢修管理的法规、政策和规定。

（2）负责《城镇燃气生产维抢修应急处置管理办法》和《突发事件应急物资储备管理办法》的编制、修订和宣贯。

（3）负责公司《城镇燃气重大事件专项应急预案》《城镇燃气重大自然灾害突发事件专项应急预案》和《城镇燃气特种设备安全事故专项应急预案》的编制、修订和宣贯。

（4）对各单位燃气应急抢修的各项工作进行监督检查。

（5）负责燃气应急抢修工作的信息传递和应急物资调配。

2. 应急处置过程中，各部门、单位人员按照对应级别的分工

1）生产、管道、工程技术及各单位生产、管道办公室

（1）参与突发事件的协调、组织和统筹。

（2）负责突发事件现场抢险所需设备、运输等的组织协调。

（3）参与突发事件处置方案的制定，现场抢险方案的修订，并开展现场的抢险。

（4）负责突发事件处置所需工程技术方案的制定和实施，并提出突发事件处置所需抢险物资的计划。

（5）负责突发事件处置工程技术方案所需专业技术设备和设施的组织、检查、维护和恢复，以及方案的评价。

（6）负责对突发事件处置方案的技术可靠性进行会审，检查方案落实情况，督促整改检查中发现的问题。

（7）负责对对口施工项目的施工单位发生的重大事故进行协调抢救，防止事故扩大，及时向本单位汇报情况，配合施工单位组织联合救援小组，进行抢险援救。

（8）根据突发事件处置负责人的指示，负责向上级对口管理部门汇报突发事件处置情况。

2）安全环保质量部、各单位安全（生产技术）办公室

（1）参与突发事件处置的抢险和现场协调工作。

（2）参与突发事件处置方案的制定，负责对方案的安全性进行审核。

（3）负责突发事件处置过程中地方交通和公安的道路疏通的协调工作。

（4）按照"四不"放过原则，负责事故调查处理。

3）市场营销（客户服务中心）、各单位营销办公室、相关营业所

（1）负责突发事件发生后，向周边居民、用户的宣传告知工作。

（2）参与突发事件处置中现场抢险和现场协调工作。

4）公司办、各单位综合办公室

（1）负责与突发事件发生地、上级等相关方的协调沟通，及时通报双方的信息。

（2）参与突发事件处置方案的制定和现场的处置。

（3）负责突发事件处置期间的接待、协调和事件处置期间人员生活后勤保障。

（4）负责突发事件处置期间应急救援车辆运输的组织、调度。

（5）负责向上级和对外突发事件处置信息的发布。

三、处置标准及要求

（一）适用标准、规范及制度

（1）GJJ 51—2016《城镇燃气设施运行、维护和抢修安全技术规程》。

（2）GB/T 50811—2012《燃气系统运行安全评价标准》。

（3）CJJ/T 147—2010《城镇燃气管道非开挖修复更新工程技术规程》。

（二）维抢修应急处置要求

（1）各级指挥中心应及时主动收集掌握处置进展动态，并及时进行信息的上报。在抢险先遣队到达现场后对现场情况初步汇报、泄漏点确认、实施停气前、恢复供气前及其他关键点，必须汇报；其余时段，每2小时汇报一次。

（2）生产维抢修应急处置应迅速、果断，应急处置过程中应有安全人员现场监护。

（3）接到报险（电话或来访），首先问明报险原因、详细地址、报险人姓名、联系电话、报险内容（如漏气、着火、爆炸等紧急事故情况）、接险时间等重要信息，并做好记录。

（4）抢险先遣队（边远场镇为场镇管理员）要在接到抢险通知 5min 内出动，15min 内（边远场镇为 30min）赶到事发现场，根据记录或在报险人的引导下利用工具或仪器探明报警实情，确认是否漏气。如果群众误报，要耐心向群众做解释工作，消除群众疑虑；确属漏气的，应对漏气点做好隔离防护（设置好警示架、警示带，夜间还要设置警示灯），及时向抢险指挥部报告现场情况，抢险指挥部负责人根据事态的发展决定是否通知联动机构参加抢修，是否通知 119、120 前来支援。

（5）初起事故或火灾发生后，抢险抢修人员应沉着冷静，首先关闭两端阀门同时布置警戒线，然后迅速使用消防器材，扑救初起火灾，以控制火势，防止火灾蔓延。现场指挥及抢修施工作业队伍到位后，依据公司各级应急预案实施处理。

（6）维抢修应急处置过程中的施工作业，应现场办理《维抢修应急处置施工作业许可证》。在应急处置施工作业现场办理，根据分级由现场生产技术负责人和安全负责人会同施工作业队伍进行现场核查，现场负责人批准；现场核查必须按公司制度和相关规定进行，不能因时间紧急降低对安全的要求。现场应急施工过程管理执行公司 HSE 相关管理规定。

（7）在紧急事故状态下，按照公司规定的抢险程序，全体员工要随时听从指挥和调动，材料、物资、车辆要听从指挥和调配，保障物资供应。

（8）燃气管网及配气站、CNG 站的应急抢修作业必须按规程执行，要有足够的安全保障措施，参加应急处置的人员要掌握安全保护及紧急救护相关知识。

（9）向上或对外报送的信息，必须经过对应级别的应急指挥小组组长批准。

（10）总结经验教训。各级维抢修应急处置工作结束后，应认真总结经验教训。属于事故的，应按照事故管理相关规定执行。

四、维抢修应急处置程序

对不同级的维抢修，采取不同的应急处置程序。

对于公司级维抢修，采取的应急处置流程见图 9-27。

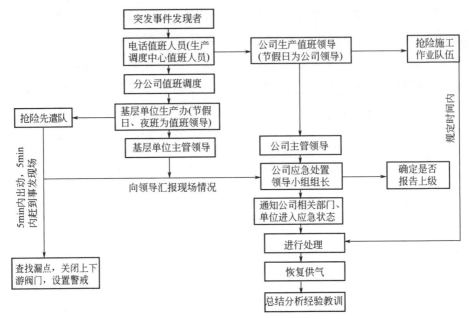

图 9-27　公司级维抢修应急处置流程

对于分公司级维抢修，采取的应急处置流程见图 9–28。

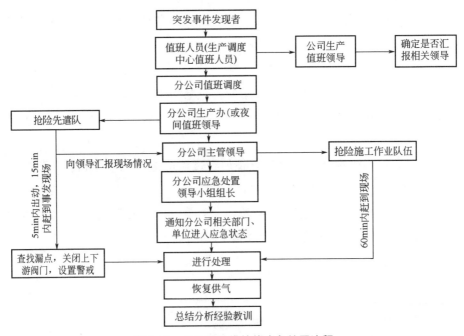

图 9-28　分公司级维抢修应急处置流程

对于基层单位级维抢修，采取的应急处置流程见图9-29。

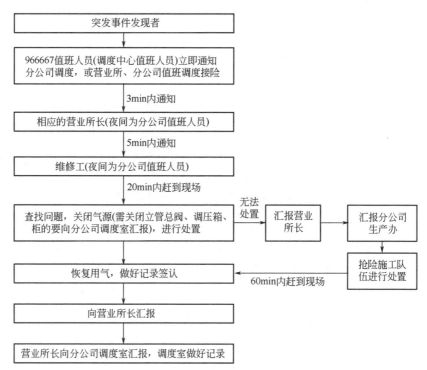

图9-29　基层单位级维抢修应急处置流程

五、维抢修应急保障体系建设

（一）组织机构与制度

应结合本单位实际情况，从组织机构与职责、应急物资机具计划、仓储、维保、调用与报废等方面，建立一套符合本单位的应急保障体系，建立应急值班制度、维抢修制度，建立应急操作守则，完善应急预案。

（二）人员队伍保障

维抢修人员应获得国家或行业认可，包括管工、焊工、电工、防腐工、检测工、巡逻工、应急抢险车驾驶员以及相关管理人员等。维抢修队伍应由具备市政资质的公司承担，从事挖掘、土石方搬运、苗木搬迁、工艺焊接、工艺安装等工作。

（三）机具设备物资保障

燃气企业应建立城镇燃气应急物资库，根据应急物资储备要求配置各项应急物资，应急抢修险队伍应根据维抢修业务配备专业机具。

（四）值班安排

燃气企业应建立 24h 维抢修值班机制，建立一套城镇燃气应急抢修险管理系统。针对传统抢险信息流转效率低下、抢险派工信息不能及时准确传递，以及抢险业务比较分散、抢险业务的管理比较混乱等现象（如抢险现场人员资源调度及现场作业指导等问题)，且抢险单采用纸质文档分散保存，抢险数据不利于保存和后期相关统计分析，存在对抢险业务支撑力度不够等问题。建设一套技术和业务管理统一的、适应城镇燃气公司生产管理的抢险调度系统，即基于移动平台为基础，以 APP 方式进行软件开发，通过建立燃气抢险调度系统，使用智能移动终端，实现语音、短信、图像、视频等多种方式的即时双向传递和交流，能够快速并通过不同方式将信息发布出去，同时汇总应急事故处理各过程的信息，集中展示，实现信息传递立体化；所有抢险、维修信息从接受、派发、处理，监督、归档都在同一系统实现，实现抢险信息集中；调度、抢险、维修、巡线人员统一配置指挥，实现抢险资源集中；抢险调度员从单纯的电话信息传递转换成为抢险进程提供实时技术支持，实现专业化分工。

（五）应急演练与培训

燃气企业应组织全员进行培训取证，掌握运维业务知识，获得运维职业资质。按管道、设备（特种设备）、自然灾害防治分专业每年不少于 1 次的城镇燃气应急演练，各区域每月不少于 1 次的双盲应急测试。

第十章
城镇燃气信息化

第一节　信息化概论

一、城镇燃气信息化的含义

信息化是将企业的生产活动、事务管理、市场营销、用户服务等业务过程数字化的具体体现，通过对企业业务过程的数字化处理生成可看、可读、可理解的信息资源，提供给企业活动的参与者，为企业发展提供有利于生产要素组合优化的决策，实现合理配置企业资源，使企业能够获得最大的经济效益。

随着社会的发展，科技的进步，计算机技术、信息技术等相关应用技术在各行业中的广泛应用，信息系统在企业经营管理和社会经济生活中所起的作用越来越重要，信息化的应用趋势也不断影响着燃气行业的发展，以自动化控制系统、管理信息系统为代表的各类信息化设备设施在燃气生产各个环节得到了广泛的应用，有效解决燃气企业生产、经营和管理过程中发展的需要。

信息化的意义可归纳为三个层面。一是提升工作效率。在燃气管道运营过程中，通过借助各类检测仪表、执行器、显示仪表、调节仪表、控制装置等设备对管道生产管理过程进行自动检测、监视、控制和管理，逐步实现生产过程自动化，即能提高工作效率，又可降低员工劳动强度。二是强化经营管理能力。借助信息化建设企业管理手段不断丰富，部门和员工之间沟通更加容易，信息传递更加快捷准确，通过信息化平台将生产管理、人事管理、财务管理、安全管理等各业务运营管理流程数字化、标准化、透明化，利用信息系统对企业管理资源进行合理调配，横向打通业务壁垒，业务集成应用一体化，纵向打通公司各层级管理壁垒，运营管理协作一体化，形成全业务链网格化管理。企业管理因为信息化而变得更加高效，业务流程因为信息化而变得更加流畅，运营成本因为信息化而不断降低。三是创新理念助推企业升级发展。信息驱动业务升级，数字催生发展变革，随着"互联网+"、大数据、云计算等技术的不断发展，燃气企业已大跨步进入到新的发展时期，创新、开放、共享成为信息时代发展的显著特征和重要理念，无论是生产过程的数字化管理，还是线下、线上全渠道的用户体验式市场营销，都离不开信息化这一创新工具的支撑和推动，信息技术使行业之间隔阂不断消融，也助推燃气企业向其他行业领域渗透，从单一燃气供应商向综合能源服务商这条道路不断开拓创新。

二、城镇燃气信息化发展历程

燃气企业信息化发展与我国城市化进程密切相关，20世纪90年代初，以国家主导、行业试点的方式在国内燃气业务发展初具规模的大城市开始推动信息化建设，随着城市燃气市场不断扩大以及先行行业应用信息化效果的不断凸显，燃气企业开始接触并不断尝试将信息技术带入燃气生产管理过程中。当燃气业务发展到一定阶段，管道长度和生产单元（场站、阀室等具备管道管理功能的附属设施）数量不断增加，生产规模不断扩大，生产管理难度也越来越大，对燃气供配过程中的数据监控、自动管理和分散控制需求越来越高。在燃气生产自动化领域信息技术应用最早始于仪器仪表的信息管理。伴随电子信息技术发展，电子式仪表、电动仪表以及单/多回路控制器等一批工业自动化仪表与系统开始在工业控制领域应用，逐步实现生产过程信息化管理，从最开始对生产现场检测、控制类仪表的本地集中管理，到借助通信网络逐步实现的远程集中管理与分散控制，各类应运而生的自动化设备和信息系统不断助推燃气生产过程自动化。

伴随生产自动化水平提升的同时，燃气企业从计算机辅助办公开始信息化建设不断深化，对信息管理系统的需求不断增长，最初计算机技术在企业经营、管理、生产等部门的应用，形成了一批分立的、单项应用系统。例如数据采集与监控和管道巡检等生产管理类系统，办公自动化、人力资源、财务管理、物料管理、质量管理等综合管理类系统。这些系统的建成，有力地提高了企业的生产效率、经营和管理水平，助推企业快速发展。随着计算机和通信网络等技术的进步，为促进企业各个层面业务的融合和信息资源共享，提高企业竞争力，借助计算机集成制造系统（CIMS）的不断发展，以网络为传媒，以集成为核心，以流程重组为主线，实现企业生产过程与业务流程的有机整合，企业信息化迈入集成应用阶段。近年来互联网的广阔活力将燃气企业带入到万物互联的新阶段，自动化与信息化互相依存实现"两化融合"发展，工业自动化系统向上发展与管理业务系统紧密结合，实现管控一体化应用，各种智能化工业设备为综合业务平台开展深度信息挖掘服务提供海量真实数据，从决策支持平台、商业智能分析、趋势预警到模拟仿真等应用有效实现对数据的精准采集、实时处理、存储模式、统计分析、深度挖掘，以及推演预测等服务，已逐步实现对数据的深化应用，有效提升企业的生产能力与效率，推动燃气企业转型升级。

随着半导体技术、控制技术、显示技术、网络技术和信息技术等高新技术的发展，城镇燃气信息化建设已进入新的时代，必将一路伴随天然气的开发利用、城市建设和人民群众对优质生活追求的步伐而不断前行。

三、城镇燃气信息化建设主要内容

城市燃气关系城市居民的生活和安全，燃气企业信息化建设也主要围绕管道建设、燃气输配、安全抢险、计量销售、客户服务等内容有序开展。从燃气生产经营各环节来看，燃气信息系统建设主要包括以下几个方面。

（1）管道设计建设信息化：在设计阶段支撑项目辅助设计，实现设计过程自动化、标准化，缩短设计周期提高设计质量。在管道施工阶段通过对施工过程数字化管理，对各地项目（跨区域）集中、在线、跟进式实现施工过程审批、跟进和处理，达到工程建设成本可测、机具队伍可管、进度安排可控、工程质量可靠、施工过程安全受控的目标。

（2）燃气输配生产信息化：一是利用计算机技术对传统设备进行改造，实现生产装备自动化。二是采用智能仪表和电子计算机对生产过程进行检测、处理、控制，实现生产过程智能化，最终达到生产作业过程优化可监控，风险异常实时分析可预测，紧急情况应急指挥有手段，为燃气企业安全平稳输供气提供支撑保障。

（3）销售服务信息化：利用互联网技术和全新的服务方法、概念（如线下产品体验馆、增值服务、网上营业厅、第三方支付等）实现燃气销售和服务的信息化，以燃气销售为核心产品的同时，进一步增加产品增值服务项目，积极扩大市场范围，降低成本，增加综合利润，建立与供气客户的新型关系，拉近与客户的距离，增进客户服务满意度，增加客户"黏度"。

（4）企业综合管理信息化：学习和运用先进的管理理论，借助现代信息技术，把对企业全过程生产经营活动的管理转变为对信息的管理，梳理业务流程，减少管理层次，明确工作界面，建立起科学的管理体制，实现物资流、资金流、信息流的一体化管理。

（5）决策支持信息化：利用数据仓库和大数据技术将系统分析、运筹学方法、计算机技术、知识工程、人工智能等有机地结合起来，实现对业务发展趋势和结果的有效研判，辅助企业管理者正确、高效完成经营管理过程中各项决策和部署。关键是以数据为核心，建立各种统计、分析模型，从多个维度和角度对企业生产经营过程进行定量分析和定性分析，通过数据分析支撑企业管理者对经营过程中各项工作安排进行科学决策，提高决策水平和速度。

此外，信息化基础设施（包含通信网络、信息化设备、配套设施等）是企业信息化工作推进的基础，在信息系统建设过程中，基础设施建设应与企业计算机应用水平和信息资源库的建设水平相适应。同时，要重视信息化组织体系建设和配套管理制度标准的完善，此外企业领导和职工信息化意识与信息化工具利用能力的提高，以及专业人才队伍的培养与稳定对企业信息化建设也有十分重要的影响。

第二节 信息化技术及设备 ‹

城镇燃气信息化涵盖了前端生产单元仪表自动化及其与燃气公司调控中心之间的数据传输网络、数据储存与管理、数据基本应用等。为燃气公司对管网、生产单元的在线监测、远程控制、安全防范以及面向客户的统计报表、收费、网上充值、实时调价、阶梯气价、用期预测、大数据分析等管理提供系统支撑。

一、过程自动化

(一)概述

过程自动化作为工业自动化的一个分支，主要是在生产过程中，用自动控制装置或系统来部分或全部代替操作人员的劳动，对工业生产过程中工艺参数、技术指标、产品要求等进行自动的调节与控制，使之达到预定的技术指标，使整个生产过程在不同程度上自动进行。采用自动化技术不仅可以把人从繁重的体力劳、部分脑力劳动，以及恶劣、危险的工作环境中解放出来，而且能扩展人的器官功能，极大地提高劳动效率，增强人类认识世界和改造世界的能力。

(二)系统构成

过程控制系统的构成主要有：温度、压力、液位、流量等检测仪表，以电动阀门、电动执行器、电动机、气缸、液压缸为输出动力的执行仪表，PLC、RTU等控制仪表，PC、PID、触摸屏、按钮、继电器等配套组成。检测仪表测得生产流程中的温度、压力、液位、流量等，将信号送入控制柜，控制柜内的控制仪表经过分析、计算、判断，通过继电器、电动阀门、气缸或调速器等装置控制阀门的开度，以适应生产过程的控制要求，如果需要人工启停或干预，可以通过计算机的屏幕或控制柜上的按钮实现。过程控制系统构成见图10-1。

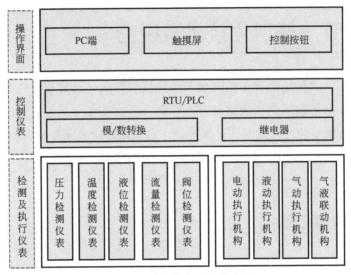

图 10-1　过程控制系统构成图

（三）应用场景

在城市燃气生产管理过程中，涉及有到前端生产单元主要门站、CNG 站 /LNG 站、储配站、调压站、用户终端、末端压力点等生产单元。尽管各生产单元工艺流程及设备千差外别，但对过程管理而言，主要是利用温度、压力、液位、流量的检测仪表检测工艺装置和天然气生产数据，由 RTU/PLC 将其信息进行转换和整理后，上传至值班室和燃气公司调控中心，同时电气、气动、液动和气液联动等执行机构实现对进出站管道阀门的开关动作，供站内值守人员和燃气公司生产调度人员对现场生产的远程控制和管理。

（四）主要设备

过程自动化涵盖了现场检测仪表、控制仪表、执行仪表，以及人机交互界面等设备。

1.检测仪表

现场检测仪表主要实现现场温度、压力、液位、流量等生产数据的测量，将其测量的信号通过标准接口上传至控制仪表。

城镇燃气生产单元现场检测仪表主要包括：压力、温度、液位、流量等检测仪表。按信号是否远传分为就地仪表和带信号远传的过程仪表，本节主要介绍带信号远传的过程仪表。

1）压力检测仪表

压力检测仪表用于测量被测介质压力，将测量的压力信号（电阻信号）转换为电流或电压信号，遵循标准协议，提供标准接口输出其压力信息，用于生产过程中压力信息的自动采集。

2）温度检测仪表

温度检测仪表用于测量被测介质、设备温度，将测量的温度信号（电阻信号）转换为电流或电压信号，遵循标准协议，提供标准接口输出其温度信息，用于生产过程中设备和天然气等介质温度信息的自动采集。

3）液位检测仪表

液位检测仪表用于测量罐、塔、槽等容器中的液位高度，将测量的液位或压力信号转换为电流或电压信号，遵循标准协议，提供标准接口输出其液位或压力信号信息，用于生产过程中罐、塔、槽等容器液位信息的自动采集。

4）流量检测仪表

流量检测仪表用于检测天然气流量，遵循标准 modbus RTU 协议，提供标准 RS-485 接口输出天然气静压、差压、温度、瞬时流量、日累计流量、总累计流量等数据，用于生产过程中天然气计量数据和装置运行数据的自动采集。应用于天然气计量的流量计有：采用差压式计量原理的孔板流量计、采用容积式计量原理的罗茨流量计（又称腰轮流量计）、采用速度式计量原理的涡轮流量计和超声波流量计。

2. 执行仪表

执行仪表主要包括与切断阀、调节阀配套的执行机构，接受 PLC/RTU 控制指令实现切断阀的自动关断，或根据气质条件和生产工艺要求设置相匹配的自力式调节器实现上、下游的压力平稳控制等。根据驱动源的不同，执行机构的主要类型有：电动执行机构、液动执行机构、气动执行机构、气液联动执行机构等。

3. 控制仪表

常用的控制表主要是 PLC/RTU 及其配套附件，采集检测仪表的各类生产数据，提供与上位机通信的标准接口，并将人机界面的控制指令或自身联锁控制指令下达到相关的切断阀，从而实现切断阀、调节阀动作。

1）RTU

远程终端单元（Remote Terminal Unit，RTU），负责对现场信号、工业设备的监测和控制。RTU 是构成气田 SCADA 系统的核心装置，通常由信号输入 / 出模块、微处理器、有线 / 无线通信设备、电源及外壳等组成，由微处理器控制，并支持网络系统。通过自身的软件（或智能软件）系统，实现 SCADA 后台监控调度系统对站场一次仪表的遥测、遥控、遥信和遥调等功能。

RTU 的硬件主要包括 CPU、存储器以及各种输入输出接口等功能模块。这些模块被集成到电路板中，通过电路板布线完成 RTU 各功能模块连接。CPU 是 RTU 控制器的中枢系统，负责处理各种输入信号，经运算处理后，完成输出。存储器是 RTU 记忆系统，用来存储各种临时或永久性数据。

（1）开关量（DI）输入单元：对现场各种开关信号的采集，现场信号可以是继电器触点开关（无源），也可以是电压信号，还可以是电流信号。

（2）开关量（DO）输出单元：用于遥控远端设备的开停、声光、告警等。

（3）模拟量（AI）输入单元：采用模拟开关及光电隔离技术，将现场各种模拟信号采集进来，既可以是 4 ~ 20mA、0 ~ 10mA 标准模拟信号；也可以是非标准模拟信号，如交流 220V 等。

（4）模拟量（AO）输出单元：用于 PID 调节方式下的各种自控系统。

（5）脉冲量输入单元：采集脉冲信号的频率，带光隔。

（6）数字量输入单元：接收各种串行数据信号，可以是 RS485 接口，RS232，RS422 接口。

（7）通信接口单元：包括 RS485、RS232、RJ45、HART 等各种通信接口。

2）PLC

PLC 即可编程逻辑控制器，是一种采用一类可编程的存储器，用于其内部存储程序，执行逻辑运算、顺序控制、定时、计数与算术操作等面向用户的指令，并通过数字或模拟式输入 / 输出控制各种类型的机械或生产过程。

在高含硫气田地面集输生产过程控制中，PLC 主要用于相对独立的装置，比如脱水装置、锅炉单元、空气 – 氮气装置，由装置厂家成套提供，对站场基本的数据采集和控制，往往通过 RTU 来实现。

PLC 控制器本身的硬件采用积木式结构，有母板，数字 I/O 模板，模拟 I/O 模板，还有特殊的定位模板，条形码识别模板等模块，用户可以根据需要采用在母板上扩展或者利用总线技术配备远程 I/O 从站的方法来得到想要的 I/O 数量。

PLC 在实现各种数量的 I/O 控制的同时，还具备输出模拟电压和数字脉冲的能力，使得它可以控制各种能接收这些信号的伺服电机，步进电机，变频电机等，加上触摸屏的人机界面支持。

4. 人机界面

人机界面主要由工控机、组态软件组成，为生产管理人员提供直观、快捷的人机操作界面，以及重要的控制按钮等。

二、网络通信技术

（一）概述

1. 网络技术概念

网络技术是从 20 世纪 90 年代中期发展起来的技术，它采用物理链路将各个孤立的工作站或主机相连在一起，组成数据链路，从而达到资源共享和通信的目的。通信是人与人之间通过某种媒体进行的信息交流与传递。网络通信是通过网络将各个孤立的设备进行连接，通过信息交换实现人与人、人与计算机、计算机与计算机之间的通信。

2. 网络技术分类

（1）按照通信方式可分为广播式传输网络和点对点传输网络。

（2）按网络覆盖的地理范围可将网络分为局域网、广域网和城域网 3 类。

（3）按传输速率可分为高速网和低速网。

（4）按照传输信道的宽度可将网络分为窄带网和宽带网。

（5）按传输介质可将网络分为有线网络和无线网络两大类。传输介质是指数据传输系统中发送装置和接收装置间的物理媒体，按其物理形态可以划分为有线和无线两大类。

（6）按拓扑结构可将网络分为总线形网络、星形网络、环形网络和树形网络。

3. 网络传输协议

通俗地说，网络协议就是网络之间沟通、交流的桥梁，只有相同网络协议的网络节点才能进行信息的沟通与交流。这就好比人与人之间交流所使用的各种语言一样，只有使用相同语言才能正常、顺利地进行交流。从专业角度定义，网络协议是计算机在网络中实现通信时必须遵守的约定，也就是通信协议。网络传输协议主要是对信息传输的速率、传输代码、代码结构、传输控制步骤、出错控制等做出规定并制定出标准。

局域网中最常用的有三个网络协议：MICROSOFT 的 NETBEUI、NOVELL 的 IPX/SPX 和 TCP/IP 协议。

4. 通信链路

通信链路是指两点间有规定特性的电信传输手段，通常需指明传输通道或容量。例如，有线（电）链路、无限（电）链路、宽带链路。城镇燃气生产单元与各汇聚点、燃气分公司、燃气公司、燃气集团公司之间可采取的数据传输链路主要有：自建光缆、租用运营商有线网络（MPLS-VPN、IP SEC 方式和 SSL VPN）、租用运营商无线传输网络（普通 2G/3G/4G 网络、2G/3G/4G L2TP-VPN 网络、NB-iot 网络等）。

（二）网络技术构成

1. 网络组成

对燃气公司而言，建设计算机局域网络，是信息化建设的第一步。只有将公司所有网络终端联网后，才能将各业务部门、生产管理对象连接起来，实现数据信息共享和系统集成应用。

为了提高网络的安全防护水平，建议将网络分为不同的区域，每个区域有不同的安全标准。这些区域包括：边界接入域、计算环境域、网络基础设施域、支撑性设施域，如图 10-2 所示。

2. 网络安全技术

网络的开放性及其他方面因素导致了网络环境下的计算机系统存在很多安全问题。为了解决这些安全问题，各种安全机制、策略和工具被研究和应用。然而，即使在使用了现有的安全工具和机制的情况下，网络安全隐患仍然存在。

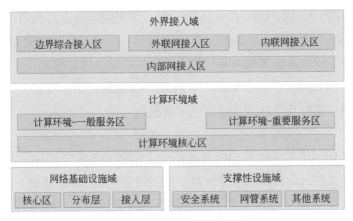

图 10-2 网络区域划分图

1）网络安全隐患

（1）每一种安全机制都有一定的应用范围和应用环境。

（2）安全工具的使用受到人为因素的影响。

（3）系统的后门是传统安全工具难于考虑到的地方。

（4）只要有程序，就可能存在 BUG，甚至连安全工具本身也可能存在安全的漏洞。

（5）黑客的攻击手段在不断地更新，几乎每天都有不同系统安全问题出现。

2）网络安全体系

现阶段为了保证网络工作顺畅，通常采用以下方法构建网络安全体系。

（1）网络病毒的防范。城镇燃气面向公众服务，在内部可以采用局域网，但避免不了与互联网相连，为确保系统安全，建议最好使用全方位的防病毒产品，针对网络中所有可能的病毒攻击点设置对应的防病毒软件，通过全方位、多层次的防病毒系统的配置，通过定期或不定期的自动升级，使网络免受病毒的侵袭。

（2）配置防火墙。利用防火墙，在网络通信时执行一种访问控制尺度，允许防火墙同意访问的人与数据进入自己的内部网络，同时将不允许的用户与数据拒之门外，最大限度地阻止网络中的黑客来访问自己的网络，防止他们随意更改、移动甚至删除网络上的重要信息。

（3）采用入侵检测系统。在入侵检测系统中利用审计记录，能够识别出任何不希望有的活动，从而达到限制这些活动、保护系统安全的目的。

（4）Web、Email、BBS 安全监测系统。使用网络安全监测系统，实时跟踪、监视网络，截获 Internet 网上传输的内容，并将其还原成完整的 WWW、Email、FTP、eTl net 应用的内容，建立保存相应记录的数据库。

（5）瀚洞扫描系统。在要求安全程度不高的情况下，可以利用各种黑客工具，对网络模拟攻击从而暴露出网络的漏洞。

（6）IP 盗用问题的解决。在路由器上捆绑 IP 和 MAC 地址。

（7）利用网络监听维护子网系统安全。采用对各个子网做一个具有一定功能的审计文件，为管理人员分析自己的网络运作状态提供依据。

总之，网络安全是一个系统工程，不能仅仅依靠防火墙等单个的系统，而需要仔细考虑系统的安全需求，并将各种安全技术与科学的网络管理结合在一起，才能生成一个高效、通用、安全的网络系统。

（三）应用场景

在城市燃气信息建设中，网络通信作为信息交换桥梁，主要用于城市燃气站场、橇装、阀室、阀井等生产单元与城市燃气公司信息机房、调度中心，以及燃气集团公司总部信息机房、总调控中心之间的生产数据、控制流、音视频数据传输，如图 10-3 所示。

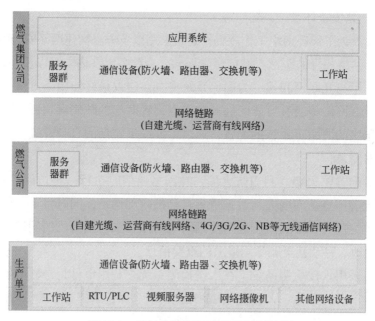

图 10-3　燃气公司信息系统网络架构图

（四）主要设备

根据网络通信链路的基本设置，配套的通信设备主要有：交换机、路由器、防火墙、单向网闸等。

1. 交换机

1）概念

交换机（Switch）意为"开关"，是一种用于电（光）信号转发的网络设备。它可以为接入交换机的任意两个网络节点提供独享的电信号通路，工作于 OSI 参考模型的第二层，即数据链路层。

2）主要功能

交换机的主要功能包括物理编址、网络拓扑结构、错误校验、帧序列以及流控。交换机还具备了一些新的功能，例如对 VLAN（虚拟局域网）的支持、对链路汇聚的支持，甚至有的还具有防火墙的功能。

2. 路由器

1）概念

路由器（Router）又称网关设备（Gateway），是用于连接多个逻辑上分开的网络，所谓逻辑网络是代表一个单独的网络或者一个子网。当数据从一个子网传输到另一个子网时，可通过路由器的路由功能来完成。

2）主要功能

（1）连通不同的网络。路由器使用专门的软件协议从逻辑上对整个网络进行划分。

（2）信息传输。大部分路由器可以支持多种协议的传输，即多协议路由器。

3. 防火墙

1）概念

防火墙指的是一个由软件和硬件设备组合而成、在内部网和外部网之间、专用网与公共网之间的边界上构造的保护屏障，是一种获取安全性方法的形象说法。它使 Internet 与 Intranet 之间建立起一个安全网关（Security Gateway），从而保护内部网免受非法用户的侵入。

2）主要功能

（1）防火墙最基本的功能就是控制在计算机网络中不同信任程度区域间传送的数据流。

（2）防火墙对流经它的网络通信进行扫描，这样能够过滤掉一些攻击，以免其在目标计算机上被执行。

（3）防火墙还可以关闭不使用的端口，而且它还能禁止特定端口的流出通信，封锁特洛伊木马。

（4）防火墙可以禁止来自特殊站点的访问，从而防止来自不明入侵者的所有通信。

4. 单向网闸

1）概念

网闸是使用带有多种控制功能的固态开关读写介质连接两个独立主机系统的信息安全设备。

2）主要功能

（1）单向文件传输。文件单向传输功能是整个系统的基本功能，只需要指定需要文件传输的源文件夹以及目的文件夹，系统就会实时同步增量文件。

（2）单向数据库同步。系统单向数据库同步提供 ORACLE、SYBASE、DB2、MS SQLSERVER 等常见数据库的单向同步。

（3）单向邮件传输。安全隔离与信息单向导入系统单向邮件传输功能提供稳定且高效的邮件单向导入和邮件过滤功能。

三、信息技术

（一）基本概念

信息技术（Information Technology，IT）主要用于管理和处理信息所采用的各种技术的总称。它主要是应用计算机科学和通信技术来设计、开发、安装和实施信息系统及应用软件。

信息技术代表着当今先进生产力的发展方向，信息技术的广泛应用使信息的重要生产要素和战略资源的作用得以发挥，使人们能更高效地进行资源优化配置，从而推动传统产业不断升级，提高社会劳动生产率和社会运行效率。

（二）典型的信息技术

城市燃气信息化建设过程中常用的典型数据技术主要包括：智能仪表技术、卫星定位技术、物联网技术、数据库技术、大数据技术、云计算技术等。

1. 智能仪表技术

1）智能仪表技术概述

智能仪表是以微型计算机（单片机）为主体，将计算机技术和检测技术有机结合，组成新一代"智能化仪表"。利用智能仪表的红外线等通信功能，就能够实现自动抄表，以取代工作人员的现场人工抄表，提升了效率，也削减了抄表业务的成本。此外，智能仪表的应用还能够减少人为因素造成的失误，抄表精度得到提升，也使得收益得到提升。

2）智能仪表功能

智能仪表的功能除了能代替现场人工抄表，还具有操作自动化、自测、数据处理、友好的人机对话、可程控操作等功能。

3）智能仪表应用场景

智能仪表广泛应用在城市燃气生产过程控制中。通过智能检测仪表、智能控制仪表、智能执行仪表，可以搭建现代化智能控制系统，实现对生产实时数据、设备状态信息自动采集和设备故障的自诊断，提升燃气企业的生产管理水平和效益，同时对设备故障进行预警，降低燃气企业的安全生产风险。

2. 卫星定位技术

1）概述

卫星定位是指通过利用卫星和接收机的双向通信来确定接收机的位置，可以实现全球范围内实时为用户提供准确的位置坐标及相关的属性特征。基本原理是：围绕地球运转的人造卫星连续向地球表面发射经过编码调制的连续波无线电信号，编码中载有卫星信号准确的发射信号，以及不同时间卫星在空间的准确位置（星历）。

2）卫星定位技术

目前，卫星定位技术主要有美国的全球定位系统（Global Positioning System，GPS）、中国的北斗（COMPASS）、苏联的全球卫星导航系统格林纳斯（Global Navigation Satellite System，GLONASS）、欧洲的伽利略（GALILEO）。

3）卫星定位技术应用场景

卫星定位技术作为控制测量中一种有效的定位技术，可以为燃气管网高风险点提供精准位置坐标信息，创造性地解决了管网高风险点精准位置服务问题。在燃气管道出现隐患时，卫星定位服务可将技术人员迅速带到问题管道的位置并进行修复，克服路面积水、障碍物等干扰，并在工程管理、智能巡检、防腐检测、泄漏检测、应急开挖、LNG 运输槽车监控调度等各项生产业务中发挥极大作用，充分提升了管网的安全管理水平，对我国燃气行业发展和技术进步具有重要的示范作用。

3. 物联网技术

1）物联网概念

物联网是将无处不在的末端设备和设施，包括具备"内在智能"的传感器、移动终端、工业系统、数控系统、家庭智能设施、视频监控系统等，和"外在使能"的，如贴上 RFID 的各种资产、携带无线终端的个人与车辆等，通过各种无线和 / 或有线的长距离和 / 或短距离通信网络实现互联互通（M2M）、应用大集成，以及基于云计算等技术，在企业局域网和 / 或互联网（Internet）环境下，采用适当的信息安全保障机制，提供安全可控乃至个性化的实时在线监测、定位追溯、报警联动、调度指挥、预案管理、远程控制、安全防范、远程维保、在线升级、统计报表、决策支持、领导桌面（集中展示的 Cockpit Dashboard）等管理和服务功能，实现对"万物"的"高效、节能、安全、环保"的"管、控、营"一体化。

2）物联网组成

物联网技术在总体架构上主要分为三层，即，感知层、网络层、应用层。

感知层：利用 RFID、传感器、二维码等随时随地获取物体的信息，实现对物理世界的智能感知识别、信息采集处理和自动控制。

网络层：通过各种电信网络与互联网的融合，将物体的信息实时准确地传递出去。

应用层：把感知层得到的信息进行处理，实现智能化识别、定位、跟踪、监控和管理等实际应用。

3）物联网技术在城市燃气中的应用场景

随着物联网技术感知层、网络层和应用层在城市燃气运营中逐步完善，具有城市燃气特点的 SCADA、GIS/ 管道完整性、基于抄表 / 收费的客户信息管理、工程管理、用户安检管理等生产调度与业务集成应用管理信息系统应运而生，其应用场景越来越广泛、专业化。目前，对城市燃气企业来说，物联网技术带来最直接的应用场景主要有在线监测 / 远程控制、安全防范、统计报表、收费 / 网上充值 / 实时调价 / 阶梯气价、用气预测 / 大数据分析等，如图 10-4 所示。

4. 数据库技术

1）概述

数据库技术是现代信息科学与技术的重要组成部分，是计算机数据处理与信息管理系统的核心。它通过研究数据库的结构、存储、设计、管理以及应用的基本理论和实现方法，并利用这些理论来实现对数据库中的数据进行处理、分析和理解的技术。也可以说数据库技术是研究、管理和应用数据库的一门软件科学。

2）数据库系统组成

数据库系统一般由三个部分组成。

（1）硬件：构成系统的各种物理设备，包括存储所需的外部设备。硬件的配置应满足整个数据库系统的需要。

（2）软件：包括操作系统、数据库管理系统（database management system，DBMS）及应用程序。数据库管理系统是数据库系统的核心软件，是在操作系统的支持下工作，解决如何科学地组织和存储数据，如何高效获取和维护数据的系统软件。

（3）人员：系统分析员和数据库设计人员、应用程序员、最终用户、数据库管理员。

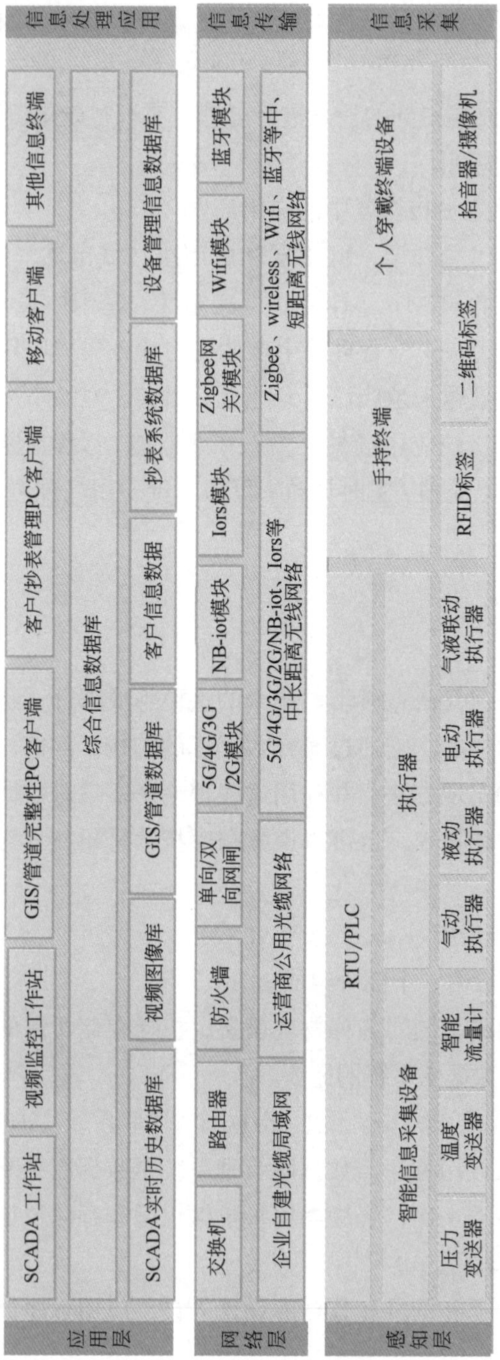

应用层

信息处理应用

SCADA工作站	视频监控工作站	GIS/管道完整性PC客户端	客户抄表管理PC客户端	移动客户端	其他信息终端

综合信息数据库

SCADA实时历史数据库	视频图像库	GIS/管道数据库	客户信息数据	抄表系统数据库	设备管理信息数据库

网络层

信息传输

交换机	路由器	单向/双向网闸	5G/4G/3G/2G模块	NB-iot模块	Iors模块	Zigbee网关模块	Wifi模块	蓝牙模块

企业自建光缆局域网	运营商公用光缆网络	5G/4G/3G/2G/NB-iot、Iors等 中长距离无线网络	Zigbee、wireless、Wifi、蓝牙等中、短距离无线网络

防火墙

感知层

信息采集

手持终端	个人穿戴终端设备
RFID标签 二维码标签	拾音器/摄像机

智能信息采集设备

压力变送器	温度变送器	智能流量计

RTU/PLC

执行器

气动执行器	液动执行器	电动执行器	气液联动执行器

图10-4 物联网技术应用结构图

3）数据库

数据库（database，DB）是指长期存储在计算机内的，有组织、可共享的数据的集合。数据库中的数据按一定的数学模型组织、描述和存储，具有较小的冗余，较高的数据独立性和易扩展性，并可为各种用户共享。它是相关数据的集合，一个数据库含有各种成分，包括数据表、记录、字段、索引等。当前主流的数据库技术有 DB2、Oracle、Microsoft SQL Ser ver 、Sybase SQLServer、Informix、MySQL。

4）关系型数据库技术

关系数据库，是建立在关系模型基础上的数据库，借助于集合代数等数学概念和方法来处理数据库中的数据。关系模型由关系数据结构、关系操作集合、关系完整性约束三部分组成。当前主流应用的关系型数据库有 Oracle、DB2、Microsoft SQL Server、Microsoft Access、MySQL 等。

5）数据库技术应用场景

数据库技术广泛应用在城市燃气信息系统建设中。搭建 SCADA 系统集中或分布式集中管理实时历史数据库、GIS 系统数据库、管道完整性管理系统数据库、客户信息系统数据库、基于各业务系统应用并实现其数据交互的关系型数据库等，为城市燃气建立基本的信息系统和初步应用奠定了基础，同时也为燃气管网适应性分析、市场预测等提供了基础信息支撑。

5. 大数据技术

大数据技术就是提取大数据价值的技术，主要根据特定目标，经过数据收集与存储、数据筛选、算法分析与预测、数据分析结果展示等，为做出正确决策提供依据。大数据技术在政府、企业、科研项目等决策中扮演着重要的角色，在社会治理和企业管理中起到了不容忽视的作用。2015 年 9 月，经李克强总理签批，国务院印发《促进大数据发展行动纲要》，系统部署大数据发展工作。城市燃气的大数据分析技术还处于初步阶段，主要通过神经网络等人工智能技术对燃气管网运行装填进行分析，为管网调峰、市场预测提供基础支撑。

6. 云计算技术

云计算是基于互联网相关服务的增加、使用和交互模式，通常涉及通过互联网来提供动态易扩展且经常是虚拟化的资源。它是分布式计算（Distributed Computing）、并行计算（Parallel Computing）、效用计算（Utility Computing）、网络存储（Network Storage Technologies）、虚拟化（Virtualization）、负载均衡（Load Balance）、热备份冗余（High Available）等传统计算机和网络技术发展融合的产物。

云计算技术在城市燃气行业的应用主要包括两方面：一是通过虚拟服务器实现燃气公司服务器资源利用最大化；二是对于燃气集团公司，通过云平台向子公司提供业务服务，节省 IT 资源，减少维护工作。

第三节 信息化应用

一、管道管理业务流程

传统燃气管网管理主要依靠人工台账方式，记录管网信息及设备属性，管网管理所含的管网输配、生产调度、资产管理等业务各自为政，信息孤岛化严重，数据流转层级多、容易闭塞，管理几乎全部依赖业务人员，且功能单一，管理效率极为低下，已经无法满足日益扩张的管网管理需求。

为了适应现代化的燃气运营管理新需求，燃气管网必须实现信息化管理，改变原有管网管理依托于经验的现状，打造基于数据的新型管理模式，才能不断提高管网运行管理效率，降低运营成本，从根本上解决燃气管网扩张带来的管理瓶颈，同时也为燃气运营的数字化转型以及最终将要达到的燃气智慧化运营提供基础技术保障。

为了提高城市燃气管道管理的效率，应从管道设计、建设、运行维护、报废的全生命周期过程实行有效管理，通过建设一系列燃气信息化系统，实现燃气管道管理的数字化与信息化，各业务系统即相互独立，又相互依赖，为燃气管道管理提供多层次、多维度的数据信息，通过对各类信息的评价、判断，最终实现对整个燃气管网的完整性管理，如图 10-5 所示。

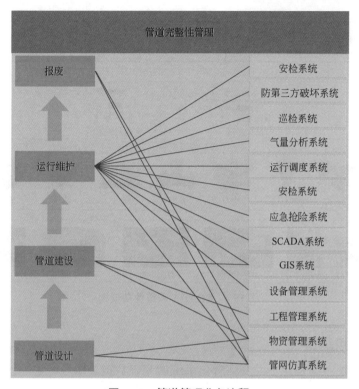

图 10-5　管道管理业务流程

二、管道管理相关信息化系统

（一）SCADA 系统

1. 系统功能

燃气 SCADA 系统融合了先进的 PLC 技术、RTU 技术、现场总线技术、网络通信技术、数据库技术、SCADA/HMI 技术、C/S、B/S 等技术，实现对燃气管网运行状态；燃气调压系统的进气、过滤、计量、输配、调压全过程的监控、管理和调度，能实现生产信息、管网状况的数据采集、分类、传送、处理、分析和存储，为管网输配的优化调度、故障分析、辅助决策提供数据。

2. 业务架构

SCADA 系统业务架构见图 10-6。

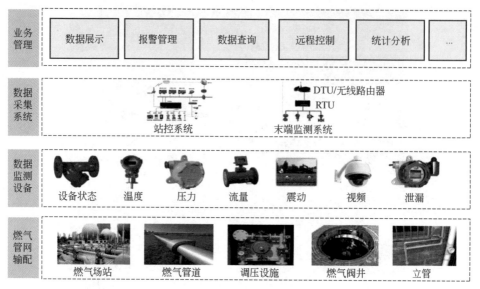

图 10-6　SCADA 系统业务架构

3. 应用场景

SCADA 系统是整个燃气信息化系统的基础数据获取系统之一，可帮助燃气企业掌握城市燃气管网实时运行状况，实现及时的运行调度，保障管网运行平稳、输配安全高效。从规模较小的燃气企业到大规模的集团化燃气企业均可利用 SCADA 系统实现运行监控。

（二）GIS 系统

1. 系统功能

城市燃气 GIS 系统（地理信息系统）包含了处理空间或地理信息的各种基础的和高级的功能，其基本功能包括对数据的采集、管理、处理、分析和输出。同时，GIS 系统依托这些基本功能，通过利用空间分析技术、模型分析技术、网络技术和数据库集成技术等，更进一步演绎丰富相关功能，满足社会和用户的广泛需要。从总体上看，GIS 系统的功能可分为：数据采集与编辑、数据处理与存储管理、图形显示、空间查询与分析以及地图制作。

依靠燃气 GIS 系统可对燃气企业所辖经营范围内燃气管道、阀门、调压站、其他燃气设备以及施工图纸等资源进行统一管理和处理。主要目的在于通过加强资源管理和信息共享，及时提供所需的信息资源和各类数据的统计分析和辅助决策支持，有效地使用和保护管道、阀门、调压站等管网设备设施，防止人身及财产免受意外损失及伤害。该系统建成以后，一方面能对燃气管网设备设施各类数据进行先进的信息化管理，提高燃气企业的管理水平；另一方面能改善管网的使用效率，提高工作效率，增加经济效益。

2. 业务架构

城市燃气 GIS 系统主要管理对象包含从城市燃气门站或接收站，到用户入户管网末端所辖的各级管道以及管网设备，如图 10-7 所示。

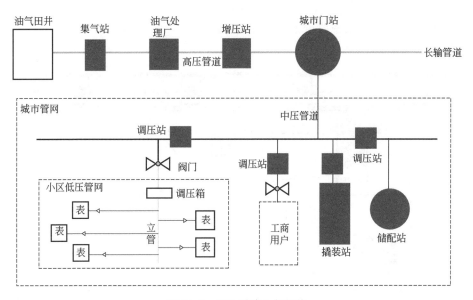

图 10-7　GIS 系统业务架构

3. 应用场景

燃气 GIS 系统作为燃气管网信息化基础系统，可提供燃气管网设备设置的基础信息资源，通过系统接口开发，可实现与其他业务系统的集成应用，将极大提高 GIS 数据的利用率，提升管网管理的信息化程度。基于 GIS 系统的开发性和基础信息管理功能，可与 SCADA 系统、巡检系统、GPS 定位系统、应急抢险系统等业务系统集成，实现 GIS 一张图应用。

（三）防第三方破坏系统

1. 系统功能

防第三方破坏系统利用光缆对管道沿线的综合环境情况进行实时监测，探测周围振动、扰动等在内的多种物理量，以准确地获得动态干扰信息，并远传至监测中心，通过处理软件识别、分析和判断，对干扰对象准确定位，在地图上显示，同时通过声光及短信通知值守人员，从而对可能造成管道破坏的外部威胁进行提前预警。

具体功能有：断纤报警、破坏监测报警、破坏位置定位、分级报警（安静区域、复杂区域、屏蔽区域）、声音采集。

2. 业务架构

防第三方破坏系统典型架构见图 10-8。

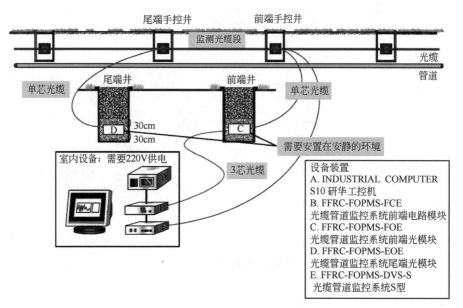

图 10-8　防第三方破坏系统业务架构

3. 应用场景

管道防第三方破坏系统主要应用于城市燃气管网重要管道的防破坏预警，用于监测的光纤通常在管道敷设时与管道同沟敷设。由于施工难度较大，且光纤监测容易受环境干扰，因此管道防第三方破坏监测多应用于城市燃气高压干线的预警监测，如图 10-9 所示。

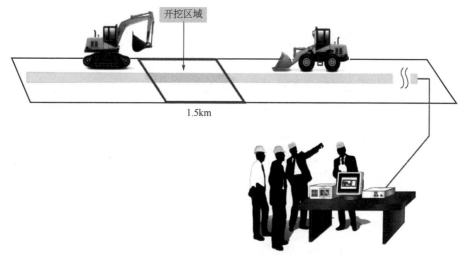

图 10-9　防第三方破坏系统典型应用场景

（四）设备管理系统

1. 系统功能

设备管理是基于智能燃气信息化平台开发的系统，运行于智能燃气平台之上。系统的界面仅提供中文版本（信息数据可以存放任何语言）。从大范围来说，设备管理包括设备基础属性设置、台账管理、设备巡检计划、设备巡检、设备维修、设备处置报废、设备投产、标签管理、设备使用权管理、设备定位管理、大量统计分析等。

2. 业务架构

设备管理平台系统初步定义的几大核心内容如下。

（1）有效地将全公司的设备进行全面的、统一的管理。

（2）采用信息化手段定义必需的管理规范，减少人为设备的无故流失。

（3）通过系统将设备的全生命周期进行管理，做到设备记录可追溯。

（4）规范设备使用标准，建立完善的设备处理流程。

（5）通过系统大大提高现有的人工管理模式，提升工作效率。

3. 设备分类

燃气管道相关设备可按照生产经营用途划分种类。

（1）燃气输配工艺类：包括场站设备、管道及附属设备等。

（2）检测探测、仪器仪表类：包括计量设备、计量检定设备、气体检测设备、气体分析设备、管道检测及探测设备等。

（3）维修、抢修作业类：包括发电机、焊机、套丝机，碰管设备、开关阀门设备等。

（4）监控类：包括监控和数据采集设备、安防设备等。

（5）计算机及网络类：包括计算机、网络设备、服务器、信息系统等。

（6）电气类：包括供电设备、配电设备等。

（7）办公类：包括会议桌、办公桌、普通打印机、针式打印机、复印机、投影仪、传真机、扫描仪、照相机、摄像机、电冰箱，空气净化器、电视机、照相机、音响设施等。

（8）办公保障类：包括中央空调、柜式（壁挂式）空调、消防设备、照明设备、给排水设备、沸水器、热水器、厨房餐厅各类设备。

（9）车辆类：包括公务车、生产用车、工程抢险车等。

（10）特种设备类：包括压力容器、压力管道、电梯、起重机械等。

（五）工程管理系统

1. 系统功能

基础信息管理：工程项目管理相关的基础数据配置应该至少包括工程类管理，包括自建改造、自建投资、非居、居民；施工类管理，包括公共类型名称、铺装工程、砌筑工程、基础工程；外部单位管理要求用来对与本单位所有相关的实施单位统一管理，包括单位名称、负责人、地址、联系方式、单位类型的关键数据；文档分类管理，要求对文档进行分类管理，用来定义每一个流程节点关联的文档类型；用气性质管理，用气性质主要包括商用、民用、工业用气三类。

工作流程设计及应用：流程管理用来完成对工程项目执行过程的监管，主要功能要求包括新流程的新增和部署、生效；已有流程的停用、删除和查看；现有流程的汇总清单，一个完整的流程信息核心参数包括：流程名称，流程版本号，流程图。

工程流程管理：实现工程项目流程版本的发布与迭代，新的流程不影响旧流程的运行，直到旧流程任务运行完成；实现各个工程从发起到结束的一体化监控。

合同及财务管理：实现对工程项目的合同管理；实现工程项目的财务管理；财务收款明细的管理；工程项目结算管理。

工程任务管理：任务管理以待办任务的方式实现工程对应人员任务的管理，工程项目管理的任务关联一个具体的实施工程，其必须关联一个具体的流程（通过流程管理发布的流程），再配置和任务相关的业务数据则构成一个完整的任务，关键的参数（业务数据）包括有：任务名称，任务发起人，开始时间，结束时间（如果已经结束），当前办理人，当前环节，当前处理状态（例如，执行中、结束）。

工程项目管理：工程项目管理主要对项目从立项到设计阶段的管理，核心功能应该包括本工程项目所需要的相关材料与设备清单管理、工程项目立项管理、设计委托管理、投资项目管理、非投资类项目管理、固额工程管理、材料设备管理、造价管理、工程派工管理、验收管理、启封通气管理。

工程流程管理：工程项目流程的管理是整个工程项目管理的核心，根据需要，关键的流程节点可以参考以下节点类型，工程受理审核、工程受理、设计委托、现场踏勘审核、设计结果确认、材料设备录入、材料需求审核、分管副总、总经理、工程造价、工程预算、工程造价审核、合同签订、财务确认、施工确认、工程派工、工程验收、启封通气、通气确认、结束等。

工程信息统计：程信息统计以报表的方式对公司目前所有工程信息汇总展示，主要子功能至少包括工程派单查询、工程委托超期查询、签订合同查询、终止项目查询、实现派工统计。

2. 业务架构

工程管理系统业务架构见图 10-10。

系统均采用模块化结构，将流程驱动业务、人员角色管理、工程管理等独立模块化；在应用上解决一个业务点影响系统响应的问题

工程受理	基础配置	系统配置	角色配置	部门人员管理	人员账号管理	权限管理	系统集成
客户部		用气性质管理	工程类型管理	施工类型管理	外部单位管理	文档分类管理	物资管理系统
市场部	流程应用	流程部署	引擎设置	待办任务	流程实例	流程监控	客户信息系统
		任务监控	任务处理	任务查询	任务统计	版本管理	
生产部	业务处置	业务审核	业务驳回	附件上传	附件预览	附件下载	合同管理系统
工程部		物资需求	合同签订	委托设计	现场勘察		
	工程管理	工程立项管理	设备清单管理	工程派工管理	设计结果管理		财务系统
其他……	工程查询	工程派工查询	委托超期查询	合同签订查询	项目中止查询		

图 10-10 工程管理系统业务架构

3. 应用场景

工程管理系统典型应用场景见图 10–11。

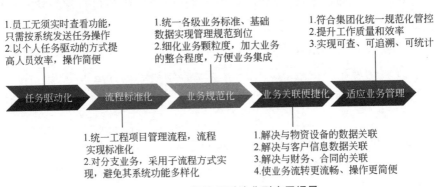

通过建立统一的、规范的管理系统(同时适应多级公司使用)，使工程项目管理系统符合管控要求

1.员工无须实时查看功能，只需按系统发送任务操作
2.以个人任务驱动的方式提高人员效率，操作简便

1.统一各级业务标准、基础数据实现管理规范到位
2.细化业务颗粒度，加大业务的整合程度，方便业务集成

1.符合集团化统一规范化管控
2.提升工作质量和效率
3.实现可查、可追溯、可统计

任务驱动化　流程标准化　业务规范化　业务关联便捷化　适应业务管理

1.统一工程项目管理流程，流程实现标准化
2.对分业务采用子流程方式实现，避免其系统功能多样化

1.解决与物资设备的数据关联
2.解决与客户信息数据关联
3.解决与财务、合同的关联
4.使业务流转更流畅、操作更简便

图 10-11 工程管理系统典型应用场景

（六）场站运维系统

1. 系统功能

场站运维系统主要针对场站的基础档案、设备设施、生成运行和安全管

理四个方面，实现信息化，提升场站管理水平。

2. 业务架构

基于现有的智能燃气平台的基础架构，场站运维系统是为了场站运维专项定制的，将基础数据和 SCADA 三维可视化系统对接，利用现有系统的设备管理平台功能，针对场站管理的个性化业务二次开发实现设备管理基础台账的功能，并可实现和其他业务系统数据共享。典型场站运维系统业务架构见图 10-12。

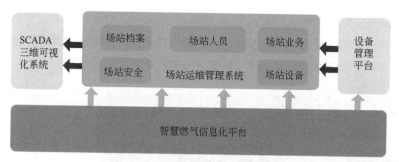

图 10-12　场站运维系统业务架构

3. 应用场景

场站运维管理的主要对象为：场站人员、场站设备、场站档案、生产运行、场站安全。

（七）气量分析系统

1. 系统功能

气量分析系统依据现场设备定时回传的抄表信息，以无线通信、数据库、网络技术为基础，实现对工业燃气表的监控管理，并通过对数据和信息进行分析，可以对用户的用气特点、管道负荷变化等做出科学地判断，进而做出合理地调整。

气量分析系统以实时数据为基础，以计算机处理和分析为手段，为燃气公司工业表的气量分析、管理工作提供信息支持，该系统对燃气公司有着非常明显的实用价值，使得公司的管理更加智能化、自动化，能够更有效地为燃气公司在公商户管理上提供管理辅助手段，从而以点到面地满足燃气公司对公商户的管控、分析、决策作依据，能够进一步提高整体形象，有着非常积极的意义和作用。

2. 业务架构

气量分析业务架构包括用户信息、设备信息等基础信息管理、故障管理、抄表管理、实时监控管理、数据采集及查询、统计分析等。

3. 应用场景

气量分析系统可用于监控采集设备运行状态、监控用户用气量、故障派单处理，并提供多维度的用气分析，为燃气公司的资源调配合理化提供科学依据，通过对不同周期用气量曲线的比较，可直观对用户不同时期的用气量进行分析，实现预测、预警，并掌握用气规律。气量分析系统典型应用场景见图 10-13。

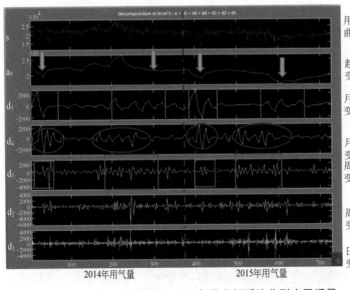

图 10-13　气量分析系统典型应用场景

（八）巡线系统

1. 系统功能

燃气管网巡检管理系统，旨在提高企业燃气安全巡检质量和监管力度，使巡线人员及时上报隐患信息与抢险信息，集中管理，保障企业燃气管网安全运行，通过与 GIS 系统融合，提高巡线精准度，合理安排巡线计划，保障安全工作有效进行。

2. 业务架构

管道巡线根据管理要求和实施内容分为管道日常巡查、管道日常巡检、第三方施工管理三类。

（1）管道日常巡查是指沿管道敷设方向观察埋地管道有无明显泄漏或隐患。

（2）管道日常巡检是指使用检漏设备沿管道敷设方向检查埋地管道有无泄漏或隐患，当发现泄漏后，再利用机械设备对天然气不易泄漏出地面的硬质路面地段管道或特定管道进行打孔检漏。

（3）第三方工地管理是指针对在运行管道范围内的施工工地进行巡查和监护。

3. 应用场景

巡线人员发现泄漏后，通过点选现场将发现的泄漏点位将泄漏地理信息、泄漏地址、泄漏状况、现场照片、网格编号、泄漏发现人等信息通过手持终端进行上报，泄漏在系统中可视化显示。

调度人员收到泄漏信息后，根据泄漏位置、管理分界进行调度派单。

应急抢险人员收到调度派单后，前往现场进行泄漏现场漏点和开挖确认，同时对现场泄漏点确认情况进行记录。确认上报泄漏点开挖后，对泄漏压力级制、管径、管材、防腐、泄漏具体部位进行上传、记录（文字描述和照片形式）。

系统同时提供任意上报泄漏处置状态和过程查询，包含上文中可筛选要素，GIS可提供可视化图标显示服务，对正在处置、处置完毕的作业使用不同图标区分。

通过日常手持终端或客户端泄漏处置信息填报数据取代传统 Excel、表单记录，减少出错环节和错误率，泄漏抢险处置数据可实时显示，数据可随时提取，同时提供任意时间段数据采集、提取，可解决月报、季度、半年、年度等数据提取需求。

（九）管网调度系统

1. 系统功能

管网调度系统以 GIS 图形为依托，集成了 SCADA 系统数据和现场视频监控画面，辅以 PDA 终端、GPS 和无线通信技术，建立可调动资源统一视图，管网设备运行实时监控视图、辅助分析数据视图，根据指定量需求管理以及历史用气记录、天气、客服数据等预测因子建立了气量预测模型，并根据气量预测模型预测年月日的购气量和气量指定量，为调度指挥提供了多种数据支撑。系统以工单为载体，以 PDA 为纽带，实现了调度中心和作业现场在资源调度、现场作业视频监控、关键信息推送等方面的充分互动和协同。

2. 业务架构

管网调度系统在城市社会活动和经济活动中起着重要的作用，它不仅关系到千家万户的日常生活，而且也关系到工业生活和各企事业单位、工业设施等的用气问题，目前很多燃气公司都建立了燃气管网系统实时监控和调度中心，该中心布设了是以计算机为核心的分布式控制系统，由它完成对管网的监控。管网调度由调度控制中心（完成对城市燃气管网各站场、远控截断阀室的监控、调度管理和优化运行等任务）、门站区域控制站、远程终端装置（RTU）、通信系统等组成。

3. 应用场景

燃气企业的计划优化主要是使用 BP 神经网络，根据过去用气量的历史数据来预测长周期的用气量，然后根据气源的燃气费用和输送费用，建立数学模型，使成本费用最小，从而优化计划。

燃气管网调度优化系统通过 SCADA 系统实时监测燃气系统运行中的主要状态参数，然后把用气量作为调度优化决策的依据，而用气量的预测是使用BP 神经网络，根据过去各时刻用气量的历史数据及影响未来用气量的各种因素，预测出未来时刻用户所需要用气量，满足用气需求。调度优化系统根据系统负荷，在保证供气服务和经济效益最佳的前提下，确保系统中压送和调节装置的运行工况最优。

（十）应急抢险系统

1. 系统功能

应急抢险系统承担着燃气公司抢险调度、任务分发，应急指挥中心调度等重要任务,并将抢险内容进行归档,提供统计分析和区域险情分析等。实现的主要功能包括:应急抢险业务流程、抢险任务派发、抢险预案设置、指挥中心调度、抢险知识库。

应急抢险系统能够有效解决目前抢险信息流转程序效率低下、抢险派工信息不及时准确传递,以及抢险现场人员资源调度及现场作业指导等问题,提高燃气公司的抢险效率。

2. 业务架构

应急抢险业务主要包括险情接报、任务派单、现场控制、险情分析、应急预案管理等,抢险的主要流程见图 10-14。

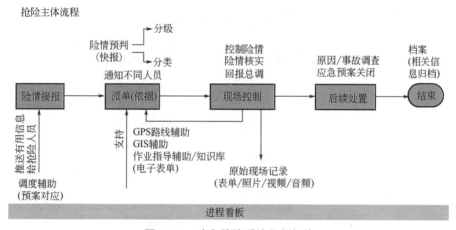

图 10-14 应急抢险系统业务架构

3. 应用场景

应急抢险系统在各大燃气公司都发挥着重要的作用,可以高效地实现险情发现、上报、处理、存档的闭环管理,给管理者提供方便的服务。现场人员发现险情,可通过手机终端将险情信息上报至应急抢险系统中,系统根据险情情况进行预判等级,并根据等级派单给相应权限的部门或人员,部门调度人员在进行派单给就近班组,班组接到任务后根据系统指示的险情位置、类型等信息,对险情进行迅速处理。整个过程实现自动处理,无纸质化数据录入和存储、任务分配、部门工单管理等,大大提高了应急抢险效率。

（十一）管道完整性系统

1. 系统功能

利用管道探测、周边环境调查、检测评估与日常运行管理等手段，通过智能化管道管理系统，采集与整合管道建设期与运行期所需基础数据，系统性集成管道完整性各项技术，通过在线管道风险评估以及完整性评估，制定科学的风险消减措施计划，规范企业管理标准，提高管道安全管理水平。

2. 业务架构

管道完整性管理系统见图 10-15。

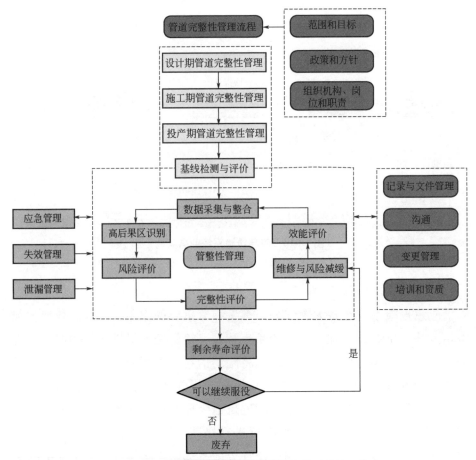

图 10-15　管道完整性管理系统业务架构

3. 应用场景

在管道维修计划制定中，利用管道从投产至运行的各类数据，包括管道基础属性、周边活动、巡线质量、检测情况等数据结果，利用数据关系建立具有一定逻辑关系与权重分配的评价模型，对管道所处风险等级、剩余强度以及剩余寿命进行综合评估，按照风险等级制定有序的管道维修计划，合理配置公司人力与物力。

第四节　信息化工作思路

由于燃气企业业务特点和专业上的局限性，身处传统行业的燃气公司不可能储备大量信息技术的专业人才，信息化建设风险较高。通过大量企业信息化建设经验来看，信息化是一个长期持续的过程。

一、信息化建设原则

燃气企业的信息化建设一定要坚持顶层设计、统筹部署的建设原则，在建设方向上应坚持紧跟企业发展目标。应制定信息化规划，构建公司信息化蓝图和建设策略。规划应对公司的信息化现状和需求进行梳理，结合信息技术发展趋势和最佳实践，明确公司信息化建设的总体目标、总体框架和技术路线，提出具体的信息化项目设置和实施步骤。同时，应随着信息化技术的发展和信息化建设的推进，及时对规划进行滚动更新，使之更具有时效性。建设方案上要遵循开放性的原则，充分利用好成熟可靠的公用网络设施。信息化产业更新换代很快，所以燃气行业的信息化建设要基于相对成熟的技术，采用国际标准的计算机软硬件系统和信息化网络技术确保系统的先进性和开放性。

遵循"以人为本"的服务和管理的模式，燃气行业信息化建设就是要实现燃气的内部业务的流程自动化模式，提高工作效率，改善工作模式，提升服务质量、提高服务素质，达到客户满意和社会满意，建立好燃气企业和用户的交流界面，可以更好体现服务便民的优势，满足用户自助服务需求。

在系统设计时应从全局整体的高度，厘清业务和技术的关系，进行系统架构设计。系统架构应采用平台化思路，即以业务为导向建设系统平台，由平台跨多部门、多层级地串联起业务流程，避免造成系统仅有单个部门使用的情况。以设备管理为例，系统平台应涵盖设备从设计、采购、建设到运维、报废的全生命周期全过程管理，横向上涉及计划、物资采购、建设、生产运行、财务等多部门，纵向上涉及从操作人员到公司高层的多层级。

需要注意的是，不同规模燃气企业应结合企业现状和发展目标采取不同的建设模式。小型燃气企业应紧跟核心业务管理需求，结合经济支撑能力，系统建设应采取小而精的实施策略，以满足当前企业生产管理和发展的应用需求为首要目标开展系统建设，并逐渐进行优化完善。中大型燃气集团则应做好业务和系统集成应用架构总体规划，梳理完善各项业务流程，做好燃气行业管理方式和业务流程的规范化操作，同时建立健全信息化技术标准、体制机制以及专业人才队伍，自上而下有序推进信息化建设。

二、信息化管理原则

（一）组织机构及职责

应明确信息化工作相关的组织机构及其各自的职责范围。成立信息化领导小组，指导信息化工作；同时信息化管理部门、业务部门和运行维护部门均应参与到信息化建设及管理中；此外在项目建设时应成立项目组，负责具体项目的建设工作。

信息化领导小组应包括公司高层、各业务部门领导和信息管理部门领导，负责制定公司信息化工作方针政策，组织及协调信息化工作资源和力量，解决信息化工作中的重大事项。

信息管理部门负责组织制修订公司信息化管理相关制度、标准、规范，组织编制信息化规划，组织信息化项目实施和系统维护。

各业务部门负责组织本业务的信息化需求分析、业务流程梳理和确认，参与信息化项目实施和系统维护。

信息化系统运行维护部门负责信息化系统软硬件维护、数据管理、客户支持及问题跟踪处理等。

开展信息化项目建设时，公司应成立项目组，由分管该业务的公司领导或信息管理部门人员担任组长，成员包括系统涉及的业务部门人员和系统开发相关人员，负责项目总体建设，包括组织协调项目所需资源及人员，制定项目实施计划，监督把控项目进展和风险管控等。

（二）制度与标准体系建设

信息化涉及公司所有业务和所有层级，需要系统的制度与体系进行保障，才能使信息化系统起到应有的作用。

在制度上，应建立完善信息系统建设、系统管理、系统运维等各项相关制度。在标准体系上，应建立统一的数据标准，在公司层面集中规范各系统各业务的数据格式和编码规则，形成一套完整的数据字典，满足系统平台间数据交互的需要。数据字典的建立可以一次性地统一建立，也可随着信息化业务的不断拓展，采用"搭积木"的方式在原有字典的基础上不断添加完善，但一定要保持数据字典的唯一性，避免数据格式不统一带来的"信息孤岛"。

应重视信息化系统的运行维护工作，系统的运维与建设同等重要。大型的燃气公司应建立自己的运维队伍，中小型的燃气公司可采用外部委托的方式进行系统运维。

第五节　信息化应用案例分析

一、案例一：某市燃气公司信息化系统应用

（一）经营规模

某市燃气公司是国有控股，私企参股的股份制企业，公司管辖管网 1000 余公里，其中高压管网 30 余公里，场站（LNG 储配站、门站）5 座，管网设备（阀井、阀门、调压器等）6 万余个，工商业用户 800 余家，民用户 20 余万户。

建设信息化系统之前，信息流转基本处于纸质传输状态，效率低下，具体表现为：管网数据纸质存档，且部分遗失；电子档 CAD 图纸属性不全，与实际管道存在偏差，不足以用于施工指导；场站运行状况、管网压力、流量数据靠人工上报，准确性及有效性无法保证；巡线及抢险工作靠人工安排，随意性较大；巡线及抢险工作均事后填报，及时性不强，对过程缺乏监督；收费系统单机本地操作，数据安全无法保障，缺乏统计分析；资料存档均使

用纸质存档，查询不便，容易遗失；视频监控系统仅在场站本地显示，领导无法远程查看，不能了解场站实际情况；没有集中的调度中心，数据零散，不能支撑决策；公司管理、现场作业，更多依赖于经验，没有信息化数据支撑。

（二）信息化建设方式

2015 年，公司启动信息化系统建设，提出以下建设目标。

（1）建设集成的数据传输监控平台，能让决策层和管理层通过数据传输平台这个窗口掌握公司生产运营的管网运行状态、人员及车辆巡检信息、实时供销数据、报警信息，指导各级单位经营管理工作，提供科学决策依据。

（2）构建公司集中统一的综合信息管理平台，结合 SCADA 系统、GIS 系统、GPS 巡检系统、应急抢险调度系统、文件管理系统、视频集中管理监控系统，达到对各分公司生产管理监督、监测、指挥的作用。

（3）结合历史运行数据和实时数据，实现对生产运营的效益分析、经营分析、供销差分析及管存分析，为公司领导生产运营决策提供准确及时的统计分析信息。

参考建设目标及公司经营情况，公司决定一期投资先行建设与生产运行相关的信息系统，选择国内优秀系统集成商合作开发，考虑信息安全及数据保密，采用自建中心平台方式建设，具体如下。

（1）综合信息管理平台（统一门户）是一个承上启下的核心主体平台，综合多种不同的技术架构；帮助解决信息孤岛、业务集成实现一体化的集成、应用、开发、部署的统一基础平台。

（2）GIS 系统实现对燃气管网的全面管理和监控，GIS 系统按照统一的标准编码规范，将管网数据数字化，通过及时的管网数据更新，为设计、施工提供准确的管网和地形地貌数据。

（3）燃气管网 GPS 巡线系统是采用 GPS 卫星定位技术和 GIS 地理信息系统技术，对燃气管道及相关设备进行巡逻和检查，记录巡检信息，巡检人员的工作轨迹，隐患通报，设备检查回报，隐患抢修处理追踪等，以保证燃气管道、设备正常、可靠的运行，提高燃气公司的管理效率和管理水平。

（4）SCADA 系统的主要功能是用于对大范围的远程场站、管网监测点、工商业用户进行监控，包括对各站点相关数据的实时采集、各种设备状态的实时监测以及对远端设备的调节和控制等，通过对历史数据及实时数据的分析及模型计算，为生产管理者提供决策。

（5）文件管理系统可对日常使用的文档类型进行设置，通过将大量数据的相关文档进行数字化、文件上传、类别划分、整理归档等操作，并可对特定数据进行加密，权限控制等。简化了文档查阅工作强度、节约时间成本，保证了数据安全。

（6）视频集中监控管理系统新建一个集中型的网络视频监控平台，充分整合各场站视频安防系统，通过新建的平台进行统一的管理和维护，实现统一联动监视的功能，在大大节省人力资源的同时，达到高效的管理。

（7）客户服务系统构建以客户为中心的信息管理平台，规范并固化客户服务流程及标准，为客户提供多渠道、差异化服务，实现客户资源整合，提高决策水平和服务满意度。

（三）建设效果

该公司信息系统建设于 2018 年竣工，建设完成后，信息系统对公司生产经营，燃气管道管理有了质的提升。

1. 管网数字化

通过建设 GIS 系统，将管网信息数字化，并将公司图纸坐标统一转换为国家标准坐标，便于随时查看，指导管网作业；通过 GIS 系统关阀分析、连通性分析、爆管分析等分析功能，辅助决策。

2. 作业规范化

通过建设巡线系统和客户服务系统，将日常巡线，安检，抄表作业流程化，员工按照标准流程作业，采集标准的信息，填写统一的表单，自动生成汇总报表，提升工作效率。

3. 信息实时化

通过建设 SCADA 系统，实时采集上传场站、管网监测点、工商业用户数据，使领导及调度中心人员能够及时掌握场站及管网运行情况。

4. 场站可视化

通过建设视频集中管理监控系统，接入公司场站视频数据，领导及调度中心人员能够实时监控场站情况，便于指导日常作业及应急指挥。

5. 服务便捷化

通过建设客户服务系统，为客户提供营业厅、网络 PC 端，网络移动端等多渠道便捷服务，提高客户满意度。

二、案例二：某燃气集团信息化建设路径分享

（一）案例简介

某燃气集团公司已成立 50 年，从 20 世纪 90 年代初即开始着手信息化建设，但在"十二五"之前，整体的信息化水平较弱，主要构建了 GIS 系统、SCADA 监测系统、生产经营类系统，在整体的管网信息化建设上较弱，属于基础性的系统建设。随着信息化技术的不断发展，该集团公司通过近 7 年的统筹规划及建设，信息化水平得到极大提升，已处于国内同行业领先水平。

（二）信息化建设情况

1. 信息化建设现状

该燃气公司的主要业务包括生产运行、安全管理、设备维护（包括管道、场站及其设备）、备件采购与管理、工程管理等，这些业务行成以生产运行为核心、设备维护为基础的业务结构。

2. 信息化建设成果

依托于"十二五"信息化的规划布局，该燃气公司信息化基础设施建设已初具规模，在业务系统方面历时 5 年取得了许多重大的建设成果。在生产运行类方面，全面升级了 GIS 系统和 SCADA 系统，并打造了具有公司特色的应急抢险系统、智能巡线系统、动火作业系统、设备管理系统、智能气量分析系统、综合体图档管理系统、场站运维系统、管网抢维系统、管网阴保管理系统、管网运行调度系统等；在运营安全方面，正逐步构建燃气安全管理平台，深度挖掘燃气数据的价值。

3. 存在的不足

上述建设的信息化系统，在给企业生产管理带来提升的同时，也有诸多

不足和需要完善的地方，主要体现在几个方面。

1）信息化建设缺乏系统性

在燃气信息化建设期间，缺乏长远的建设目标，缺乏统一标准和科学规划，在建设中多以单个业务为驱动，施工追求短平快，其方向性、目的性、系统性不明确，以完成单一业务功能为主，流于形式。

2）信息化功能未得到有效发挥

目前，信息化管理还停留在分散式的管理状态下，缺少规范的信息管理平台，信息被分散到各职能部门，子系统各自为政，没有进行统一有效的管理。作为一种重要资源，信息没有得到共享，信息的价值得不到体现。

3）信息化数据分析功能不足

在生产经营过程中，建立了基础数据库，积累了大量数据资料。在数据综合分析方面，并没有开展深度的数据整理分析工作，信息化建设只是简化了某些传统的基层业务流程，没有实现管理现代化、数据信息化的目的。

（三）信息化发展目标

目前，该燃气公司现有已投运的系统，暂未完全覆盖所有业务，需持续进行信息化建设优化。同时，随着信息化系统不断完善，业务数据量逐年增加，可利用物联网、大数据、人工智能等技术做好市场预测以及用户需求建模等工作，为企业战略决策提供数据支持。下一步发展目标见图 10-16。

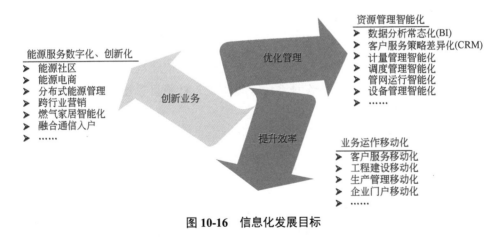

图 10-16　信息化发展目标

智慧燃气应以更加精细和动态的方法管理燃气的生产运行、全生命周期管网设施管理；燃气智能调度；生产可视化监控预警；运输全程监控调度；燃气信息决策门户等。整体规划目标如下。

（1）生产输配目标：通过大量的基础数据记录、实时数据采集、趋势数据预测，实现城市燃气管网中场站、管道、设备运行状况，健康状况清晰可视可见，提前预警隐患风险，保障城市燃气供气安全稳定。

（2）生产调度目标：生产调度应该是全自动、自适应的闭环调节调度，通过大量的管网、人员数据采集，进行大数据分析，生成调度决策指令，自动控制执行，闭环反馈监视，实现燃气生产调度可控，燃气作业调度可管。

（3）战略决策目标：利用人工智能技术将具有战略意义的数据通过挖掘、归集、整合、计算、分析等手段转变成为具有价值的知识，明晰燃气业务的阶段性特征，建立规律性强、普适度高的数值模型和决策体系，转变城市燃气经验决策为数据决策、科学决策，降低决策风险。

（四）应用成效

该燃气集团通过多年来的信息化建设，目前整体的水平已经在国内趋于前列，信息化水平相对较高；同时将原有的管理模式简单、人工流程、纸质处理、堆积如山的资料管理等已全面实现数字化，保证了整个公司的基础业务数据的永久保存、快速查询、便捷管理。

1. 信息化建设方式

1）业务规划先行，实施落地

通过信息化建设的整体规划，将业务进行梳理构建规划内容，按照业务优先级进行划分建设，充分保证系统建设落地、杜绝盲目建设；从而节约了资金投资和无谓的人力物资投入。

2）业务流程标准化

通过内部业务的完整梳理，形成流程的标准化，解决管理无指向性、流程复杂执行难度低。

3）业务划分明确化

以任务的方式驱动员工进行工作，明确工作划分和边界，保证工作效率的执行率，同时为绩效提供明确指标。

4）系统建设目标化

通过对业务的规划、梳理，形成统一的、标准的业务规则，明确职能界面、分类细化从而使系统建设更加目标化，能够完全响应业务应用。

5）管理精细化

经过信息化的建设，将业务、数据、管理方式进行数据化、流程化、任务化后，进而使燃气公司能够在管理上更上精细化管理。

6）领导决策更高效化

在大量的信息化系统建设后，为该燃气公司保存了大量的业务基础数据，从而通过这些基础数据的分析为领导层提高决策依据（"用数据说话"）。

2. 信息化建设的两大效益

通过信息化建设，其体现的两大效益分别为：节流和开源。

"节流"方面的价值体现在以下方面。

（1）减少浪费，信息系统只会依据确定的逻辑进行判断和预警，抛开人情世故、消极懈怠，业务流程中的各种物料浪费、人力浪费、时间浪费等，都会在应用程序里面暴露无遗。燃气公司针对这些问题采取分析成因逐步解决的办法，进而降低了各种资金浪费。

（2）提升效率，信息系统通过运行，不断完善业务、改进流程，因此带动了效率更快更方便。虽然经过这些过程会增加了管控，降低了效率，但防范风险和提升效率是一体两面的，最终合并体现在企业的生存上，因此信息化必须会让企业在效率和风险中间找到平衡。

（3）修复问题，企业出现很多的内在问题而管理层不自知的时候，其实员工是知道的——或者说慢慢地大家都会知道，明知有问题却不解决的时候，这种"问题可以搁置"的意识就建立起来。信息化系统会导致这些问题的有迹可查，想要掩盖问题的人被迫必须面对问题，解决不了也就只能走人。企业的风气不会再进一步恶化，提高了员工的水平、效率，减少人、财、物的投入。

"开源"方面的价值体现在以下方面。

（1）提升面向服务的能力，员工通过标准化的系统应用，规范业务流程，提升了内部员工面向公众服务的服务水平，去除"燃气公司说了算"的帽子。

（2）提升企业的技术水平，信息化会打通管理层到一线操作层之间的信息，采集、传递、维护、分析，如涓涓细流逐渐扩大，扩大数据采集的面，扩大采集的深度，再进而扩大加工的复杂度、精细度。

（3）提升企业的创新能力：让燃气公司通过信息化的手段不断地优化重装业务管理，完善管理制度和标准，让中层、高层不断地创新业务、创新管理，从而提升其公司整体的水平。

综合上述价值的体现，通过信息化建设使该燃气公司提高了管道管理效率、提高了业务水平和管理水平，从而实现开源节流，节省大量资金投入，提高燃气运营整体抗风险能力，为燃气公司可持续发展提供强有力的保障。

第六节　信息化发展趋势

信息技术革新脚步从未停止，现今我们已经迈步走进互联网时代，互联网产品迅猛发展冲击着各行各业，"两化融合""工业 4.0"等新概念预示了产业信息化转型的大趋势，也给城市燃气企业提出了新的挑战和发展方向。如何将"互联网+"等相关技术和思维模式与燃气传统业务进行有效结合，抓住城市燃气用户这一稳定而又极具消费潜力的群体，做好业务链条的延伸，寻求消费链条的突破，将是燃气企业推动传统生产、经营管理理念转变，打破单一业务模式的发展方向。IBM 公司发布的《智慧的城市在中国》白皮书中提出借助新的信息技术的不断深化应用，城市服务、管理等多个领域将发生重要的转变，并提出智慧城市理念和基本特征：一是全面物联，智能传感设备将城市公共设施物联成网，对城市运行的核心系统实时感测；二是充分整合，物联网与互联网系统完全对接融合；三是激励创新，政府、企业在智慧基础设施之上进行科技和业务的创新应用；四是协同运作，城市的各个关键系统和参与者进行和谐高效地协作。发展至今，智慧城市已是物联网、云计算、移动互联网等新一代信息技术应用与城市可持续发展需求相结合的产物，代表了当今世界城市发展的新理念和新模式，体现了工业化、信息化、城镇化的融合。随着基于物联网应用的"智慧城市"的发展，"智慧燃气"作为其重要组成部分，逐渐得到重视和推进，即通过物联网技术来实现城市燃气的智慧化管理。

近年来，由于燃气用户覆盖率不断提升，城市管网的管理难度越来越大，导致燃气管道失效率持续增加。如何确保燃气管网运行安全平稳，这是摆在燃气企业面前的一道难题，也是传统"人治"模式下无法解决的困局，智慧燃气建设势在必行。结合燃气信息化发展目标和阶段建设内容，智慧燃气可以划分为三个主要阶段：数字管道、智能管网、智慧燃气。其中数字管道主要实现管道以及周边地区资料的数字化、网络化和可视化，方便燃气企业方便、快捷、高效的获取、处理与存储管道基础信息。智能管网在数字管道的基础上向终端应用延伸，融入智能计量、智能服务等，智慧燃气又在智能管网的基础上，实现与智慧城市中其他业务领域互通和数据互联，与智慧城市有机结合，提供面向社会大众优质的燃气服务。

　　狭义的就城市燃气经营企业来说，智慧燃气是通过各类仪表技术，实时地感知城市燃气管网的运行状态，并采用可视化的方式将燃气管理与燃气设施有机整合，形成"燃气物联网"，通过对海量管道基础数据的分析与处理，生成及时、准确的处理结果与辅助决策建议，以更加精细和动态的方式管理燃气系统的整个生产、输配、服务等全流程。其发展可分为三个阶段：一是基础管理系统，例如管网监测、管网调度及远程控制（SCACDA）系统、抄表收费系统、管道管理系统、物资管理系统、办公自动化系统、财务管理系统、客户服务呼叫系统等；二是信息集成共享，主要完成信息标准化与功能复用（面向服务架构），构建企业数据中心，数据客户服务中心等；三是智能化应用即智慧燃气，以更加精细和动态的方式管理燃气生产运行、全生命周期管网设施管理，智能调度，生产可视化监控预警，运输全程监控调度，燃气信息决策门户等。智慧燃气的发展将会全天候、全场景、全体验的融入社会的发展，实现交融互联。

　　燃气企业充分应用计算机技术、互联网技术和工业自动化技术等，在管道建设、燃气输配、管道巡护、应急抢险、安全管理、服务保障等环节上，实现数字管理，智慧运营。智慧燃气是安全、可靠、高效和可持续的，是燃气企业提高综合运营水平、扩展经营范围、强化企业运营本质安全、提升客户满意度、提高企业经济效益的有效手段，也是行业未来的发展趋势，必将推动城市能源行业的深刻变革。

第十一章
燃气安全与应急

第一节　安全风险特征

　　伴随着城市建设的快速发展，城镇燃气使用规模越来越大，目前主要包括人工煤气、液化石油气、天然气三大类。燃气具有易燃、易爆、易扩散特性，作为清洁能源使用越发广泛，企业安全管理形势也更加严峻。

一、天然气理化性质

　　天然气为无色无味的气体，能被液化和固化，能溶于乙醇、乙醚，微溶于水。易燃，燃烧时呈青白火焰，火焰温度约1930℃，1m³天然气爆炸相当于7～14kg TNT炸药。天然气的燃点为650℃，比汽柴油、液化石油气的燃点高，点火性能也高于汽柴油和液化石油气。天然气的爆炸极限为4.6%～14.57%，且密度较小，稍有泄漏极易挥发扩散。

二、典型燃气安全事故及分类

　　近年来，城镇燃气安全事故频发，仅2018年便发生燃气爆炸事故641起，其中室内燃气爆炸事故514起，室外燃气泄漏及爆炸127起，共造成47人死亡、571人受伤。平均每月有64起燃气安全事故发生，其中室内燃气事故主要集中在民居，占比70%。因此，我国燃气安全管理形势依旧严峻，爆炸点及引爆原因统计见图11-1和图11-2。

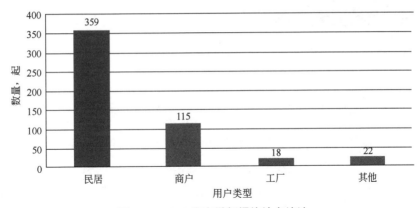

图 11-1 2018 室内燃气爆炸地点统计

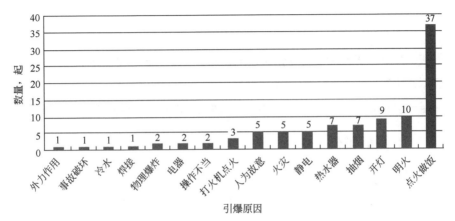

图 11-2 2018 室内燃气引爆原因统计

2018 年 9 月 30 日，保定市中华小区一居民楼发生燃气爆炸，造成 5 人死亡。发生燃气爆炸的住户是刚搬入的住户。

2018 年 12 月 10 日，辽宁省朝阳市松江路 6 号楼 302 室发生天然气爆燃事故，造成 1 死 4 伤。

2018 年 12 月 21 日，苏州市金盛花园 3 幢 305 室发生天然气泄漏爆炸，多间房屋起火，浓烟滚滚，事故造成 3 人死亡。

2018 年 12 月 24 日，石家庄市医科大学家属院发生天然气泄漏爆炸，造成 2 死 4 伤。

三、燃气安全风险特点

城镇燃气生产经营管理安全风险点多、造成的后果严重，而且因时因地不断地发生变化，常见的主要风险有以下几个方面。

（一）火灾、爆炸

火灾、爆炸是燃气经营企业所面临的最大安全风险，发生的频率高，造成的后果大，经常会造成重大人员伤亡或经济损失，同时会造成严重的社会政治影响，据不完全统计，全国每年都会发生数百起城镇燃气火灾、爆炸事故。而引起天然气火灾、爆炸的因素主要有管网发生泄漏、动火作业安全措施落实不到位、用户在使用过程中使用不当等。

（二）隐蔽性

天然气属于无色无味的气体，在不加臭的情况下极不容易被发觉，当泄漏量达到爆炸极限时，遇明火则会瞬间发生火灾、爆炸事故，尤其是在居民用户中，由于居民素质的参差不齐，极大增加了事故发生的概率，风险管理难度较大。

（三）高后果性

城镇燃气管网多数位于城市周边或城区内，穿越人口密集区的管道长度相对较长，加之早期建设管道缺少必要的工艺安全信息且施工技术相对落后。随着管道的老化，也未及时对管道进行维修更换，一旦发生泄漏或火灾爆炸事故，将会引发群体事件或群死群伤事故。事故造成的后果比较严重。

（四）分散性

城镇燃气管道跨度较大，且居民用户点多面广，相对天然气集输场站管理有一定的分散性，风险点源数量较多。

（五）复杂性

城镇燃气管网错综复杂，且情况多变，管道的压力不同、管径不同、材质不同、走向不同等，由于地下管道不明、巡管不到位、地面管道标识缺失，极易被第三方施工破坏或管道自身失效，同时，塌方、泥石流、洪灾、地震等地质灾害都会导致给燃气管道造成巨大的破坏。

第二节 安全管理

一、安全管理现状

随着我国经济建设的快速发展和人民生活水平的不断提高，燃气与工业生产、居民生活联系得更加紧密，大型化工企业需要燃气作为化工原料进行加工处理，百姓生活起居也离不开燃气的使用，它已成为城市经济快速发展不可缺少的重要推动力。然而，燃气具有易燃、易爆特性，若安全管理不当则会导致火灾、爆炸事故发生，给人民群众生命财产带来巨大的损失。目前，随着中国城镇燃气市场化改革的不断深入，市场开放程度的不断扩大，燃气经营投资主体呈现多元化，以川渝地区为例，主要由华油公司、川港公司、燃气分公司、成都燃气、重庆燃气、昆仑能源、港华燃气、华润燃气等公司占据城市燃气市场份额。燃气企业安全运行管理整体势态良好，但由于安全管理水平参差不齐，仍存在下列问题。

（一）部分企业存在无证违法经营现象

《城镇燃气管理条例》明确规定"国家对燃气经营实行许可制度，从事燃气经营的企业由县级以上地方人民政府核发燃气经营许可证"。部分地区燃气行业管理部门对燃气企业管理不到位、资质核查不力、把关不严，导致一些燃气企业存在无证经营、证照超期未审情况发生，企业安全生产条件未得到确认、核准，存在无证违法经营现象。

（二）规章制度建立不完善

目前多数燃气企业存在国有独资、参股、控股等多种经营方式，建立的规章制度并不完全满足于企业现阶段的安全生产经营。国有独资公司通常执行统一的安全管理规定，要求上、下级单位执行同一安全管理标准。由于未结合燃气业务特点对上级管理制度进行有效转化，往往造成下级单位管理职责不明确、管理界面不清晰，导致基层单位安全工作执行困难，安全管理流于形式。由于参股、控股公司生产运营的多样性和复杂性，也使得部分单位规章制度不适宜，操作规程存在空缺。

（三）安全管理人员配备不足

燃气企业的管理重心通常放在经营销售领域，主要积极为开发经营市场、拓宽销售渠道服务，往往忽视了安全管理的重要性，普遍存在专职安全管理人员配备不足，导致风险作业、承包商施工作业安全监督力度不够，安全基础工作显得捉襟见肘，企业整体安全管理水平不足。

国家要求非煤矿山企业应按照安全生产管理人员数量比例配备注册安全工程师，目前大多数燃气企业无法满足国家提出的安全管理人员基础配备要求。

（四）员工综合素质参差不齐

燃气企业一般采用合同制、劳务派遣、临时性等用工方式，由于管理岗对专业能力要求相对较高，往往选聘大专院校毕业生或同行业专业技术人员。而操作服务岗主要体现在执行层面，对文化水平、专业技术要求不会很高，往往采取劳务派遣或临时用工的方式进行社会招聘。虽然都会开展上岗前培训，但对安全知识、安全技术、风险辨识、事故案例的认知与感悟千差万别。因此，专业能力的差异导致员工综合素质参差不齐，在工作时部分员工往往暴露出风险识别能力不足、常用 HSE 工具方法不会、安全技术标准及管理要求理解不清等能力短板，这都将给燃气企业安全管理工作带来巨大挑战。

（五）燃气管道及设备事故隐患重重

不同时期的燃气规划思路和建设标准都不尽相同，早期建设的燃气管网建设标准较低，管道焊接技术粗糙，且多数都未进行焊缝检测确认。经过几十年的生产运行，许多燃气设备及管道老化严重，部分管道和设备的使用年限已超出设计使用寿命要求，带病运行情况屡见不鲜，事故隐患重重。由于过去对基础工作不重视，对基础管理不规范，造成了燃气管网图不全、设备设施基础信息台账不齐等现象，甚至发生过管道或站场竣工资料档案遗失的情况。老员工辞职或退休时通常不会主动进行工作交接，这将导致新员工上岗后对管道走向、管网交叉情况不清楚，对管道隐患监控点掌握不到位。基础信息的缺失、工作交接的断档都将造成企业开展安全隐患排查治理工作时实施困难，事故隐患无法及时排查发现。

（六）第三方施工损坏愈发频繁

据燃气管道失效案例不完全统计，第三方施工已成为燃气管道失效的主要危害因素，有效防止第三方施工对燃气管道安全运行的影响是各燃气企业安全管理的重点。常见的第三方施工行为有：在管道上方违章建构筑物搭建、重型车辆碾压，以及市政工程建设和改造。违章搭建、占压封闭对管道安全运行影响较大，过去城市地下管网未纳入市政规划监管范围，部分规划区域与管网交叉重叠，导致安全距离不足。燃气管道一旦发现泄漏，将对周边建筑和人员造成巨大伤害。施工道路设置在未做保护的燃气管道上方时，由于重型车辆的反复碾压将造成管道剪切应力集中，极易导致管道开裂、燃气泄漏。地铁隧道、铁路高架、公路下穿等市政工程建设，以及老城区改造施工，都将给燃气管道安全运行带来极大影响。有的管道原本埋设在非机动车道下方，因道路扩建，管道埋设位置变为机动车道下方，使得管道长期受压变形。同时，燃气管道和设备设施被施工破坏的情况时有发生，个别施工单位野蛮施工，把燃气管道破坏后隐瞒不报，直接将破坏的管道进行掩埋，给燃气管网安全运行留下隐患。

（七）客户安全管理点多面广难度大

燃气企业客户安全管理具有点多面广、数量大、风险点多的特点，特别是居民内的安全隐患最容易发生安全事故。少数居民为了装修美观，私自改装户内燃气管道，将其密封在装饰墙内或者隐蔽在整体橱柜等封闭空间内，人为制造形成可燃气体爆炸密闭环境。客户安全意识淡薄、入户安全检查实施困难、隐患整改不彻底、安检人员专业技能不足等问题十分突显，由于客户对风险辨识不全、认识不清，所谓"不清楚风险才是最大的风险"，使得客户风险管理不受控。

二、燃气设施安全

为确保城镇燃气管道设施始终处于安全可靠、受控的工作状态，对所有影响燃气管道设施完整性的因素进行综合的、一体化的管理，即需在燃气管道设施可行性研究、设计、施工、运行各个阶段，全面识别和评估各种危害因素，并采取相应的措施削减风险，实现燃气管道设施风险控制在可接受范围之内。

（一）城镇燃气管道设施建设期的管理

1. 可行性研究

燃气企业应开展区域性燃气管网的输、储、配全过程动态分析，结合产销发展形势开展管网适应性分析，制定管网建设、改造规划方案。城镇燃气输配系统压力级制和总体布置应根据城镇地理环境、燃气供应来源和供气压力、用户需求和用户分布、原有燃气设施状况等因素合理确定。

2. 工程设计

设计技术方案、初步设计、施工图设计审查由项目建设单位组织相关专业技术人员（或专家）进行，严格执行设计变更管理。各单位生产管理部门应全过程参与项目规划设计，确保项目建设投运后能够满足实际生产要求。

燃气工程应选择质量优良、技术先进、性能可靠、维护便利的材料和设备。管材选择时应综合考虑技术和经济适用性，在强杂散电流干扰环境或强腐蚀性土壤环境中且阴极保护系统无法起到有效保护作用时，宜采用非金属管材。

在次高压、中压燃气干线上，应设置分段阀门，并应在阀门两侧设置放空管。在燃气支管的起点处，应设置阀门。进出站（装置）管道应设置切断阀门。

燃气工程设计应严格执行有关法律法规、国家及行业标准规范的其他相关规定，以及企业的相关管理规定。

3. 施工管理

工程施工应按设计文件进行，施工过程中的变更按照相关管理制度执行。

建设单位应严格工序管理，隐蔽工程（如埋地管道、建筑基础等）在回填之前应采集相关影像资料和空间坐标数据等各类数字化信息，信息采集合格后方可隐蔽。

燃气工程施工过程应对以下环节进行控制。

（1）对于首次使用的新材料、不同材质以及同种材质不同钢级的焊接，应按标准规范和设计文件等要求委托有资质的单位开展焊接工艺评定，制定焊接工艺规程（指导书）。施工单位应编制焊评方案，并报建设项目组和项目监理机构审批后严格实施。

（2）管道、设备的装卸、运输和存放应严格按照施工方案和技术标准执行。管道防腐层的预制、施工过程中所涉及的有关工业卫生和环境保护，应符合现行国家标准。补口、补伤、设备、管件及管道套管的防腐等级不得低于管体的防腐层等级。

（3）管道切割、坡口加工、焊接等环节应严格按照施工方案和技术标准执行。穿越铁路、公路、河流及城市道路时，应减少管道环向焊缝的数量。

（4）管道焊接完成后，必须对所有焊缝进行外观检查和内部质量无损检测，外观检查应在内部质量无损检测前进行。检测单位应严格按照监理单位下达的检测指令开展无损检测工作，并在检测指令规定的时间内按时出具检测报告。

（5）管道下沟前必须对防腐层进行 100% 的外观检查，回填前应进行 100% 电火花检漏，回填后必须对防腐层完整性进行全线检查，不合格必须返工处理直至合格。

（6）在管道安装结束后，应进行管道吹扫，开展强度试验和严密性试验，并应符合国家现行标准的规定。

（7）严格执行施工现场安全防护，设置安全护栏和明显的警示标志，在施工路段沿线设置夜间警示灯。在繁华路段和城市主要道路施工时，宜采用隔离式施工方式。

（8）严格执行现场签证制度，签证应有明确意见，签认齐全、手续完善。杜绝事后签证、集中签证、重复签证和随意签证等违规行为。

最高工作压力不小于 0.1MPa 且公称直径不小于 50mm 的新（改、扩）建燃气管道，应按照压力管道安全管理要求开展安装过程监督检验。

新建管道阴极保护工程应与主体工程同时设计、施工和投运。建成后不能实现同步投运的，应采取临时性阴极保护措施；阴极保护系统投用后，作为临时保护措施的牺牲阳极必须全部拆除。

施工单位应严格按照技术标准、设计文件和竣工验收有关要求收集整理各种质保资料和隐蔽工程资料，绘制竣工图，编制竣工资料。

4. 完工交接

完工交接按照各单位相关管道工程管理办法执行。工程完工交接前，应按照（附录一）中内容进行检查，完全符合条件后由建设单位提出完工交接申请。

有以下情况之一的不得进行完工交接。

（1）关键设备、控制阀门、自控系统在交接前出现问题且未整改完成。

（2）安全附件的调校和检定不满足试运行期间工况参数。

（3）新发生安全距离不满足相关规定或有新建占压管道的建（构）筑物。

（4）阴极保护系统未按照设计文件要求施工完成，或在管道埋地六个月内未能正常施加阴极保护措施（含临时保护措施）。

完工交接由业务管理部门组织相关部门和项目建设单位参加。完工交接由业务部门组织开展，并出具完工交接意见。

完工交接后，管理单位应按照在役期间的管理要求进行管理。

5. 投产试运

新（改、扩）建燃气工程完工交接后，管理单位应成立投产试运组织机构，编制投产试运方案及投产试运应急预案，并报主管部门组织审批后实施。

投产试运前应组建投产前安全检查小组，按照（附录二）要求对投产前安全和投产条件进行检查。建设单位应对所有参加人员进行有针对性的培训教育和技术交底，并具备以下条件。

（1）完工交接合格。

（2）人员配备到位，操作人员按规定配备齐全并经专业培训合格，专业技术人员、设备厂方调试人员到位。

（3）投产前检查发现的必改项问题已经整改完成，待改项问题已经全部落实限期整改措施。

（4）各项分项工程符合投产试运要求。

（5）投产试运的临时工程及补充措施准备完善。

（6）调试各型设备达到设计要求，各种保护装置和报警装置经试验可靠。

（7）配备的消防器材、各工器具及各类安全警示标识到位。

（8）制订有应急预案。

投产试运期间，所有参加人员应按照投产试运方案和操作规程的要求进行操作，认真录取运行参数及其他数据，详细记录整个试投产过程中的重要事件。

投产试运结束后，应编制投产试运工作总结，汇总投产资料并在投产后3个月内由建设单位归档，投产资料包括以下内容：

（1）投产试运方案、投产试运应急预案。

（2）投产试运有关数据、资料。

（3）投产试运大事记。

（4）投产试运工作总结。

燃气工程建设完工后6个月内不能投产的，应按照在役管道要求进行管理，投产前应重新进行严密性试压、防腐层检测、阴极保护系统检测。

6. 竣工验收

工程投产试运合格后，施工单位在完善竣工资料后，向监理单位提出验收申请，由监理单位初审合格后向建设单位提出验收申请，建设单位组织相关部门和专家按照相应的技术标准规范和验收程序对工程实施验收。

工程竣工验收的基本条件应符合下列要求。

（1）完成工程设计和合同约定的各项内容。

（2）施工单位在工程完工后对工程质量自检合格，并提出《工程竣工报告》。

（3）工程资料齐全。

（4）有施工单位签署的工程质量保修书。

（5）监理单位对施工单位的工程质量自检结果予以确认，并提出《工程质量评估报告》。

（6）工程施工中，工程质量检验合格，检验记录完整。

工程竣工验收应以国家现行有关标准、设计及工程文件、施工承包合同、工程施工许可文件、设备的合同书和技术文件为依据。

工程验收应符合下列要求。

（1）审阅验收材料内容应完整、准确、有效。

（2）按照设计、竣工图纸对工程进行现场检查。竣工图应真实、准确，路面标志符合要求。

（3）工程量符合合同的规定。

（4）设施和设备的安装符合设计的要求，无明显的外观质量缺陷，操作可靠，保养完善。

（5）对工程质量有争议、投诉和检验多次才合格的项目，应重点验收，必要时可开挖检验、复查。

（二）站场生产技术管理

1. 工艺技术管理

（1）燃气公司应按照相关标准化建设管理要求，根据站场工艺设计参数及设备状态，编制管理手册与操作手册，并根据生产情况及时更新，以保证其有效性。

（2）燃气公司应当加强加臭装置的运行维护管理，并妥善保管加臭剂；定期在管网末端抽样检测加臭剂浓度以控制加入量，检测频率不低于2次/年，带有备用泵的加臭装置至少每3个月切换1次；管网末端加臭剂的最小量符合CJJ/T 148—2010《城镇燃气加臭技术规程》第3.1.4条要求，燃气泄漏到空气中达到爆炸下限的20%时应能觉察。

（3）当管网工艺、设备设施、工艺参数、安全系统等发生超出现有设计要求，或管道运行与操作规程范围发生改变时，应执行变更管理。

（4）站场的安全监控设施、报警装置、消防设施、防雷（静电）设施、应急救护设施应符合相关安全技术规定，并处于完好状态。

2. 生产运行管理

（1）燃气公司应设调度中心或专职调度岗位，实行24h值班制度，调度中心宜与呼叫中心（客户服务中心）联合办公。

（2）燃气公司应与上下游建立信息沟通机制，当出现气质异常时，应及时进行通报并采取应急措施。

（3）燃气公司要认真落实设备设施的生产过程管理与监控，提高生产运行管理水平。及时准确掌握生产动态，严格执行日常生产信息上报，对生产中出现的矛盾和问题要及时协调和处理。

（4）站场值班人员应培训合格后持证上岗，并按照相关规定取得相应安全管理资格证、消防培训证、压力容器操作证、外销计量证等资格证书。值班人员应熟悉站场周边及管网的基本情况，熟悉所辖区域的抢险方案及应急预案，熟悉站场设备设施的性能、用途、结构及工作原理，对站内设备应做到会操作、会保养、会排除故障。

（5）设备投入使用前，应对站场员工进行培训，使其熟悉设备的性能，掌握操作方法、安全技术规程和保养知识。应按照法定要求的项目和周期积极开展计量仪表、特种设备以及安全附属装置的定期检定校验工作。

（6）针对站场所有区域和生产业务，应定期开展危险源辨识工作并建立清单，根据辨识与评价的结果制定改善措施，属于重大危险源的应建立重大危险源台账，制定重大危险源的管控措施。

（7）燃气公司应当按照国家有关标准规定，定期对燃气设施阴极保护系统、防雷系统、超压放散、安全隔离等保护装置和安全警示标志进行检测、维修和维护。

（8）按照相关管理手册、操作手册及操作规程正确操作生产设备、安全设施及消防设施，按时对站场设备和仪表进行日常维护保养。燃气设备设施的检修工作必须由专业人员进行，燃气公司应编制检修方案，通过审批后方能实施。

（三）在役燃气管道设施的管理

1. 运行管理

（1）燃气公司每年至少组织1次燃气管道生产管理过程中的危害因素全面辨识和隐患排查，建立完善的管理台账。

（2）燃气管网的运行管理应符合下列要求：一是管道运行压力不应大于管道最高允许工作压力；二是根据管道运行压力、温度、设备状况和季节特点，优化管道运行方案；三是管网整体或局部供气量发生变化时，应开展供气状况检查；四是应定期对管网进行适应性分析，提出改进方案。

（3）针对燃气管道开展事故后果影响分级管理，通过对管道失效的事故后果影响分析，识别后果管控重点。每年应进行1次燃气管道失效事故后果影响分析，及时更新后果管控重点。

（4）为客户代管的燃气设施，燃气公司应当与委托方签订安全生产管理合同或者委托协议，约定双方的安全生产责任，代管管道按照本单位管道的相关管理要求执行。

（5）管网运行关键参数的改变和限制应通过上级单位审批后方可实施，不得随意降低管道最大允许工作压力。

2. 风险评估

（1）燃气公司应实施基于风险的燃气管道完整性管理，完整性管理内容包括数据收集与整理、风险识别与评价、完整性检测与评价、维修与维护、效能评价5个环节，并按一定周期循环实施。

（2）对每个管段都应识别和评估其潜在的危害因素，包括内外腐蚀、自然与地质灾害、开挖损坏、其他外力破坏、误操作、施工与制造缺陷、其他因素。

（3）应根据管道管材特性、历史失效情况、杂散电流干扰情况、外防腐层检测、管道沿线自然环境和社会状况等，定期对管道进行风险评估，建立风险台账并实施分级管理，根据不同的风险因素和等级，制定相对应的巡检维护、检验检测、维修改造等风险管控措施和工作计划。

（4）燃气公司应每年检查管道风险变化情况并及时更新管道风险台账、调整风险管控措施。新建中压及以上燃气管道投用1年内应对全线进行首次风险评估，当管道属性和外界环境、操作情况等发生显著变化时都应及时再次进行风险评价，燃气管道风险评估宜采用半定量或定性方法。

3. 检测检验

（1）燃气公司每年年底应根据风险评价结果和生产运行管理实际编制下一年度管道检测检验计划，并逐级上报审批后执行。

（2）燃气公司应按照特种设备安全技术规范和相关技术标准要求，开展定期检验和专项检测评价工作，结合实际情况选择适宜的检测检验方法和项目。

（3）最高工作压力不小于0.1MPa且公称直径不小于50mm的燃气管道应开展定期检验，包括年度检查和全面检验。在役燃气管道年度检查每年至少1次，由各单位组织实施。新建燃气管道一般在投运后5年内进行首次全面检验。高压燃气管道的全面检验参照输气管道执行。钢质燃气管道的全面检验以外腐蚀直接评价方法为主，主要检验项目包括敷设环境调查、防腐层检测、阴极保护有效性检测评价和开挖检测等。对非钢质燃气管道的全面检验主要通过在阀室（井）、露管段，以及开挖方式进行直接检验，重点选择地面沉降、重物碾压、第三方或其他外力破坏风险较大、钢塑接头转换等位置进行开挖检测。GB1–Ⅲ级次高压燃气管道全面检验最大时间间隔为 8 年，GB1–Ⅳ级次高压、中压燃气管道为 12 年，PE 管道全面检验周期不超过 15 年。

（4）根据管道失效原因和主要风险因素开展专项检测评价，包括但不限于泄漏检测、防腐层检测、阴极保护系统有效性检测、穿跨越检测、外腐蚀直接评价等项目。泄漏检测：各单位应制定年度泄漏检测计划，覆盖全部在役燃气管道。站场工艺管道和管网工艺设备泄漏检测周期不应超过 1 周；调压箱（柜）检测周期不超过 1 个月；高压、次高压燃气管道泄漏检测周期不应超过 1 个月；中压燃气管道泄漏检测周期不应超过 3 个月；低压埋地燃气管道泄漏检测周期不应超过 6 个月；立管泄漏检测周期不应超过 1 年；泄漏频繁管段、存在安全间距不足或占压的管段、途径人口密集区管段、与市政设施相交相遇的管段应加密检漏周期。埋地钢质管道防腐层检测：重点进行防腐层漏损点非开挖检测，发现的防腐层缺陷应及时进行维修，检测周期应根据上次检测结果、维修维护及管道风险情况确定，一般情况下在役高压（含次高压）管道、中压管道、低压管道分别每 3 年、5 年、8 年进行 1 次。阴极保护系统有效性检测：应根据日常测试结果初步评估阴极保护有效性，必要时开展专项检测评价。

（5）定期检验和专项检测评价工作应相互结合并统筹安排，避免重复实施。检验检测单位应对定期检验和专项检测评价发现的缺陷和异常情况进行评估，并提出维修维护建议。

4. 维修维护

（1）针对检测检验过程中所发现的管道缺陷均应采取措施，制定维修维护计划。

（2）燃气管道设施的维护和检修工作，必须由专业人员进行。终端燃气公司应编制维修维护工作实施方案，通过审批后方能实施。

（3）燃气管道设施维护维修作业场所应当设置规范的、明显的安全警示标志，严格执行企业作业许可管理规定。

（4）管道出现防腐层漏损或管体腐蚀，应采用补伤或更换等方式进行修复。

（5）阀室、阀井的维护内容及规定如下：

① 每月应对阀室、阀井及其附属设施检查 1 次，阀门应无燃气泄漏、损坏等现象，阀井应无积水、塌陷，无妨碍阀门操作的堆积物等；

② 阀门应进行定期活动和维护保养，各阀室（井）每半年进行 1 次维护保养，并做好维护保养记录；

③ 在维护保养中发现问题要及时处理，对于无法开启或关闭不严的阀门，应及时维修或更换。

（6）调压装置的巡查内容应包括调压器、过滤器、安全放散设施、仪器、仪表等设备的运行状况，无泄漏等异常情况。调压器及附属设备的维护管理规定：

① 每季度对调压柜进行 1 次维护保养，每半年对楼栋调压箱进行 1 次维护保养，并做好记录表；

② 清除各部位油污、锈斑，管路应畅通；

③ 调压装置应无腐蚀和损伤，当发现问题时，应及时处理；

④ 新投入运行和保养修理后的调压器，必须经过调试，达到技术标准后方可投入运行；

⑤ 停气后重新启用调压器时应检查进、出口压力及有关参数；

⑥ 过滤器应定期进行排污及清洗过滤网。

（7）立管的运行维护管理规定如下：

① 立管不应有杂物缠绕、锈蚀、燃气泄漏等情况；

② 对于锈蚀较轻微的立管，应及时除锈刷漆，对于锈蚀较严重的立管应及时进行处理；

③ 立管的管卡不应有松动、脱落等现象。

5. 腐蚀防护

（1）城镇燃气埋地钢质管道必须采用防腐层进行外保护。处于杂散电流干扰地区的钢质管道，应采取防干扰保护措施，若不能实施排流保护措施或排流保护效果不佳，则应将钢质管道更换为非金属材质的管道。

（2）新建的高压、次高压、公称直径大于或等于 100mm 的中压管道应采用外防腐层辅以阴极保护系统的腐蚀控制措施，管道运行期间阴极保护不应间断。仅有防腐层保护的在役管道应根据管道实际条件逐步追加阴极保护系统。

（3）强制电流阴极保护系统测试参数包括测试桩保护电位、汇流点/通电点电位、阳极地床接地电阻、绝缘接头/法兰及钢套管绝缘性能、架空阳极线路防雷设施接地电阻、沿线自然电位、消除 IR 降的保护电位测试。检查与维护包括恒电位仪等电源设备巡检、参比电极有效性检查、备用电源设备切换、测试桩维护、阳极线路设施巡查维护、均压线连接点维护等。

（4）牺牲阳极阴极保护系统测试参数包括测试桩保护电位、牺牲阳极输出电流、牺牲阳极开路电位、牺牲阳极接地电阻、阳极埋设点土壤电阻率等。检查与维护包括阳极包检查与更换、测试桩维护保养等。

（5）发现管地电位异常偏移或持续波动时，应及时开展交直流干扰调查测试、评估、防护。对干扰防护系统，每月测试 1 次干扰电位、排流电流、接地极的接地电阻，每月检查 1 次防护设施的技术状况并进行维护，每年进行 1 次排流效果分析，根据分析结果进行排流保护设施的调整。

6. 管道巡护

（1）终端燃气公司应当对燃气设施进行安全巡查、检查，明确巡查、检查周期，做好巡查、检查记录，应做到风险作业活动信息的及时发现、及时上报、及时处理。在燃气设施保护范围内，禁止从事危及燃气设施安全的活动。

（2）高压与次高压城镇燃气管道巡护按照输气管道巡护管理规定执行。

（3）中低压管道以片区为单位实行巡护人员分片负责制，采用领导干部、技术干部、片长、巡线员以及信息员的管道巡护模式，实现管道巡护"全天候、全覆盖"。

（4）领导及技术干部分片区（管段）每季度实现所辖管道巡查全覆盖。三级单位领导每季度徒步巡线检查不低于 20km，技术和管理岗干部每季度徒步巡线检查不低于 30km，重点对所辖管道进行走线巡查、辨识风险，检查巡线质量和巡线资料符合性。

（5）片长对辖区内管道一周一巡，巡护人员对所辖片区的管网至少实施一日一巡，对每个必检点必须进行检查，巡护时可采取步巡、车巡等多种方式。信息员对监控区域进行连续监视，及时掌握管道沿线的风险作业活动信息。

（6）巡护区域划分宜由巡护人员借助交通工具 10min 内所能到达的最远距离来确定。各公司应编制一区一案，根据管道所处周边环境和风险情况，制定科学的巡线轨迹和必检点，确定合理的巡护频次、巡护方式。

（7）巡线时应采用 GPS 等巡检辅助手段，原则上应在第三方施工作业点、安全隐患点、人口密集区域、重要公共场所、穿跨越处、滑坡等地灾敏感点、阀室（井）、调压箱（柜）、其他附属设施设置必检点。巡线轨迹应能确保管道的巡查质量及效果，巡护工作达到全覆盖。

（8）对第三方在燃气管道两侧 5m 范围内的可能危及管道安全的施工作业实行"红色"预警管理机制，实施连续监控。燃气管道第三方破坏失效可接受标准为 4 次 /（1000km·a）。

（9）巡护人员每天巡查后应填写巡护记录，按要求对巡护日期、天气、巡查开始和结束时间、巡查路线、发现的问题、采取措施、处理情况、汇报及指令情况等进行记录。记录方式可以为人工记录或信息化巡检系统自动记录，记录内容应真实、准确。

（10）城镇燃气管道的巡护内容及规定如下：管道沿线是否有道路建设、绿化种植、市政及公共设施维修改造、违章占压等威胁管网运行安全的施工作业；不得有未办理审批手续的施工，是否有因其他工程施工造成管道损坏、管道悬空等现象；管道沿线不应动用机械铲、空气锤等机械设备，发现后应立即制止并加强现场安全监护；管道沿线是否有塌陷、滑坡、下沉、点火焚烧、人工取土、堆积垃圾或重物、管道裸露、种植深根植物及搭建建（构）筑物占压现象等；检查管道沿线是否有天然气异味、水面冒泡、树草枯萎和积雪表面有黄斑等异常现象或燃气泄出声响等；燃气管道附件、标志是否完好，是否有被移动、覆盖、丢失或损坏的现象；调压站（柜）供气压力是否符合供气要求，调压器及附属设施是否完好，有无漏气现象；阀井内阀门是否漏气，阀门井圈、盖、外壁是否完好；定期向周围单位和住户询问有无异常情况。

7. 停用报废

（1）对于停用的燃气管道及设备设施，按照在役运行要求进行管理，并及时修改台账信息。

（2）对于报废的燃气管道及设备设施，宜进行回收处置；对于无法回收的应采取注入氮气或其他填充物进行隔离封存，并报相关政府部门备案。

三、安全管理

（一）场站安全管理

1. 风险防控管理

风险防控管理的实施流程包括危害因素辨识、风险评估、风险控制 3 个步骤。

1）危害因素辨识

燃气企业每年应组织开展一次全面的危害因素辨识工作，辨识范围涵盖项目设计、施工作业、生产运行、检维修、废弃处置等全过程，包括作业人员与活动、设备设施、物料、工艺技术、作业环境等。基层单位应当根据工作任务，对岗位设置、设备设施、工艺流程和工作区域等进行梳理，确定危害因素辨识基本单元，并选用适当的方法开展辨识；井站班组应当根据作业活动细分操作步骤，针对操作行为和设备设施、作业环境等辨识危害因素。目前，常用的危害因素辨识方法包括现场观察法、工作前安全分析（JSA）、安全检查表（SCL）、危险与可操作性分析（HAZOP）、故障树分析（FTA）、事件树分析（ETA）等方法。当作业环境、作业内容、作业人员发生改变，或者工艺技术、设备设施等发生变更时，应当重新进行危害因素辨识。

2）风险评估

燃气企业可根据辨识出的危害因素进行风险分析、风险评价，并确定该危害因素对应的风险值，结合风险等级划分方法进行风险分级，进而明确该风险可接受度。目前，常用的风险等级划分方法包括作业条件危险分析（LEC）和风险评估矩阵（RAM）。

3）风险控制

燃气企业根据风险评估结果，针对不同级别的风险采取相应的防控措施。对于确定为重点防控的生产安全风险，应当明确风险防控责任部门、负责人，制定并落实风险控制措施及应急预案，并对风险实施有效的动态监控。

2. 隐患管理

隐患管理的实施流程包括隐患排查、隐患评估、监控与治理 3 个步骤。

1）隐患排查

燃气企业应定期开展安全环保事故隐患排查工作，排查方式包括但不限于日常巡检、专业排查、季度检查、综合性检查等，常常选用现场观察、工作前安全分析（JSA）、安全检查表（SCL）、危险与可操作性分析（HAZOP）、故障树分析（FTA）、事件树分析（ETA）、环境监测、环境风险评价等技术方法。井站班组每周应组织一次隐患排查，基层单位每月应组织一次隐患排查，排查出的隐患应做好登记。

2）隐患评估定级

燃气企业应组织对排查出的隐患进行评估定级，依据国家和行业安全法规、标准规范，开展隐患治理评估，评估内容应当包括事故隐患现状、事故隐患形成原因、事故发生概率、影响范围、严重程度、事故隐患治理难易程度分析、事故隐患治理方案等。针对评估为重大事故隐患，应当寻求专业评价机构开展安全现状评价。最后根据隐患风险大小、整改难易程度将隐患进行分类，可分为立即整改的隐患项、限期整改的隐患项。

3）隐患治理

对立即整改的隐患项，燃气企业应制定并实施隐患治理方案，明确整改措施、责任、资金、时限和预案，并按计划组织整改。对限期整改的隐患项，燃气企业应制定和落实事故隐患监控措施和应急措施，并告知相关岗位人员。对严重威胁生产安全、随时可能发生安全事故的重大隐患，应立即停产整改。事故隐患治理完成后，应进行组织验收，验收合格后及时销项。

3. 工艺安全信息管理

工艺安全信息提供了工艺或操作描述，也包含了相关危险信息，是工艺安全风险管理的基础，由物料的危险性、工艺设计文件、设备设计文件等组成。物料的安全信息通常由危险化学品安全技术说明书、危化品反应矩阵反映；工艺设计文件包括工艺原理介绍、工艺流程图、工艺运行条件（运行参数、报警参数、联锁逻辑）等；设备设计文件包括设备技术规格、制造标准、质检报告、使用说明书、设备档案等信息。燃气企业可依托信息化数字平台，将MSDS、生产运行参数、设备基础信息等工艺安全信息录入系统，便于生产人员查阅和应用。管理人员应根据站场工艺及设备设计参数、运行工况，设置合理的工艺运行参数和安全报警参数，并每月复核一次，确保场站工艺运行条件安全可靠。

4. HSE 培训管理

HSE 培训是指围绕 HSE 意识、知识和能力，提高员工 HSE 素质和标准化操作能力、增强 HSE 履职能力，避免和预防事故和事件发生为目的的教育培训活动，实施流程包括 HSE 培训需求分析、培训矩阵建立、HSE 培训计划与实施、安全环保履职能力考核 4 个步骤。

1）HSE 培训需求分析

通过对员工岗位工作职责梳理，细化岗位具体工作事项，确定符合岗位安全环保能力的需求项，形成岗位 HSE 培训需求。

2）建立培训矩阵

针对岗位 HSE 培训需求，建立 HSE 培训矩阵，明确培训周期、需求层次。

3）HSE 培训计划与实施

依据岗位 HSE 培训矩阵及培训需求分析，制定 HSE 培训计划，并按照计划组织实施 HSE 培训。

4）安全环保履职能力考核

根据培训矩阵制定岗位员工安全环保能力标准，通过知识测试、能力测评、业绩评定等方式，开展员工安全环保履职能力评估，并将评估结果纳入 HSE 业绩考核。

5. 工艺设备变更管理

燃气企业场站工艺、设备设施、工艺参数及安全系统等发生超出现有设计或运行与操作规程范围的改变时，应执行变更管理，实施流程包括变更申请、变更受理、变更审查与批准、变更实施及培训、变更项目投用、变更关闭 6 个步骤。

1）变更申请

专业变更申请人提出，与部门领导进行初步风险评估，确认变更必要性和可行性。

2）变更受理

燃气企业工艺设备变更归口管理部门组织相关专业人员进行变更判别，确定变更等级。

3）变更审查与批准

变更申请人、变更负责人（或其授权代表）应先到变更现场进行核实，收集现场信息，组织变更审查。当变更风险审查已完成，变更风险审查结果、变更实施涉及的计划工作内容已列入变更申请审批表内，且变更实施前的技术条件已具备，变更管理负责人方可提请变更审批。

4）变更实施及培训

由变更管理负责人组织，按照变更审批确定的内容和范围组织实施。在变更项目实施过程中或投运前，变更管理负责人组织修订变更审批表上提出的操作规程、操作卡及其他工艺安全信息，并安排对相关的运行、操作、检维修、技术、管理人员进行培训或沟通。

5）变更项目投用

变更项目投用前需进行启动前安全检查，并由变更管理负责人确认：工艺设备变更符合设计规范要求；适当的程序已准备好；必要的培训已经完成；危害分析建议的措施已被落实；关键工艺安全信息得到初始更新。符合安全投用条件后，由变更批准人批准变更项目投用，变更管理负责人负责组织变更项目投入使用。

6）变更关闭

由变更负责人负责，当变更投用后的各项工作已全部完成，包括工艺安全信息正式修订，隔离方案修改，或临时变更已恢复到原来的状态，变更相关文件已归档，经变更管理负责人确认后，可以关闭变更申请。

6. 作业许可管理

针对非常规作业、承包商作业、风险作业应实施作业许可管理，实施流程包括作业许可申请、作业许可受理、作业许可签发、工作界面交接、开工条件确认、作业许可续签、作业许可关闭7个步骤。

1）作业许可申请

作业前作业申请人应提供经过审批的施工方案、应急预案、工作前安全分析表、工艺流程图、特种作业人员资质证件等相关资料，提出作业申请并填写作业许可证申请栏。

2）作业许可受理

作业许可签发人应对作业申请人提交的作业许可申请资料进行审查。

3）作业许可签发

A类作业：作业许可签发人应将受理完毕的作业申请资料呈送A类作业批准人审查，审查通过后再由签发人签发作业许可证；B类作业：签发人受理完毕后签发作业许可证。

4）工作界面交接

A类作业首次交接，作业许可签发人应到现场核查控制措施符合性，与属地监督共同进行工作界面交接。属地操作人员落实排放、置换、能量隔离、隔离有效性验证、气体检测、上锁挂牌等措施。

5）开工条件确认

首次开工作业项目负责人到场，确认材料、备件、施工机具等符合设计要求，并组织A类作业首次现场安全技术交底。A类作业首次开工，作业许可签发人应到现场核查控制措施符合性，与属地监督共同进行开工条件确认。每班开工前，作业申请人在属地监督配合下，组织全体作业人员、监护人员在作业地点进行现场安全技术交底，确保作业人员理解并遵守作业程序和安全要求。作业方应逐项落实安全、技术措施以及应急处置措施。属地监督按照作业许可证及工作前安全分析表进行现场条件确认，并向作业许可签发人报告，得到批准后签字确认开工。

6）作业许可续签

一个连续作业班次结束时作业未完成，属地监督应向作业许可签发人汇报，汇报后与作业申请人进行工作界面交接，作业许可证交回属地监督。下一个班次续签前，属地监督重新确认作业安全条件和设备状态后，请示作业许可签发人同意，与作业申请人进行工作界面交接。超过24h停工，作业项目负责人应到现场重新确认安全条件和设备状态。

7）作业许可关闭

作业许可证关闭前，作业申请人签字确认工完、料净、场地清；作业项目负责人签字确认作业质量合格，具备投复运条件。

7. 常用HSE工具方法

1）工作前安全分析

工作前安全分析（JSA）是一种风险评估工具，通过识别、评估作业活动存在的危害，并按照优先顺序来采取行动，降低风险，从而将风险降低到可接受的程度。

（1）工作任务提出。由基层单位负责人对工作任务进行初步审查，确定工作任务内容，判断是否需要做工作前安全分析；组织成立工作前安全分析小组，成员应由管理、技术、安全、操作等相关人员组成，小组成员应了解和熟悉工作任务及所在区域环境、相关操作规程及工作前安全分析方法。

（2）识别评价危害因素。工作前安全分析小组按步骤分解工作任务，识别评价每一个步骤中的危害，填写工作前安全分析表。识别评估危害时应充分考虑人员、设备、材料、环境、方法五个方面的正常、异常、紧急三种状态。

（3）制定风险控制措施。针对识别出的风险制定控制措施，将风险降低到可接受的范围。在选择风险控制措施时应考虑控制措施的优选顺序。

（4）风险沟通和现场监控。作业前应对参与此项工作的每个人进行有效的沟通，确保相关人员均清楚作业危害和相应的控制措施，并在现场得到有效落实。作业过程中，应指定人员对作业过程进行监护或巡查，要注意作业人员的变化、作业场所出现的新情况、未识别出的危害因素，如果作业过程中出现新的危害或发生未遂事件、事故，应首先停止作业任务，工作前安全分析小组立即审查工作前安全分析表，必须时重新进行工作前安全分析。

2）工作循环分析

工作循环分析（JCA）是通过现场评估的方式对已制定的操作规程和员工实际操作行为进行分析评价的方法。该方法可从安全的角度审视操作规程或实际操作行为，验证操作规程的适宜性和可操作性，并达到对员工持续开展操作规程培训的目的。

（1）编制计划。由基层单位主管生产、技术、设备管理的领导组织制定年度工作循环分析计划，并成立相应的工作循环分析小组，成员应包括基层班组长和操作员工。

（2）初始评估。工作循环分析小组与操作员工进行沟通交流，评估操作员工对操作程序的理解程度及操作程序的完整性和适用性，并填写初始评估表。

（3）现场验证。操作员工进行现场实际操作或模拟操作，工作循环分析小组进行现场观察，记录实际操作步骤，对照操作规程查找执行偏差，对验证中存在的偏差、缺陷和潜在的风险，以及其他不安全事项进行分析，提出改进建议，填写现场评估表。

（4）综合评估。工作循环分析小组、班组长和操作员工应根据初始评估和现场评估情况，讨论发现的问题，确认改进建议。

3）上锁挂牌与能量隔离

上锁挂牌与能量隔离是指在作业过程中为避免设备设施或系统区域内蓄积危险能量或物料的意外释放，对所有危险能量和物料的隔离设施进行锁闭和悬挂标牌的一种现场安全管理方法。

（1）工艺隔离。工艺隔离应首先切断物料来源，隔离可采取加装盲板、实现断开、双重隔离或其他有效隔离方式，隔离实施完成后应确认隔离有效，并在作业区域设置警戒，严禁与作业无关人员或车辆进入作业区域。关键隔离点应进行上锁挂牌，并注明上锁原因、上锁时间、上锁人等相关信息。

（2）电气隔离。电气设备电源隔离应有明显断开点，电源设备应断开全部电源，对可能存有残余电荷的电气设备应逐相充分放电，确认隔离有效后上锁挂牌。关键隔离点应进行上锁挂牌，并注明上锁原因、上锁时间、上锁人等相关信息。

（3）隔离有效性确认。通过观察压力表、视镜、液位计、低点导淋、高点放空、气体测试等多种方式，综合确认储存的物料或能量已被彻底去除或已有效隔离。电气隔离时，应在配电装置及作业现场进行验电测试。

（4）隔离解除。作业活动结束，作业许可证签发人确认条件具备后，应安排执行人解除隔离，并在隔离方案和相关票证上签字确认。

4）安全目视化管理

安全目视化管理是通过颜色、标识、标签等方式区分或鉴别工器具及设备的使用状态、工艺介质及流向、生产作业场所的危险状态、人员身份及资质等的现场安全管理方法。目视化管理主要包括人员目视化、工器具目视化、设备设施目视化和作业区域目视化管理。

（1）人员目视化管理。通过工作服、安全帽、识别证件等方式对不同部门、工种或承包商进行辨识管理。

（2）工器具目视化管理。以各种不同颜色的检查或安全提示标签粘贴于工器具明显位置，以便识别工器具是否处于安全使用状态。

（3）设备设施目视化。在设备设施明显部位标注名称及编号，对有危险的设备设施应有警示信息；管道、阀门按规范着色，并在管道上标明介质名称和流向；在控制阀门明显位置标明编号，以便操作控制；在仪表控制盘及指示装置上标注控制按钮、开关、显示仪的名称；电气按钮、开关都应标注控制对象；盛装危险化学品的器具应分类摆放，并设置标牌，标牌内容应参照危险化学品技术说明书确定，主要包括化学品名称、主要危害及安全注意事项等基本信息。

（4）作业区域目视化。使用红、黄指示线划分生产作业区域的不同危险状况；对生产作业区域内的消防通道、逃生通道、紧急集合点设置明确的指示标识；施工作业现场进行安全隔离；油气集输（场）站、油气储存库区等易燃易爆、有毒有害生产区域入口应悬挂未经许可严禁入内、关闭手机、严禁烟火、有毒危险等安全警示标志。

（二）管道安全管理

本部分所述适用于压力不大于 4.0MPa 城镇燃气室外输配系统及室内燃气管道。

燃气输配系统各种压力级别之间的燃气管道应通过调压装置相连，当有可能超过最大允许工作压力时，应设置管道超压的安全保护设备。

城镇燃气管道设计压力应为 7 级，具体见表 11-1。

表 11-1　燃气管道设计分级表

名称		压力，MPa
高压燃气管道	A	$2.5 < p \leqslant 4.0$
	B	$1.6 < p \leqslant 2.5$
次高压燃气管道	A	$0.8 < p \leqslant 1.6$
	B	$0.4 < p \leqslant 0.8$
中压燃气管道	A	$0.2 < p \leqslant 0.4$
	B	$0.01 < p \leqslant 0.2$
低压燃气管道		$p < 0.01$

1. 压力不大于 1.6MPa 的室外燃气管道

（1）地下燃气管道不得从建筑物和大型构筑物（不包括架空建筑物和大型构筑物）的下面穿越。地下燃气管道建筑物、构筑物或相邻管道之间的水平或垂直净距不得小于表 11-2 和表 11-3 的要求。

表 11-2　地下燃气管道与建筑物、构筑物或相邻管道之间的水平净距　　　m

项目		低压	中压		次高压	
			B	A	B	A
建筑物	基础	0.7	1.0	1.5	—	—
	外墙面（出地面处）	—	—	—	5.0	13.5
给水管		0.5	0.5	0.5	1.0	1.5
污水、雨水排水管		1.0	1.2	1.2	1.5	2.0
电力电缆（含电车电缆）	直埋	0.5	0.5	0.5	1.0	1.5
	在导管内	1.0	1.0	1.0	1.0	1.5
通信电缆	直埋	0.5	0.5	0.5	1.0	1.5
	在导管内	1.0	1.0	1.0	1.0	1.5
其他燃气管道	DN ≤ 300mm	0.4	0.4	0.4	0.4	0.4
	DN>300mm	0.5	0.5	0.5	0.5	0.5
热力管	直埋	1.0	1.0	1.0	1.5	2.0
	在管沟内（至外壁）	1.0	1.5	1.5	2.0	4.0
电杆（塔）的基础	≤ 35kV	1.0	1.0	1.0	1.0	1.0
	>35kV	2.0	2.0	2.0	5.0	5.0
通信照片电缆（至电杆中心）		1.0	1.0	1.0	1.0	1.0
铁路路堤坡脚		5.0	5.0	5.0	5.0	5.0
有轨电车钢轨		2.0	2.0	2.0	2.0	2.0
街树（至树中心）		0.75	0.75	0.75	1.2	1.2

表 11-3　地下燃气管道与构筑物或相邻管道之间的垂直净距　　m

项目		地下燃气管道（当有套管时，以套管计）
给水管、排水管或其他燃气管道		0.15
热力管、热力管的管沟底（或顶）		0.15
电缆	直埋	0.5
	在导管内	0.15
铁路（轨底）		1.2
有轨电车（轨底）		1.0

（2）地下燃气管道埋设最小覆土厚度（路面至管顶）应符合以下要求：埋设在机动车道下时，不得小于 0.9m；埋设在非机动车道（含人行道）下时，不得小于 0.6m；埋设在机动车不可能到达的地方时，不得小于 0.3m；埋设在水田下时，不得小于 0.8m；输送湿燃气的燃气管道，应埋设在土壤冰冻线以下，燃气管道坡度不宜小于 0.003。

（3）地下燃气管道的基础一般为原土层，凡可能引起管道不均匀沉降的地段，基础均应进行处理。

（4）地下燃气管道不得穿越堆积易燃、易爆材料和腐蚀性液体的场地下面，并不宜与其他管道或电缆同沟敷设，当需要同沟敷设时，必须采取有效的安全防护措施。

（5）地下燃气管道从排水管（沟）、热力管沟、隧道及其他各种用途的沟槽内穿过时，管道需敷设在套管内，套管伸出构筑物外壁不得小于表 11-2 中燃气管道与该构筑物的水平净距，套管两端采用防腐蚀、防水的材料密封。

（6）燃气管道穿越铁路或高速公路的燃气管道，应加套管。穿越铁路的燃气管道套管深度：铁路轨底至套管顶不应小于 1.2m，并符合电路部门管理要求；套管内径应比燃气管道外径大 100mm 以上；套管端部具路堤坡脚外的距离不应小于 2.0m。

（7）燃气管道穿越电车轨道或城镇主要干道时一般敷设在套管或管沟内；穿越高速公路的燃气管道套管、穿越电车轨道或城镇主要干道的燃气管道的套管或管沟，应符合下列要求：①套管内径应比燃气管道外径大 100mm 以上，套管或管沟两端应密封，在重要地段的套管或管沟端部宜安装检漏管；②套管或管沟端部距电车道边轨不应小于 2.0m，距道路边缘不应小于 1.0m；③燃气管道宜垂直穿越铁路、高速公路、电车轨道或城镇主要干道。

（8）燃气管道通过河流时，可采用穿越河底或采用管桥跨越的形式，也可利用道路桥梁跨越河流。

（9）燃气管道穿越河底时，燃气管道至河床的覆土厚度，应根据水流冲刷条件及规划河床确定。对通航河流应大于 1.0m，不通航河流应大于 0.5m；在埋设燃气管道位置的河流两岸上、下游应设立标志。

（10）穿越或跨越重要河流的燃气管道，在河流两岸均应设置阀门。

（11）在次高压、中压燃气干线管上应设置分段阀门，阀门两侧设置放散管。在燃气支管的起点处，应设置阀门。

（12）地下燃气管道上的检测管，凝水缸的排水管、水封阀和阀门，均应设置护罩或护井。

（13）室外架空的燃气管道，可沿建筑物外墙或支柱敷设，中压和低压燃气管道，可沿建筑耐火等级不低于二级的住宅或公共建筑外墙敷设；次高压B、中压和低压燃气管道，可沿建筑耐火等级不低于二级的丁、戊类生产厂房的外墙敷设。

（14）沿建筑物外墙的燃气管道距住宅或公共建筑物中不应敷设燃气管道的房间门、窗洞口的净距：中压管道不应小于 0.5m，低压管道不应小于 0.3m，燃气管道距生产厂房建筑物门、窗洞口的净距不限。架空燃气管道与铁路、道路、其他管道交叉时的垂直净距不应小于表 11-4 的规定。输送湿燃气的管道应采取排水措施，在寒冷地区还应采取保暖措施，燃气管道坡向凝水缸的坡度不宜小于 0.33。

表 11-4　架空燃气管道与铁路、道路、其他管道交叉时的垂直净距

建筑物和 管道名称	最小垂直净距，m	
	燃气管道下	燃气管道上
铁路轨顶	6.0	—
城市道路路面	5.5	—
厂区道路路面	5.0	—
人行道路路面	2.2	—

续表

建筑物和管道名称		最小垂直净距, m	
		燃气管道下	燃气管道上
架空电力线	3kV 以下	—	1.5
	3～10kV	—	3.0
	35～66kV	—	4.0
其他管道、管径	≤300mm	同管道直径，但不小0.1	同左
	>300mm	0.3	0.3

2. 压力大于 1.6MPa 的室外燃气管道

（1）管道地区等级应根据地区分级单元内建筑物密集程度划分。一级地区：有 12 个或 12 个一下供人居住的独立建筑物。二级地区：有 12 个以上，80 人以下供人居住的独立建筑物。三级地区：介于二级和四级之间的中间地区，有 80 个或 80 个以上供人居住的独立建筑物但不够四级地区条件的地区、工业区或距人员密集的室外场所 90m 内铺设管道的区域。四级地区：4 层或 4 层以上的建筑物（不计地下室层数）普遍且占多数、交通频繁、地下设施多的城市中心城区（或镇的中心区域等）。

（2）燃气管道应根据管道的使用条件（设计压力、温度、介质特性、使用地区等）、材料的焊接性能等因素选择钢管、管道附件材料，经技术经济比较后确定。

（3）高压地下燃气管道与构筑物或相邻管道之间的水平和垂直净距，不应小于表 11-2 和表 11-3 中次高压的规定。但高压 A 和高压 B 地下燃气管道与铁路堤坡脚的水平净距分别不应小于 8m 和 6m；与有轨电车的水平净距不应小于 4m 和 3m。

（4）市区外地下高压燃气管道应设置里程桩、转角桩、交叉和警示牌等永久性标志。市区地下高压燃气管道应设立管位警示标志。在距管顶不小于 500mm 处应埋设警示带。

3. 室内燃气管道

（1）软管与家用燃具连接长度不应超过 2m，并不得有接口。软管与移动式的工业燃具连接时，其长度不应超过 30m，接口不应超过 2 个。

（2）软管与管道、燃具的连接处应采用压紧螺帽（锁母）或管卡（喉箍）固定。在软管的上游与硬管的连接处应设阀门。橡胶软管不得穿墙、顶棚、地面、窗和门。

（3）地下室、半地下室、设备层和地上密闭房间敷设燃气管道净高不宜小于 2.2m。且应有良好的通风设施、固定的防爆照明设备、采用非燃烧体实体墙与电话间、变配电室、修理间、储藏室、卧室、休息室隔开。当燃气管道与其他管道平行敷设时，应敷设在其他管道的外侧。地下室内燃气管道末端应设引出地上的放空管。放空管的出口位置应保证吹扫放散时的安全和卫生要求。

（4）燃气管道不得穿过易燃易爆品仓库、配电间、变电室、电缆沟、烟道、进风道和电梯井等。燃气管道不得敷设在卧室或卫生间内。

（5）燃气引入管穿过建筑物基础、墙或管沟时，均应设置在套管中，并应考虑沉降的影响，必要时应采取补偿措施。套管与基础、墙或管沟等之间的间隙应填实，其厚度应为被穿过结构的整个厚度。套管与燃气引入管之间的间隙应采用柔性防腐、防水材料密封。

（6）高层建筑的燃气立管应有承受自重和热伸缩推力的固定支架和活动支架。

（7）穿过卫生间、阁楼或壁柜时，燃气管道应采用焊接连接（金属软管不得有接头），并应设在钢套管内。

（8）沿墙、柱、楼板和加热设备构件上明设的燃气管道应采用管支架、管卡或吊卡固定。

（9）室内燃气管道穿过承重墙、地板或楼板时必须加钢套管，套管内管道不得有接头，套管与承重墙、地板或楼板之间的间隙应填实，套管与燃气管道之间的间隙应采用柔性防腐、防水材料密封。

（10）室内燃气管道的燃气引入管、调压器前和燃气表前、燃气用具前、测压计前、放散管起点等部位应设置阀门。

4. 其他要求

（1）终端燃气公司应实施基于风险的燃气管道完整性管理，完整性管理内容包括数据收集与整理、风险识别与评价、完整性检测与评价、维修与维护、效能评价等5个环节，并按一定周期循环实施。

（2）对每个管段都应识别和评估其潜在的危害因素，包括内外腐蚀、自然与地质灾害、开挖损坏、其他外力破坏、误操作、施工与制造缺陷、其他因素。

（3）应根据管道管材特性、历史失效情况、杂散电流干扰情况、外防腐层检测、管道沿线自然环境和社会状况等，定期对管道进行风险评估，建立风险台账并实施分级管理，根据不同的风险因素和等级，制定相对应的巡检维护、检验检测、维修改造等风险管控措施和工作计划。

（4）终端燃气公司应每年检查管道风险变化情况并及时更新管道风险台账、调整风险管控措施。新建中压及以上燃气管道投用1年内应对全线进行首次风险评估，当管道属性和外界环境、操作情况等发生显著变化时，都应及时再次进行风险评价，燃气管道风险评估宜采用半定量或定性方法。

（5）终端燃气公司每年年底应根据风险评价结果和生产运行管理实际编制下一年度管道检测检验计划，并逐级上报审批后执行。

（6）终端燃气公司应按照特种设备安全技术规范和相关技术标准要求开展定期检验和专项检测评价工作，结合实际情况选择适宜的检测检验方法和项目。

（7）燃气管道设施的维护和检修工作，必须由专业人员进行。终端燃气公司应编制维修维护工作实施方案，通过审批后方能实施。

（8）燃气管道设施维护维修作业场所应当设置规范的、明显的安全警示标志，严格执行西南油气田分公司作业许可管理规定。

（9）管道出现防腐层漏损或管体腐蚀，应采用补伤或更换等方式进行修复。

（三）用户安全管理

燃气终端公司从事的是公用事业，面对的燃气用户是广大人民群众。燃气安全知识专业性较强，燃气用户获悉燃气安全知识的渠道比较少。因此，燃气终端公司应当根据燃气用户使用燃气情况和签订的供用气合同约定进行安全教育和指导。燃气终端公司既要组织安排工作人员口头宣传或者指导燃气用户安全用气，更要根据企业经营燃气的种类和燃气用户的实际情况，制定包括安全操作规程、安全用气常识、禁止性行为等在内的安全用气规则，并印制成《燃气安全用气手册》，其内容至少包括供应燃气种类的基本知识、燃气使用、储存场所的安全条件、燃气燃烧器具的种类和相应的使用要求、用户使用燃气权利、责任和义务、服务电话及其他联系方式等内容。

1. 燃气安全宣传教育

（1）燃气终端公司应当对燃气用户进行安全教育和指导、发放宣传资料，向社会公布抢险抢修电话。

（2）对于新发展的燃气用户，燃气终端公司既要印制《燃气安全用气手册》和各种宣传资料，发放给燃气用户，还要在通气前或者使用前，安排专职人员对燃气用户进行燃气安全常识、操作步骤、应急事故处理等方面的教育指导。燃气终端公司应当安排巡查人员、抄表人员利用巡查、抄表的时机，经常性地对燃气用户安全用气进行指导、宣传、教育。按要求向社会公布企业服务承诺和 24h 值班电话，解答燃气用户安全用气咨询，并接受安全事故隐患报告及服务质量的社会监督。

（3）任何单位和个人发现燃气泄漏与事故隐患时，应当立即告知燃气终端公司，或者向燃气管理、公安机关消防机构等有关部门和单位报告。

（4）由于燃气泄漏与事故隐患具有隐蔽性、危险性、形态多样性等特征，因此，《城镇燃气管理条例》规定任何单位和个人对燃气泄漏与事故隐患都负有报告义务，这是充分发挥社会化管理和社会监督的一种有效形式，有利于及时发现更多的、特别是较为隐蔽的燃气泄漏与事故隐患，便于燃气终端公司和有关部门及时采取适当措施，消除隐患，防止燃气事故的发生。

（5）任何单位和个人发现燃气泄漏与事故隐患时，应当及时通过拨打当地燃气终端公司 24h 值班电话告知，也可以向赋有燃气管理职能的燃气管理和负有消防职能的公安消防机构，以及赋有安全生产管理职能的安全监督等部门和单位报告。

（6）燃气终端公司在接到燃气泄漏与事故隐患报告后，应当立即安排应急抢险队伍，组织抢险抢修，并报告燃气管理部门或者公安机关消防机构、安全监督等部门，以便于有关政府部门能及时掌握情况，及时组织力量消除事故隐患。对于报告燃气泄漏与事故隐患，避免财产重大损失和人员伤亡的单位或个人，接报单位可以建立奖励制度以示表彰和鼓励。

2. 入户安全检查

（1）燃气终端公司发现燃气用户违反安全用气规定或者存在安全隐患的，应当及时告知燃气用户并提出书面整改建议。燃气用户应当根据建议及时进行整改；燃气用户拒绝整改的，燃气终端公司应当报公安机关消防机构等有关部门处理。

（2）燃气终端公司应当按照有关法律法规及标准规范，对燃气用户安全用气进行相应的管理；燃气用户应当遵守安全用气的法律法规以及供气合同的相关约定，安全用气；共同保障供用气设施设备的正常运行和供用气安全。

（3）燃气终端公司应当为燃气用户免费进行入户安全检查，并做安全检查记录，建立完整的检查档案。

（4）居民用户入户安全检查每2年至少1次，工业、商业及集体用户安全检查每年至少1次，当地政府主管部门有特别频次要求时应执行当地政府规定。

（5）各终端燃气公司每年度应组织编制下一年度安检工作计划和月度实施计划。

（6）入户安全检查应对供气单位维护管理部分（室内立管、支管及居民用气表，室外短桩和引入管）和用户产权部分（气表后管道、阀门、用气设备、安全设施，非居民用计量设备）进行检查。

（7）入户安全检查人员应检查确认用户设施是否完好，用气设备安装、使用是否符合规定；开展用户的安全用气宣传；检查燃气设施安全隐患并督促整改；对入户安全检查资料进行收集整理和归档。

（8）入户安全检查时应重点检查室内燃气管道、设施设备的锈蚀、泄漏，私自安装、拆除、改装、迁移天然气设施，在有天然气设施的房间内堆放易燃易爆品或使用其他火源，在有天然气设施的操作间无通风措施且自然通风差，天然气管道及设施被包围在隐蔽处，连接胶管老化、超长或管卡不紧等情况。

（9）入户安全检查结果应由用户签认。在检查中发现燃气用户违反安全用气规定或者在用气过程中存在安全隐患的，应及时下达书面的隐患整改通知书（内容包括：①安全检查时间；②安全检查隐患内容；③整改时间和方式方法；④双方签字内容等），提出整改建议，由燃气用户负责进行整改，或按照供用气合同的约定整改。燃气用户拒绝整改的，燃气终端公司应当报告公安机关消防机构等有关部门，由公安消防机构等有关部门依法处理。

（10）对用户设施进行检修作业时，应采用检查液检漏或仪器检漏，发现问题应及时采取有效的处置措施。

3. 燃气表的运行维护管理

（1）燃气表的安装牢固，接头不能松脱，不能有燃气泄漏等现象。

（2）燃气表边外壳不能有锈蚀。

（3）对于超期运行燃气表，应进行全面清查，及时更换；对暂时不能整改的超期运行燃气表应加强监管，并做出整改计划。

（4）按燃气表的检定周期进行检定，并保管检定证书。

第三节 应急管理

一、应急规划

（1）各终端燃气公司应成立安全生产事故应急救援领导小组，由公司领导、部门负责人、业务负责人组成，领导小组下设办公室负责具体工作，办公室设在安全管理部门。

（2）应急救援领导小组组长应由天然气公司行政第一负责人担任，并明确副组长及相应组员，同时根据业务分公司制定领导小组及各级成员的主要应急职责。

（3）终端燃气公司应根据生产经营特点，制定包括综合应急预案、专项应急预案和现场处置方案（卡）。

（4）终端燃气公司应向社会公布24h应急电话，通过呼叫中心（客户服务中心）收集突发事件信息，配备专职安全监管人员和满足突发事件应急需求的抢险人员，抢险队伍24h值班。

（5）应急预案应至少每三年修订一次，当法律法规以及上级应急预案发生重大变化、机构、人员及工艺设备发生重大变更、发生事故事件等条件时，应及时修订应急预案。

（6）应急预案应进行审批发布，并在相对应的地方管理部门进行备案。

（7）终端燃气公司应当根据供应规模和风险大小，配备与应急处置救援需求相适应的抢修车辆、抢险设备、抢险器材、通信设备、防护用具、消防器材、检测仪器等应急物资，并加强维护保养、保证处于良好状态。

二、应急培训与演练

（1）安全管理部门负责组织对应急领导小组成员进行预案培训。

（2）其他业务部门负责对本业务范围内的各专项应急预案及现场应急处置方案的相关人员进行培训。

（3）基层操作员工应定期组织对应急预案进行学习。

（4）各终端燃气公司（处级）每年应组织开展不少2次的应急预案演练；各基层单位（科级）每年应组织开展不少4次的应急预案演练；各井站班组应每月组织开展一次应急预案演练。

（5）演练结束后，应根据实际演练情况，从预案符合性、人员能力和应急物资等方面进行总结评价，针对演练暴露问题应及时改进并适时验证。

三、应急响应

（1）燃气管道突发事件发生后，终端燃气公司应当立即启动本单位应急预案，组织抢险，防止事故扩大，并配合地方政府做好人员疏散和险区警戒及防护。

（2）接到抢险报警后，终端燃气公司应当迅速组织抢险人员赶赴现场，并根据事故情况联系有关部门协作抢险。燃气抢险人员接到报警抢险任务后应在15min内赶往抢险现场，特殊情况下不允许超过30min。

（3）燃气事故抢险人员到达作业现场后，应当根据燃气泄漏扩散程度确定警戒区、设立警示标志，立即控制气源、消灭火种、驱散积聚的燃气，并随时监测周围环境的燃气浓度。对事故管道进行现场停气、定位放空等，仪器测试合格后方可进行施工作业。

（4）因突发事件影响供气的，终端燃气公司应当按照应急预案进行有效处置并及时通知燃气用户，必要时应当考虑采取临时供气等措施，降低社会影响。

四、应急解除

（1）当现场险情完全消除，环境符合有关标准，导致次生、衍生事故隐患消除后，经现场应急救援指挥部确认和批准，现场应急处置工作结束，应急救援队伍撤离现场。

（2）应急结束后，事发单位（部门）应及时向应急小组办公室上报事故有关资料。

（3）安全生产事故善后处置工作结束后，由燃气公司应急救援领导小组办公室分析总结应急救援教训，提出应急救援工作的建议，完成应急救援工作报告并及时上报。

（4）燃气公司在应急救援结束后，应采取善后处置或行动，包括安置、补偿，征用物资补偿、灾后重建、污染物收集、清理与处理等工作，尽快消除影响。

（5）应急结束后应及时协调组织安全供气，恢复供气前必须提前通知用户，严防次生事故发生。燃气事故抢险完毕后应整理相关图像文字资料并归集存档。

第四节 典型案例分析

综合分析城镇燃气安全风险特点，结合近年来城镇燃气管理方面的安全生产事故案例，找出事故产生的主要原因，确定风险控制措施，管控城镇燃气安全管理风险。本文选取发生在重庆渝北区回兴镇的一起典型城镇燃气爆炸事故进行系统分析。

一、基本情况

2008年3月14日凌晨3时左右，重庆市渝北区回兴派出所陈某等4名协勤人员巡逻至郑伟集资楼17号门市附近，闻到有天然气异味，于是立即对该路段临街的几个门市及周边进行排查，经排查临街的几个门市均未发现天然气泄漏情况，但其中有一个门市里的人员未被唤醒。3：30左右，治安协勤人员再次巡逻至上述路段时，发现天然气异味仍未散去，此时经营夜宵小吃店老板王某敲 17 号门市"小精点发廊"门，唤醒室内居住人员，并告知有天然气异味，稍后该门市即发生天然气爆炸，事故共造成 3 人死亡，5 人重伤，5 人轻伤，直接经济损失 423.2 万元。事故管道流程图见图 11-3，爆炸现场见图 11-4。

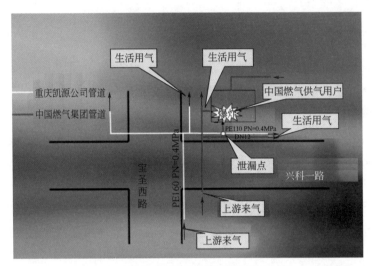

图 11-3　事故管道流程图

图 11-4　爆炸现场照片

二、事故管道基本情况

（1）管道建设情况。"3.14"城镇燃气爆炸事故发生在2004年翠湖柳岸民用天然气安装工程所建的PE管道上。该工程于2004年4月2日开工建设，2004年7月30竣工，2005年1月20日由建设单位、施工单位和使用单位经验收合格后，交付该公司管理。

（2）管道运行情况。该城市燃气管道管材为PE110，在新科一路十字路口处与生活干线PE110管碰口。该管道的建设目的是供应翠湖柳岸的民用气，主要设计依据为GB 50028—2003《城镇燃气设计规范》，设计压力为0.4MPa。管道建设始于2004年4月，于2004年12月30日竣工。2005年1月通过验收合格，该段管道投入使用后，运行压力为0.15～0.25MPa。该公司对这段管道以半个月为周期巡查一次，在事故发生前最后一次巡查时间为2008年3月4日，未发现任何异常现象。事故发生前，该公司也未接到关于事故现场及周边区域有燃气泄漏现象的报警。

三、原因分析

调查组在渝北区"3.14"城市燃气爆炸事故调查组提供的调查报告基础上，对事故进行了内部调查，通过查阅相关资料、询问相关人员和对事故的综合分析，认为"3.14"城市燃气爆炸事故的原因是：PE（dn110）燃气管道热熔焊缝处存在裂纹，导致天然气泄漏，泄漏天然气通过地下疏松回填土层窜入室内，形成爆炸性混合气体，遇开关室内电器产生的火花引起爆炸。具体原因分析如下。

（一）直接原因

（1）该地段燃气管道埋地层为回填土层，未按当时执行的GB 50028—1993《城镇燃气设计规范》第5.3.5条"地下燃气管道的地基宜为原土层。凡可能引起管道不均匀沉降的地段，其地基应进行处理"、CJJ 63—1995《聚乙烯燃气管道工程技术规程》第2.3.5条"凡可能引起管道不均匀沉降的地段，其地基应进行处理或采取其他防沉降措施。"的要求对地基进行处理或采取防沉降措施，造成管道直接埋设在含大量生活及建筑垃圾，且土质疏松的回填层，回填土层在雨水的浸润作用下产生沉降，管道在上部覆盖土外载负荷作用下，致使热熔焊缝产生裂纹，导致管道开裂。

（2）该 PE 管道于 2004 年 7 月 30 日竣工，2005 年 1 月投入使用，管道建成后，其他埋地设施陆续建成，使管理区域覆盖层发生变化，上部覆土增加；同时长达 120m 的下坡管道在下部支撑土层变化时，对管道产生不同应力。管道在这些外部载荷应力叠加作用下，也对管道热熔焊缝产生一定影响。

（3）根据重庆市渝北区消防支队委托公安部消防局四川火灾物证鉴定中心对发生破裂的事故管道的鉴定结论，PE 天然气管接头处存在新旧裂纹，不排除存在施工质量缺陷，并在上述外力作用下，缺陷处失去密封性的可能。

（4）该公司安排机关所有人员（含外聘人员）夜间和节假日值班，没有对值班人员进行专业知识培训。

（5）应急管理薄弱，应急预案修订不及时，培训不到位。

（6）安全生产基础管理工作薄弱。一是安全生产基础资料和台账不健全、不规范；二是安全教育培训工作开展不到位；三是对隐患识别、排查和整改监控管理不到位。

（二）间接（管理）原因

（1）工程建设未严格按基本建设程序进行，公司的工程质量控制体系及项目管理规章制度没有得到有效落实。

（2）对施工单位施工质量过程控制的监管力度不够，造成施工单位未严格实施质量管理体系，存在质量控制薄弱环节。

（3）该公司燃气设施及管道巡查人员配置不足，巡查管理存在薄弱环节，难以保证巡查质量。

（4）该公司没有对夜间和节假日值班人员进行专业知识培训。

（5）应急管理薄弱，应急预案修订不及时，培训不到位。

（6）安全生产基础管理工作薄弱。一是安全生产基础资料和台账不健全、不规范；二是安全教育培训工作开展不到位；三是对隐患识别、排查和整改监控管理不到位。

四、纠正预防措施

针对事故中存在的主要问题，为汲取事故教训，防止类似事故重复发生，进一步加强燃气终端公司安全生产及技术管理，提出如下意见和建议。

（1）加强城镇燃气专项检查。一是对各自供气管道情况进行全面清理排查，摸清管道状况；二是对用户燃气使用情况进行全面检查，消除燃气管道私拉乱接现象；三是对在建燃气工程施工项目进行一次专项检查。确保工程质量；四是对燃气加臭情况进行摸底调查，确保民用气加臭后销售。

（2）规范城镇燃气建设项目管理，工程建设应严格按基本建设程序进行。特别是对 PE 管管道工程项目管理要严格执行 CJJ 63—2018《聚乙烯燃气管道工程技术标准》、GB 50028—2006《城镇燃气设计规范》等规范和技术标准，确保工程建设符合国家法律法规和相关标准的要求。

（3）加大对施工单位的质量管理，严把设计和施工单位资质关，施工过程质量控制关，施工材料的验收关，确保工程质量全过程受控。

（4）严格按照 CJJ 51—2016《城镇燃气设施运行、维护和抢修安全技术规程》的要求，规范管道巡检管理，加大巡查力度。

（5）强化安全生产基础管理。建立健全各类安全生产基础资料和台账，特别是完善燃气管网、阀井、调压箱等基础资料台账；强化安全教育培训工作，整体提高员工的安全素质、增强安全意识；建立安全检查和隐患整改的有效机制，加大隐患识别排查和整改力度。

（6）加强应急管理，对应急预案进行全面修订和完善，通过演练、修订完善、持续改进，确保应急预案的针对性、适宜性和可操作性。

（7）面向社会燃气用户，持续强化燃气安全使用常识和应急处理知识的宣传教育，让用户掌握发现燃气泄漏后的正确处置措施。

附录一

完工交接条件

序号	检查类别	检查内容	是否合格	备注
1	合规性检查	管道工程路由是否取得地方规划部门批准		
2		管道走向信息是否已按照沿线政府规划部门要求进行备案，压力管道、容器在属地特种设备管理部门是否报建、报监		
3	现场检查	环境保护、劳动安全、工业卫生、消防、防雷防静电等设施已按设计要求与主体工程是否同时建成，验收工作已完成且验收中提出的问题已全部整改完成		
4		生产性建设工程和辅助工程、公用设施及生活设施是否已按批准的设计文件内容建成，工程质量是否符合相关法律法规、标准规范要求		
5		建设项目管理机构已组织完工交接前的自检，发现的问题已整改完毕，初评合格		
6		地面标识、地面设施、水工保护设施是否与管道主体工程同时完工并达到使用条件		
7		阴极保护工程按照设计文件要求施工完成		
8	资料检查	设计文件完整，工程说明内容清楚，主要数据齐全		
9		材料、管件、设备材质、规格和型号符合设计要求，具有合格证、质量证明、使用说明		
10		线路施工期间沿线赔偿协议、与地方政府部门之间的相关手续、批件（复印件），有无遗留问题等		
11		管沟开挖检查验收记录真实可靠，签字完整，符合设计要求		
12		无损检测报告检测合法（检测人员资质），记录真实，签字完整		
13		防腐绝缘施工记录真实可靠，签字完整，符合设计要求		

续表

序号	检查类别	检查内容	是否合格	备注
14	资料检查	隐蔽工程施工信息记录、检查验收记录真实可靠，"三方代表"签字完整		
15		管道吹扫、试压、严密性试验合格并出具相应合格报告		
16		管道中心线空间坐标等隐蔽工程的数字和影像信息是否已按照方案要求或管理规定准确采集完整无遗漏		
17		回填后的钢质管道防腐层检测是否合格		
18		管道埋深检查记录真实可靠，签字完整，符合设计要求		
19		非金属管道空间坐标准确性或示踪线、信号源检测是否合格		
20		穿、跨越工程施工记录施工记录真实可靠，签字完整		
21		单位工程质量评定表及预验收证书质量评定客观真实，预验收资料完整		
22		动设备安装完成，单机试运合格		
23		电气、仪表安装完成调试合格并达到设计文件要求		

附录二
投产试运检查表

序号	检查类别	检查内容	是否完成		问题类别		备注
			是	否	必改项	待改项	
1	合规性检查	工程项目的安全评价、地震安全性评价、地质灾害评价、压覆矿产评价、环境影响评价、职业卫生评价等报告及批复，以及批复意见的落实情况	☐	☐	☐	☐	
2		消防系统试运完好，向地方公安，消防部门备案	☐	☐	☐	☐	
3		安全阀、压力表、温度计、变送器、可燃气体检测仪、火灾监测仪、计量仪表、报警装置等经有资质的检测机构检定合格且能正常工作	☐	☐	☐	☐	
4		压力容器等特种设备注册登记及使用许可	☐	☐	☐	☐	
5		防雷防静电安装检测及验收合格	☐	☐	☐	☐	
6		变配电设备设施应经有资质的检验检测机构进行电力设备交接试验并取得合格证书	☐	☐	☐	☐	
7		管道保护、供电、给排水、通信、消防、应急等与地方部门达成相关的协议	☐	☐	☐	☐	
8		主管、技术人员、操作、维护人员岗位培训情况，特种作业人员持证上岗情况	☐	☐	☐	☐	
9		完工交接提出的问题已整改完成，或者整改工作未超过限定日期	☐	☐	☐	☐	
10	资料检查	投产方案、应急预案通过审批	☐	☐	☐	☐	
11		技术资料以及试压、安装调试记录齐全	☐	☐	☐	☐	

续表

序号	检查类别	检查内容	是否完成		问题类别		备注
			是	否	必改项	待改项	
12	资料检查	操作手册内容齐全，操作人员熟悉操作标准、应急处置程序	□	□	□	□	
13		主要设备设施说明书、图纸、合格证、出厂质量证明书、调试记录、测试报告等齐全；隐蔽工程有信息记录、检查验收记录	□	□	□	□	
14		管道完整性相应的数据采集是否完成	□	□	□	□	
15	管道线路及设备设施检查	管道位置与周边建、构筑物符合安全保护距离	□	□	□	□	
16		管道穿跨越等重要部位防护设施是否符合设计要求	□	□	□	□	
17		管道启动前应确认全线线路截断阀为全开启状态	□	□	□	□	
18		地质灾害报告中的危害因素控制措施到位	□	□	□	□	
19		管道线路地面标示符合规定要求，测试桩、标示桩（盖、砖）、警示牌、检漏孔等配套设施完成施工并符合设计标准	□	□	□	□	
20		氮气置换临时设施安装合格	□	□	□	□	
21		通信、自控检测、数据远传等装置经调试达到设计要求	□	□	□	□	
22		静电跨接、设备接地等设施安装完善，并测试合格	□	□	□	□	
23		安全阀、泄压阀、阻火器等安全保护装置齐全完好	□	□	□	□	
24		与周边建、构筑物及公共设施距离符合《城镇燃气设计规范》(GB 50028—2006)和《汽油加油站加气站设计与施工规范（2014年版）》(GB 50156—2012)规定的要求	□	□	□	□	
25		站场内设施之间的防火间距符合《城镇燃气设计规范》(GB 50028—2006)和《汽油加油站加气站设计与施工规范（2014年版）》(GB 50156—2012)规定的要求	□	□	□	□	
26		排污、排水、排气设施安装、检测完毕	□	□	□	□	
27		ESD系统、设备设施保护系统、消防控制系统等自控系统按照设计安装完成，调试正常	□	□	□	□	
28		检测仪表设施测试合格，保护参数设置合理，报警系统调试完毕，逻辑功能正常	□	□	□	□	

续表

序号	检查类别	检查内容	是否完成		问题类别		备注
			是	否	必改项	待改项	
29	管道线路及设备设施检查	站场工艺管道、设备安装施工符合《石油天然气站内工艺管道工程施工规范（2012年版）》（GB 50540—2009）的要求	□	□	□	□	
30		安全阀的泄放点不能对人、设备构成危害，安全阀排放管有足够的支撑与固定	□	□	□	□	
31		供电、电气系统符合设计要求，保护、测量、控制单元显示正常，就地操作设备灵活、可靠	□	□	□	□	
32		电气设备配备符合防爆等级标准	□	□	□	□	
33		电气安全用具配备齐全，经过检验合格	□	□	□	□	
34		电气连锁功能测试合格，电气设备的安全防护设施符合设计要求	□	□	□	□	
35		动设备试运转正常，保护参数符合设计要求	□	□	□	□	
36		阀门和执行机构调试完成，符合设计要求	□	□	□	□	
37	安全措施检查	风险识别充分，有完整的应急预案	□	□	□	□	
38		应急事故处理培训，应急逃生和救助演练	□	□	□	□	
39		劳动防护用具配备齐全（呼吸器、防毒面具、防火服等）	□	□	□	□	
40		进出作业场所路径明显标示，逃生路线通畅	□	□	□	□	
41		站场风向标已安装	□	□	□	□	
42		安全警示标志醒目，位置、数量满足要求	□	□	□	□	
43		工艺设备上锁挂签器具配备齐全	□	□	□	□	
44		停用设备进行了隔离或有标识	□	□	□	□	
45		现场受限空间标示明显	□	□	□	□	
46		消防通道畅通，应急逃生通道清晰	□	□	□	□	
47		消防设施配置满足设计要求	□	□	□	□	

参考文献

［1］ 中国市政工程华北设计研究院.GB 50028—2006《城镇燃气设计规范》［S］.北京：中国建筑工业出版社，2006.

［2］ 中国石油化工集团公司.GB 50156—2012《汽车加油加气站设计与施工规范》［S］.北京：中国计划出版社，2012.

［3］ 中国石油天然气股份有限公司规划总院.GB 50183—2015《石油天然气工程设计防火规范》［S］.北京：中国计划出版社，2015.

［4］ 中国市政工程华北设计院.CJJ 12—2013《家用燃气燃烧器具安装及验收规程》［S］.北京：中国建筑工业出版社，2013.

［5］ 中华人民共和国住房和城乡建设部.CJJ 51—2016《城镇燃气设施运行、维护和抢修安全技术规程》［S］.北京：中国建筑工业出版社，2016.